KB213384

수학리더
응용·심화

Chunjae
Makes
Chunjae

▼

기획총괄	박금옥
편집개발	지유경, 정소현, 조선영, 최윤석
디자인총괄	김희정
표지디자인	윤순미, 박민정, 이수민
내지디자인	박희춘, 한새미
제작	황성진, 조규영

발행일	2023년 4월 1일 3판 2025년 4월 1일 3쇄
발행인	(주)천재교육
주소	서울시 금천구 가산로9길 54
신고번호	제2001-000018호
고객센터	1577-0902
교재 구입 문의	1522-5566

수학리더

응용 심화 5-2

응용 심화서 차례

이 책의 구성과 특징

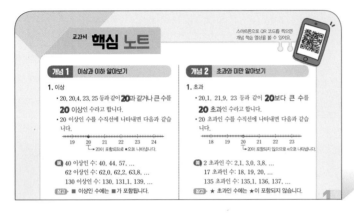

교과서 핵심 노트
단원별 교과서 핵심 개념을 한눈에 익힐 수 있습니다.

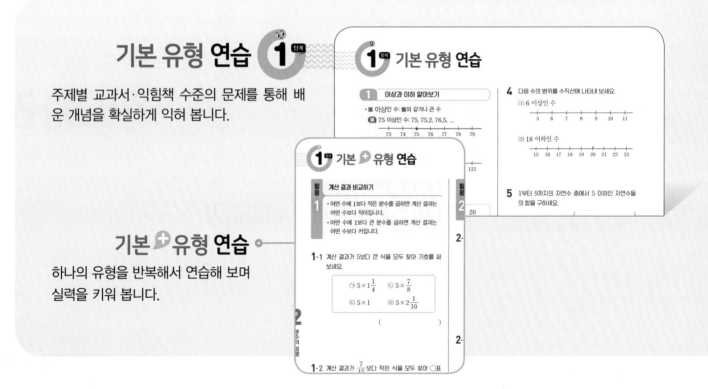

기본 유형 연습 1단계

주제별 교과서·익힘책 수준의 문제를 통해 배운 개념을 확실하게 익혀 봅니다.

기본＋유형 연습

하나의 유형을 반복해서 연습해 보며 실력을 키워 봅니다.

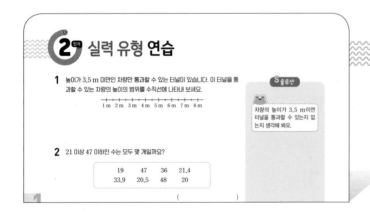

2단계 실력 유형 연습

학교 시험에 자주 출제되는 다양한 실력 문제를 풀어 봅니다.

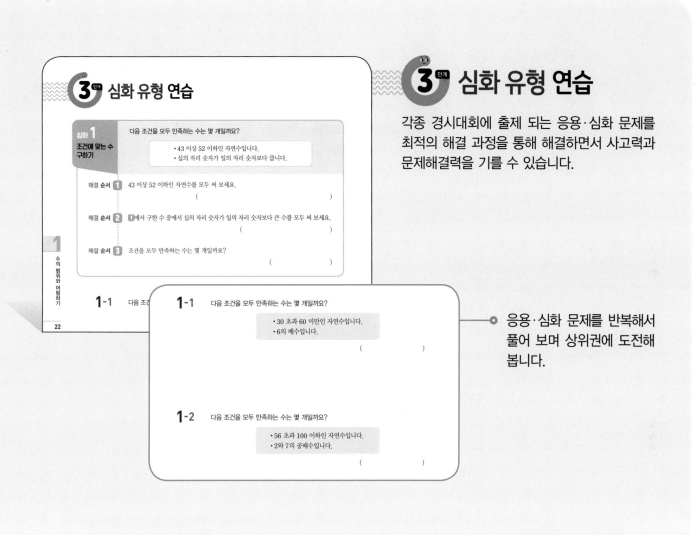

3단계 심화 유형 연습

각종 경시대회에 출제 되는 응용·심화 문제를 최적의 해결 과정을 통해 해결하면서 사고력과 문제해결력을 기를 수 있습니다.

응용·심화 문제를 반복해서 풀어 보며 상위권에 도전해 봅니다.

단원 실력 평가 Test

각종 경시대회에 출제되었던 기출 유형을 풀어 보면서 실력을 평가해 봅니다.

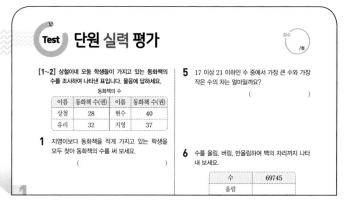

1 수의 범위와 어림하기

이전에 배운 내용   [3-1] 길이와 시간, [3-2] 들이와 무게, [4-1] 큰 수

이번에 배울 내용

이상, 이하	올림, 버림
초과, 미만	반올림
수의 범위 활용	어림 활용

다음에 배울 내용   [6-2] 소수의 나눗셈

이 단원에서 학습할 6가지 심화 유형

개념 1 　이상과 이하 알아보기

1. 이상

- 20, 20.4, 23, 25 등과 같이 **20**과 같거나 큰 수를 **20** 이상인 수라고 합니다.
- 20 이상인 수를 수직선에 나타내면 다음과 같습니다.

```
├──┼──┼──┼──┼──┼──┼──┼──
  19   20   21   22   23   24
       └→ 20이 포함되므로 ●으로 나타냅니다.
```

📌 40 이상인 수: 40, 44, 57, …
　62 이상인 수: 62.0, 62.2, 63.8, …
　130 이상인 수: 130, 131.1, 139, …

참고 ▶ ■ 이상인 수에는 ■가 포함됩니다.

어떤 수와 같거나 큰 수는 셀 수 없이 많아. 셀 수 없이 많은 수를 '이상'이라는 표현으로 간단하게 나타내는 거야.

2. 이하

- 50, 49.5, 49, 48.2 등과 같이 **50**과 같거나 작은 수를 **50** 이하인 수라고 합니다.
- 50 이하인 수를 수직선에 나타내면 다음과 같습니다.

```
──┼──┼──┼──┼──┼──┼──┼──┤
  48   49   50   51   52   53
            └→ 50이 포함되므로 ●으로 나타냅니다.
```

📌 11 이하인 수: 11.0, 10.8, 8.0, …
　20 이하인 수: 20.0, 19.5, 17.8, …
　97 이하인 수: 97, 96, 95, 94, …

참고 ▶ ▲ 이하인 수에는 ▲가 포함됩니다.

```
                    359 이상인 자연수
                  ┌──────────────────→
   …, 357, 358, 359, 360, 361, …
←──────────────────┘
   359 이하인 자연수
```

개념 2 　초과와 미만 알아보기

1. 초과

- 20.1, 21.9, 23 등과 같이 **20**보다 큰 수를 **20** 초과인 수라고 합니다.
- 20 초과인 수를 수직선에 나타내면 다음과 같습니다.

```
├──┼──┼──┼──┼──┼──┼──┼──
  18   19   20   21   22   23
            └→ 20이 포함되지 않으므로 ○으로 나타냅니다.
```

📌 2 초과인 수: 2.1, 3.0, 3.8, …
　17 초과인 수: 18, 19, 20, …
　135 초과인 수: 135.1, 136, 137, …

참고 ▶ ★ 초과인 수에는 ★이 포함되지 않습니다.

■ 이상인 수에서 ■를 제외하면 ■ 초과인 수와 같아.

2. 미만

- 119.5, 117, 115.4 등과 같이 **120**보다 작은 수를 **120** 미만인 수라고 합니다.
- 120 미만인 수를 수직선에 나타내면 다음과 같습니다.

```
├──┼──┼──┼──┼──┼──┼──┼──
  117  118  119  120  121  122
                 └→ 120이 포함되지 않으므로
                    ○으로 나타냅니다.
```

📌 10 미만인 수: 9, 8, 7, …
　35 미만인 수: 29.3, 28, 20, …
　50 미만인 수: 49.9, 49, 48, 42, …

참고 ▶ ● 미만인 수에는 ●가 포함되지 않습니다.

▲ 이하인 수에서 ▲를 제외하면 ▲ 미만인 수와 같아.

```
                    250 초과인 자연수
                  ┌──────────────────→
   …, 248, 249, 250, 251, 252, …
←──────────────────┘
   250 미만인 자연수
```

개념 3 수의 범위 활용하기

• 4 이상 7 이하인 수

4와 7 모두 포함됩니다.

• 4 이상 7 미만인 수

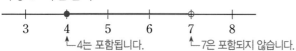

4는 포함됩니다.   7은 포함되지 않습니다.

• 4 초과 7 이하인 수

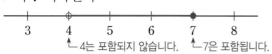

4는 포함되지 않습니다.   7은 포함됩니다.

• 4 초과 7 미만인 수

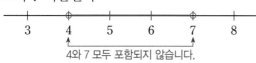

4와 7 모두 포함되지 않습니다.

참고 두 가지 수의 범위를 수직선에 동시에 나타낼 때에는 경곗값이 포함되는지 포함되지 않는지 표시하고, 표시한 두 점 사이를 선으로 이으면 됩니다.

예 미술관 입장료

나이(세)	입장료
7 미만	3000원
7 이상 13 미만	5000원
13 이상 19 미만	10000원
19 이상	20000원

① 지호가 11세일 때
➡ 지호가 속한 나이 범위: 7세 이상 13세 미만
지호가 내야 할 입장료: 5000원
② 승혜 11세, 오빠 14세, 엄마 44세일 때
➡ 승혜가 속한 나이 범위: 7세 이상 13세 미만
오빠가 속한 나이 범위: 13세 이상 19세 미만
엄마가 속한 나이 범위: 19세 이상
세 사람이 내야 할 입장료:
5000＋10000＋20000＝35000(원)

개념 4 올림 알아보기

152를 십의 자리까지 나타내기 위하여 십의 자리 아래 수인 2를 10으로 보고 160으로 나타낼 수 있습니다. 이와 같이 구하려는 자리의 아래 수를 올려서 나타내는 방법을 **올림**이라고 합니다.

15̲2̲ ➡ 160
올립니다.

예

384를

올림하여 십의 자리까지 나타내면
38̲4̲ ➡ 390
올립니다.

올림하여 백의 자리까지 나타내면
3̲8̲4̲ ➡ 400
올립니다.

올림하여 십의 자리까지 나타내면
160이 되는 수의 범위
➡ 150 초과 160 이하인 수

개념 5 버림 알아보기

548을 십의 자리까지 나타내기 위하여 십의 자리 아래 수인 8을 0으로 보고 540으로 나타낼 수 있습니다. 이와 같이 구하려는 자리의 아래 수를 버려서 나타내는 방법을 **버림**이라고 합니다.

54̲8̲ ➡ 540
버립니다.

예

384를

버림하여 십의 자리까지 나타내면
38̲4̲ ➡ 380
버립니다.

버림하여 백의 자리까지 나타내면
3̲8̲4̲ ➡ 300
버립니다.

버림하여 십의 자리까지 나타내면
540이 되는 수의 범위
➡ 540 이상 550 미만인 수

구하려는 자리 바로 아래 자리의 숫자가 0, 1, 2, 3, 4이면 버리고, 5, 6, 7, 8, 9이면 올려서 나타내는 방법을 **반올림**이라고 합니다.

예) 573을

반올림하여 십의 자리까지 나타내면

573 ➔ 570
일의 자리 숫자가 3이므로 버립니다.

반올림하여 백의 자리까지 나타내면

573 ➔ 600
십의 자리 숫자가 7이므로 올립니다.

8.64를

반올림하여 소수 첫째 자리까지 나타내면

8.64 ➔ 8.6
소수 둘째 자리 숫자가 4이므로 버립니다.

반올림하여 일의 자리까지 나타내면

8.64 ➔ 9
소수 첫째 자리 숫자가 6이므로 올립니다.

반올림하여 백의 자리까지 나타내면 600이 되는 수의 범위
➔ 550 이상 650 미만인 수

참고)
• 691을 올림하여 십의 자리까지 나타내기
십의 자리 아래 수 1을 십의 자리로 올려야 하는데 십의 자리 숫자가 9이므로 700이 됩니다.

691 ➔ 700

• 600을 버림하여 백의 자리까지 나타내기
백의 자리 아래 수가 모두 0이어서 버릴 것이 없으므로 그대로 씁니다.

600 ➔ 600

• 953을 반올림하여 백의 자리까지 나타내기
십의 자리 숫자가 5이므로 올려야 하는데 백의 자리 숫자가 9이므로 1000이 됩니다.

953 ➔ 1000

• 올림, 버림, 반올림을 활용하여 문제 해결하기
① 올림, 버림, 반올림 중에서 어느 방법으로 어림해야 하는지 알아봅니다.
② 어느 자리까지 나타낼 것인지 정합니다.
③ 어림수로 나타냅니다.

| 올림을 하는 경우 |

문구점에서 공책을 사기 위해 공책값을 지폐로 낼 때 올림하여 내고 거스름돈을 받습니다.
예) 2100원짜리 공책을 사기 위해 적어도 1000원짜리 지폐를 3장 내야 합니다.

2100 ➔ 3000
올립니다.

| 버림을 하는 경우 |

은행에서 동전을 지폐로 바꿀 때 최대로 바꿀 수 있는 돈은 버림하여 얼마인지 알아봅니다.
예) 저금통에 모은 동전 73850원을 은행에서 1000원짜리 지폐로 바꾼다면 최대로 바꿀 수 있는 돈은 73000원입니다.

73850 ➔ 73000
버립니다.

| 반올림을 하는 경우 |

야구장에 입장한 관람객의 수를 말할 때 반올림하여 약 몇만 명이라고 합니다.
예) 2019년 야구 정규 시즌 관람객은 728608명이었으니까 약 73만 명이라고 할 수 있습니다.

728608 ➔ 730000
올립니다.

참고)
• 올림은 '아무리 적게 잡아도', '적어도'를 뜻합니다.
• 버림은 '가장 크거나 많음', '최대'를 뜻합니다.
• 반올림은 측정값으로 많이 사용되므로 '약', '쯤'을 붙이기도 합니다.

1 이상과 이하 알아보기

• ■ **이상**인 수: ■와 같거나 큰 수

예 75 이상인 수: 75, 75.2, 76.5, …

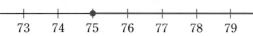

• ▲ **이하**인 수: ▲와 같거나 작은 수

예 110 이하인 수: 110, 109.5, 108, …

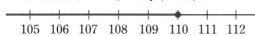

1 수를 보고 물음에 답하세요.

11.5 24 27 18 25.8 20

(1) 24 이상인 수를 모두 찾아 써 보세요.

(   )

(2) 24 이하인 수를 모두 찾아 써 보세요.

(   )

[2~3] 재호네 모둠 학생들의 키를 조사하여 나타낸 표입니다. 물음에 답하세요.

재호네 모둠 학생들의 키

이름	키(cm)	이름	키(cm)
재호	140	승규	135.2
지민	129.6	수경	134
보람	135	예슬	132.8

2 키가 135 cm 이상인 학생의 이름을 모두 써 보세요.

(   )

3 키가 135 cm 이하인 학생의 이름을 모두 써 보세요.

(   )

4 다음 수의 범위를 수직선에 나타내 보세요.

(1) 6 이상인 수

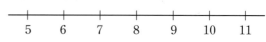

(2) 18 이하인 수

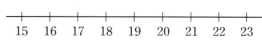

5 1부터 9까지의 자연수 중에서 5 이하인 자연수들의 합을 구하세요.

(   )

6 15 이상인 수에 모두 △표, 7 이하인 수에 모두 □표 하세요.

5.9	8	33	15.2	7
21	13	15	1.5	14

🏅 문제 해결

7 하경이네 모둠 친구들이 읽은 책 수를 조사하여 나타낸 표입니다. 40권 이상을 읽으면 다독상을 받을 수 있습니다. 다독상을 받을 수 있는 학생은 모두 몇 명일까요?

읽은 책 수

이름	책 수(권)	이름	책 수(권)
하경	32	영민	27
진수	56	유진	40
서영	14	민규	42

꼭 단위까지
따라 쓰세요.

(명)

2 초과와 미만 알아보기

- ★ **초과인 수**: ★보다 큰 수

  예 100 초과인 수: 101, 102.5, 103, 104, ...

  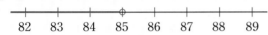

- ● **미만인 수**: ●보다 작은 수

  예 85 미만인 수: 84.9, 83, 82.4, 81.5, ...

8 수를 보고 물음에 답하세요.

| 27 | 18.7 | 25.6 | 26 | 33 | 15.8 |

(1) 26 초과인 수에 모두 ○표 하세요.
(2) 26 미만인 수에 모두 △표 하세요.

[9~10] 희주네 모둠 학생들의 수학 점수를 조사하여 나타낸 표입니다. 물음에 답하세요.

희주네 모둠 학생들의 수학 점수

이름	점수(점)	이름	점수(점)
희주	80	정아	76
태현	96	주호	100
세영	92	승미	88

9 수학 점수가 88점 초과인 학생의 점수를 모두 써 보세요.

( )

10 수학 점수가 88점 미만인 학생의 이름을 모두 써 보세요.

( )

11 밑줄 친 수의 범위를 수직선에 나타내 보세요.

(1)
> 어린이 보호 구역에서는 운전 속도가 시속 30 km를 초과하면 안 됩니다.

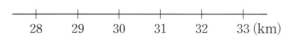

(2)
> △△영화를 볼 때 15세 미만인 사람은 보호자와 함께 봐야 합니다.

12 9 초과인 자연수 중에서 가장 작은 수를 써 보세요.

( )

13 100 m를 18초 미만으로 달린 사람은 모두 몇 명일까요?

100 m 달리기 기록

이름	수경	규민	보영	준승	민재
기록(초)	18	17	22	14	15

꼭 단위까지 따라 쓰세요.

(명)

문제 해결

14 놀이공원에서 키가 145 cm 초과인 사람만 탈 수 있는 놀이 기구가 있습니다. 이 놀이 기구를 탈 수 있는 사람은 모두 몇 명일까요?

학생들의 키

이름	키(cm)	이름	키(cm)
주원	138.6	태경	144.8
하린	143.0	현욱	151.0
동원	145.3	수빈	142.0

(명)

3 수의 범위를 활용하여 문제 해결하기

• 수의 범위의 수 구하기

예 2 초과 5 이하인 자연수

➔ 3, 4, 5

• 수의 범위 활용하기

예 윗몸 말아 올리기 기록이 40회인 학생의 등급

등급별 횟수(초등학교 5학년 남학생용)

등급	횟수(회)
1	80 이상
2	40 이상 79 이하
3	22 이상 39 이하

➔ 40회는 40회 이상 79회 이하인 범위에 속하 므로 2등급입니다.

15 31 초과 36 이하인 수에 모두 ○표 하세요.

> 32   30.6   31   34   36.1   36

16 다음 수의 범위를 수직선에 나타내 보세요.

> 13 이상 19 미만인 수

17 54를 포함하는 수의 범위를 모두 찾아 기호를 써 보세요.

> ㉠ 54 이상 56 미만인 수
> ㉡ 54 초과 57 이하인 수
> ㉢ 53 초과 54 미만인 수
> ㉣ 50 이상 54 이하인 수

( )

[18~19] 현빈이네 학교 씨름 선수들의 몸무게와 체급 별 몸무게를 나타낸 표입니다. 물음에 답하세요.

씨름 선수들의 몸무게

이름	현빈	효진	우혁	상진
몸무게(kg)	52	48	45	60

체급별 몸무게(초등학교 남학생용)

체급	몸무게(kg)
소장급	40 초과 45 이하
청장급	45 초과 50 이하
용장급	50 초과 55 이하
용사급	55 초과 60 이하

18 현빈이가 속한 체급을 써 보세요.

( )

19 체급이 용사급인 학생은 누구일까요?

( )

20 수민이네 반에서는 모은 빈 병의 수에 따라 칭찬 붙 임딱지를 주기로 했습니다. 수민이가 빈 병을 10개 모았다면 수민이가 받을 칭찬 붙임딱지는 몇 장일 까요?

빈 병의 수에 따른 칭찬 붙임딱지 수

빈 병의 수(개)	칭찬 붙임딱지 수
5 미만	4장
5 이상 10 미만	8장
10 이상 15 미만	12장
15 이상	16장

꼭 단위까지 따라 쓰세요.

(장)

활용 1 수직선에 수의 범위 나타내기

이상, 이하는 ●을, 초과, 미만은 ○을 사용하여 수직선에 나타내어야 합니다.

1-1 어느 마트의 결제 금액에 따른 사은품을 나타낸 표입니다. 사은품으로 프라이팬을 받았을 때 결제 금액의 범위를 수직선에 나타내 보세요.

결제 금액별 사은품

결제 금액(원)	사은품
10만 이하	화장지
10만 초과 15만 이하	프라이팬
15만 초과	상품권

```
 ┼──────┼──────┼──────┼
5만    10만   15만   20만 (원)
```

1-2 놀이공원에 있는 꼬마자동차는 키가 100 cm 미만인 어린이와 140 cm 초과인 어린이는 탈 수 없습니다. 꼬마자동차를 탈 수 있는 어린이의 키의 범위를 수직선에 나타내 보세요.

```
 ┼───┼───┼───┼───┼───┼───┼───┼
 80  90 100 110 120 130 140 150 (cm)
```

1-3 어느 전시장의 입장료 안내문입니다. 입장료를 내야 하는 나이의 범위를 수직선에 나타내고, 입장료를 내야 하는 나이 중 가장 많은 나이는 몇 세인지 써 보세요.

안내문

5세 미만과 65세 이상은 입장료를 받지 않습니다.

```
 ┼───┼───┼───┼───┼───┼───┼───┼───┼───┼
 5  15  25  35  45  55  65  75  85  95(세)
```

(   )

활용 2 수의 범위를 알고 문제 해결하기

주어진 수의 범위 중에서 알고 싶은 값이 속하는 범위를 찾아봅니다.

2-1 학생 22명의 100 m 달리기 기록을 나타낸 표입니다. 기록이 15초인 학생은 최소 몇 등일까요?

기록별 학생 수

기록(초)	학생 수(명)
14 미만	2
14 이상 16 미만	7
16 이상	13

(   )

2-2 주말에 혜정이는 엄마와 함께 식물원에 갔습니다. 엄마는 45세, 혜정이는 12세라면 두 사람의 입장료는 모두 얼마일까요?

〈식물원 입장료〉
6세 미만, 65세 이상: 무료
6세 이상 13세 미만: 2000원
13세 이상 19세 미만: 3000원
19세 이상 65세 미만: 5000원

(   )

2-3 태권도 체급별 몸무게를 나타낸 표입니다. 몸무게가 40.6 kg인 서진이가 페더급으로 출전하려면 최소 몇 kg을 줄여야 할까요?

체급별 몸무게(초등학교 남학생용)

체급	몸무게(kg)
밴텀급	34 초과 36 이하
페더급	36 초과 39 이하
라이트급	39 초과 42 이하

(   )

1

수의 범위와 어림하기

11

1 높이가 3.5 m 미만인 차량만 통과할 수 있는 터널이 있습니다. 이 터널을 통과할 수 있는 차량의 높이의 범위를 수직선에 나타내 보세요.

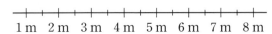

2 21 이상 47 이하인 수는 모두 몇 개일까요?

19	47	36	21.4
33.9	20.5	48	20

(   )

창의·융합

3 대한민국에서 투표할 수 있는 나이는 18세 이상입니다. 우리 가족 중에서 투표할 수 있는 사람은 모두 몇 명일까요?

우리 가족 나이

가족	할머니	아버지	어머니	삼촌	언니	나	동생
나이(세)	78	43	42	37	18	12	9

(   )

4 수현이네 모둠 학생들의 공 던지기 기록을 나타낸 표입니다. 공 던지기 기록이 30 m 미만인 학생은 30 m 초과인 학생보다 몇 명 더 많을까요?

수현이네 모둠 학생들의 공 던지기 기록

이름	기록(m)	이름	기록(m)	이름	기록(m)
수현	27.6	철호	24	현주	31.5
진수	30	경민	18.5	진석	26
주영	33	수빈	38.2	빈우	29.3

(   )

5 ▲ 미만인 자연수는 5개입니다. ▲에 알맞은 자연수를 구하세요.

(   )

6 오른쪽은 어느 날 낮 최고 기온을 조사하여 나타낸 것입니다. 표의 빈 곳에 알맞은 도시를 모두 찾아 써넣으세요.

〈최고 기온〉

철원 26.5 ℃
서울   강릉 32 ℃
33 ℃
대전 34 ℃
대구   포항
전주 39 ℃ 35.5 ℃
35 ℃
제주 31℃

기온(℃)	도시
31 이하	철원, 제주
31 초과 33 이하	
33 초과 35 이하	
35 초과	

7 수학 경시 대회에 참가할 학생들을 선발하기 위하여 시험을 보았습니다. 시험 점수가 90점 이상인 학생만 수학 경시 대회에 참가할 수 있다면 참가할 수 <u>없는</u> 학생을 모두 찾아 이름을 써 보세요.

학생들의 점수

이름	한영	지원	아린	수정	재민	도현
점수(점)	92	84	90	94	96	89

(   )

8 수의 범위에 속하는 자연수가 가장 많은 것을 찾아 기호를 써 보세요.

> ㉠ 30 이상 40 미만인 수
> ㉡ 30 초과 40 이하인 수
> ㉢ 30 이상 40 이하인 수
> ㉣ 30 초과 40 미만인 수

(   )

S 솔루션

각 도시의 기온이 어떤 범위에 속하는지 찾아보아요.

수학 경시 대회에 참가할 수 있는 학생을 먼저 알아보아요.

1

수의 범위와 어림하기

13

⚡ 추론력

9 서준이의 대답이 옳은 대답이 되도록 □ 안에 알맞은 말을 보기 에서 골라 써넣으세요.

보기

이상, 이하, 초과, 미만

소윤: 10 □ 16 □ 인 자연수를 모두 나열해 봐!

서준: 11, 12, 13, 14, 15, 16이지.

10 어느 버스에는 35명을 초과하여 탈 수 없다고 합니다. 현재 이 버스에 타고 있는 사람이 30명이라면 더 탈 수 있는 사람은 최대 몇 명일까요?

(   )

버스의 정원은 몇 명인지 생각해 보아요.

11 두 수의 범위에 공통으로 속하는 자연수를 모두 써 보세요.

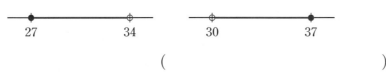

27   34   30   37

(   )

12 우편 요금으로 430원을 내야 하는 학생을 모두 찾아 써 보세요.

우편 무게별 요금표

우편 무게(g)	요금(원)
5 이하	400
5 초과 25 이하	430
25 초과 50 이하	450

학생들이 보낼 우편의 무게

이름	우편 무게(g)	이름	우편 무게(g)
찬우	25	준욱	46
지현	9	세경	14
슬기	5	다영	30

(   )

요금이 430원일 때의 우편 무게의 범위를 먼저 알아야 해요.

4 올림 알아보기

올림: 구하려는 자리의 아래 수를 올려서 나타내는 방법

예 올림하여 소수 첫째 자리까지 나타내기

1.247 ➡ 1.3

1 올림하여 주어진 자리까지 나타내 보세요.

수	십의 자리	백의 자리	천의 자리
4721			
7698			

2 주어진 수를 올림하여 소수 첫째 자리까지 나타내 보세요.

(1) 81.62

( )

(2) 5.239

( )

3 어림한 후, 어림한 수의 크기를 비교하여 ○ 안에 >, =, < 를 알맞게 써넣으세요.

276을 올림하여 십의 자리까지 나타낸 수 ➡ ☐

○

219를 올림하여 백의 자리까지 나타낸 수 ➡ ☐

4 올림하여 백의 자리까지 나타내면 4700이 되는 수를 모두 찾아 ○표 하세요.

4590 4705 4625 4780 4699

5 버림 알아보기

버림: 구하려는 자리의 아래 수를 버려서 나타내는 방법

예 버림하여 소수 첫째 자리까지 나타내기

1.247 ➡ 1.2

5 버림하여 주어진 자리까지 나타내 보세요.

수	십의 자리	백의 자리	천의 자리
2345			
7856			

6 주어진 수를 버림하여 소수 첫째 자리까지 나타내 보세요.

(1) 15.69

( )

(2) 3.127

( )

7 어림한 후, 어림한 수의 크기를 비교하여 ○ 안에 >, =, < 를 알맞게 써넣으세요.

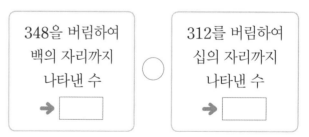

348을 버림하여 백의 자리까지 나타낸 수 ➡ ☐

○

312를 버림하여 십의 자리까지 나타낸 수 ➡ ☐

8 버림하여 천의 자리까지 나타낸 수가 20000이 <u>아닌</u> 것을 찾아 기호를 써 보세요.

㉠ 2116 ㉡ 3500 ㉢ 2980 ㉣ 2000

( )

6 반올림 알아보기

반올림: 구하려는 자리 바로 아래 자리의 숫자가
　　　0, 1, 2, 3, 4이면 버리고,
　　　5, 6, 7, 8, 9이면 올려서 나타내는 방법
　예 반올림하여 소수 첫째 자리까지 나타내기
　　　5.284 ➡ 5.3

9 반올림하여 주어진 자리까지 나타내 보세요.

수	백의 자리	천의 자리
6847		
7452		

10 상자에 귤이 158개 있습니다. 귤의 수를 수직선에 ↓로 나타내고 약 몇십 개인지 구하세요.

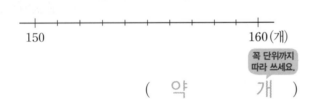

꼭 단위까지 따라 쓰세요.

(약 　　　 개)

11 열쇠의 길이는 몇 cm인지 반올림하여 일의 자리까지 나타내 보세요.

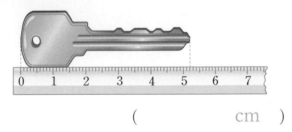

(　　　 cm)

12 3.547을 반올림하여 소수 첫째 자리까지 나타내 보세요.

(　　　)

13 반올림하여 십의 자리까지 나타내면 4270이 되는 수를 모두 찾아 써 보세요.

4170	4264	4265	4273	4279

(　　　)

14 준규가 사는 도시의 인구는 남자가 51842명, 여자가 49164명입니다. 물음에 답하세요.

(1) 남자의 수를 반올림하여 백의 자리까지 나타내 보세요.

(　　　 명)

(2) 여자의 수를 반올림하여 만의 자리까지 나타내 보세요.

(　　　 명)

15 반올림하여 천의 자리까지 나타낸 수가 나머지와 <u>다른</u> 것은 어느 것일까요?·············· (　　)

① 2634　　　② 1849　　　③ 1723
④ 2458　　　⑤ 2190

🔅 추론력

16 □ 안에 들어갈 수 있는 일의 자리 숫자를 모두 구하세요.

이 수를 반올림하여 십의 자리까지 나타내면 8260이에요.

825□

민재

(　　　)

7 어림 활용하기

올림, 버림, 반올림을 활용하여 문제 해결하기
① 올림, 버림, 반올림 중에서 어느 방법으로 어림해야 하는지 알아봅니다.
② 어느 자리까지 나타낼 것인지 정합니다.
③ 어림수로 나타냅니다.

17 관광객 374명이 케이블카를 타고 전망대에 오르려고 합니다. 케이블카 한 대에 탈 수 있는 정원이 10명일 때 케이블카는 최소 몇 번 운행해야 하는지 구하세요.

(1) 올림, 버림, 반올림 중 어떤 방법으로 어림해야 할까요?

(   )

(2) 케이블카는 최소 몇 번 운행해야 할까요?

꼭 단위까지 따라 쓰세요.

(번   )

18 지우개 5490개를 한 상자에 100개씩 담아 포장했습니다. 문장을 완성해 보세요.

포장한 지우개 수를 알아보려면
(올림 , 버림 , 반올림)으로 어림해야 합니다.
따라서 상자에 담아 포장한 지우개는 모두
[   ]개입니다.

19 성현이네 가족의 키를 나타낸 표입니다. 키를 반올림하여 일의 자리까지 나타내 보세요.

가족	키(cm)	반올림한 키(cm)
아버지	176.3	
어머니	162.8	
성현	153.5	

🖋 **문제 해결**

20 현욱이는 제과점에서 8500원짜리 과자 한 상자와 3900원짜리 빵 한 개를 샀습니다. 1000원짜리 지폐로만 과잣값과 빵값을 낸다면 최소 얼마를 내야 할까요?

(원   )

21 리본 한 개를 만드는 데 10 cm의 끈이 필요합니다. 길이가 234 cm인 끈으로는 리본을 최대 몇 개까지 만들 수 있을까요?

(개   )

22 문구점에서 색종이를 10장씩 묶어서 판다고 합니다. 필요한 색종이 수를 보고, 사야 하는 색종이 수는 최소 몇 장인지 써넣으세요.

이름	필요한 색종이 수(장)	사야 하는 색종이 수(장)
이슬	19	
준우	141	
다연	276	

📝 **서술형**

23 축구장에 입장한 관람객의 수는 7856명입니다. 이 관람객의 수를 어림하였더니 8000명이 되었습니다. 어떻게 어림하였는지 보기 의 어림 방법을 이용하여 설명해 보세요.

보기
올림   버림   반올림

방법 1	
방법 2	

활용 3 □ 안에 알맞은 숫자 구하기

올림과 버림은 구하려는 자리의 아래 수를 모두 확인해야 하고 반올림은 구하려는 자리 바로 아래 자리의 숫자만 확인하면 됩니다.

3-1 다음 수를 반올림하여 백의 자리까지 나타내면 19000이 됩니다. □ 안에 알맞은 숫자를 써넣으세요.

| □ | □ | 5 | 9 |

3-2 다음 수를 버림하여 십의 자리까지 나타내면 3470이 됩니다. □ 안에 알맞은 숫자를 써넣으세요.

| 3 | □ | □ | 1 |

3-3 다음 수를 올림하여 백의 자리까지 나타내면 60000이 됩니다. □ 안에 알맞은 숫자를 써넣으세요.

| □ | □ | 8 | 9 |

활용 4 조건에 맞는 수를 만들고 어림하기

★에 가장 가까운 수를 만들 때는
┌ ★보다 크면서 ★에 가장 가까운 경우
└ ★보다 작으면서 ★에 가장 가까운 경우
두 가지를 생각해 봅니다.

4-1 4장의 수 카드 중 3장을 골라 한 번씩만 사용하여 400에 가장 가까운 세 자리 수를 만들었습니다. 만든 세 자리 수를 버림하여 십의 자리까지 나타내 보세요.

| 2 | 3 | 4 | 9 |

(   )

4-2 4장의 수 카드 중 3장을 골라 한 번씩만 사용하여 800에 가장 가까운 세 자리 수를 만들었습니다. 만든 세 자리 수를 반올림하여 십의 자리까지 나타내 보세요.

| 0 | 5 | 7 | 8 |

(   )

4-3 4장의 수 카드를 한 번씩만 사용하여 2500에 가장 가까운 네 자리 수를 만들었습니다. 만든 네 자리 수를 반올림하여 백의 자리까지 나타내 보세요.

(   )

2 단계 실력 유형 연습

1 주어진 자리까지 어림하여 나타내 보세요.

수	올림하여 십의 자리까지	버림하여 백의 자리까지	반올림하여 천의 자리까지
1359			
54783			

2 다음 수를 올림하여 천의 자리까지 나타낸 수와 반올림하여 십의 자리까지 나타낸 수의 차를 구하세요.

7564

( )

 추론력

3 어림하는 방법이 같은 두 사람을 찾아 이름을 써 보세요.

재영: 보트 한 척에 최대 10명까지 탈 수 있을 때 학생 256명이 모두 보트를 타려면 보트는 최소 몇 척 있어야 할까?

인수: 167.9 kg인 냉장고의 무게를 1 kg 단위로 가까운 쪽의 눈금을 읽으면 몇 kg일까?

도현: 생선 86마리를 10마리씩 묶어서 포장한다면 최대 몇 마리까지 포장할 수 있을까?

지호: 4300원짜리 아이스크림을 사기 위해 1000원짜리 지폐로만 물건값을 낸다면 최소 얼마를 내야 할까?

( ), ( )

4 사탕 공장에서 사탕을 5460개 만들었습니다. 이 사탕을 한 상자에 100개씩 담아 판다면 사탕은 최대 몇 개까지 팔 수 있을까요?

( )

S 솔루션

구하려는 자리 아래 수를 살펴보아요.

생활 속에서 올림, 버림, 반올림을 하는 경우를 생각해 보아요.

수의 범위와 어림하기

19

5 길이가 65 m인 도로 아래에 처음부터 끝까지 한 개의 길이가 10 m인 수도 관을 겹치지 않게 이어서 설치하려고 합니다. 필요한 수도관은 최소 몇 개일 까요?

(   )

S 솔루션

6 버림하여 백의 자리까지 나타내면 3900이 되는 자연수 중에서 가장 큰 수를 구하세요.

(   )

버림은 구하려는 자리의 아래 수를 모두 버리는 방법이에요.

7 은우의 사물함 열쇠 비밀번호를 올림하여 백의 자리까지 나타내면 6500입 니다. 은우의 사물함 열쇠 비밀번호를 구하세요.

내 사물함 열쇠의 비밀번호는 □□15야.

은우

(   )

올림은 구하려는 자리의 아래 수를 올리는 방법이에요.

⚡ 추론력

8 어떤 수를 반올림하여 십의 자리까지 나타내었더니 160이 되었습니다. 어떤 수가 될 수 있는 수의 범위를 옳게 나타낸 것을 찾아 기호를 써 보세요.

> ㉠ 150 초과 160 이하인 수
> ㉡ 160 이상 170 미만인 수
> ㉢ 155 이상 165 미만인 수
> ㉣ 155 초과 165 이하인 수

(   )

9 5장의 수 카드를 한 번씩만 사용하여 만든 가장 큰 다섯 자리 수를 버림하여 천의 자리까지 나타내 보세요.

| 3 | 1 | 0 | 8 | 7 |

(   )

먼저 가장 큰 다섯 자리 수를 만들어 보아요.

10 올림하여 백의 자리까지 나타낸 수와 반올림하여 백의 자리까지 나타낸 수가 같은 것을 모두 찾아 써 보세요.

15209   37064   61325   78472

(   )

11 창민이는 10원짜리 동전 128개와 100원짜리 동전 69개를 모았습니다. 이 돈을 1000원짜리 지폐로 바꾸면 최대 몇 장까지 바꿀 수 있을까요?

(   )

1000원 미만의 동전은 1000원짜리 지폐로 바꿀 수 없어요.

12 유찬이가 처음에 생각한 자연수는 무엇인지 구하세요.

네가 생각한 자연수에 8을 곱해서 나온 수를 버림하여 십의 자리까지 나타내면 얼마야?

30이야.

서아   유찬

(   )

수의 범위와 어림하기

21

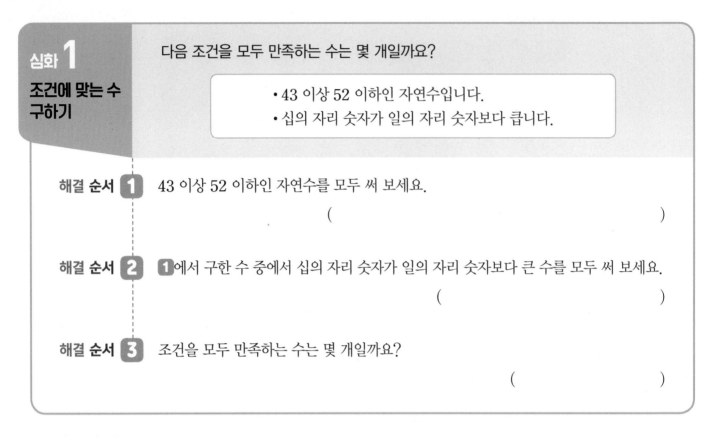

심화 1

조건에 맞는 수 구하기

다음 조건을 모두 만족하는 수는 몇 개일까요?

> • 43 이상 52 이하인 자연수입니다.
> • 십의 자리 숫자가 일의 자리 숫자보다 큽니다.

해결 순서 1   43 이상 52 이하인 자연수를 모두 써 보세요.

(   )

해결 순서 2   1에서 구한 수 중에서 십의 자리 숫자가 일의 자리 숫자보다 큰 수를 모두 써 보세요.

(   )

해결 순서 3   조건을 모두 만족하는 수는 몇 개일까요?

(   )

1-1   다음 조건을 모두 만족하는 수는 몇 개일까요?

> • 30 초과 60 미만인 자연수입니다.
> • 6의 배수입니다.

(   )

1-2   다음 조건을 모두 만족하는 수는 몇 개일까요?

> • 56 초과 100 이하인 자연수입니다.
> • 2와 7의 공배수입니다.

(   )

심화 2

수의 범위 활용하기

우진이네 동네 어린이들이 농촌체험마을에서 한 대에 탈 수 있는 정원이 10명인 마차를 타려고 합니다. 마차를 최소 5번 운행해야 모두 탈 수 있다면 우진이네 동네 어린이 수는 몇 명 이상 몇 명 이하일까요?

해결 순서 1 마차를 4번 운행할 때 최대 몇 명까지 탈 수 있나요?

(   )

해결 순서 2 마차를 5번 운행할 때 최대 몇 명까지 탈 수 있나요?

(   )

해결 순서 3 우진이네 동네 어린이는 몇 명 이상 몇 명 이하일까요?

(   )

2-1 하은이네 학교 5학년 학생들이 한 대에 탈 수 있는 정원이 45명인 버스를 타고 현장학습을 가려고 합니다. 버스가 최소 4대 있어야 모두 탈 수 있다면 하은이네 학교 5학년 학생은 몇 명 이상 몇 명 이하일까요?

(   )

2-2 건우네 학교 5학년 학생들이 한 대에 탈 수 있는 정원이 40명인 버스를 타고 현장 학습을 가려고 합니다. 학생들이 모두 타려면 버스가 최소 6대 있어야 합니다. 학생 한 명당 생수를 3병씩 나누어 주려면 준비해야 하는 생수는 적어도 몇 병일까요?

(   )

심화 3
어림하여 □가 될 수 있는 수 구하기

어떤 자연수를 반올림하여 천의 자리까지 나타내면 2000이 됩니다. 어떤 자연수가 될 수 있는 수 중에서 가장 큰 수와 가장 작은 수의 합을 구하세요.

해결 순서 ❶ 반올림하여 천의 자리까지 나타내면 2000이 되는 자연수 중 가장 큰 수를 구하세요.

( )

해결 순서 ❷ 반올림하여 천의 자리까지 나타내면 2000이 되는 자연수 중 가장 작은 수를 구하세요.

( )

해결 순서 ❸ 두 수의 합을 구하세요.

( )

3-1 어떤 자연수를 반올림하여 백의 자리까지 나타내면 1500이 됩니다. 어떤 자연수가 될 수 있는 수 중에서 가장 큰 수와 가장 작은 수의 합을 구하세요.

( )

3-2 어떤 자연수를 올림하여 백의 자리까지 나타내면 6500이 됩니다. 어떤 자연수가 될 수 있는 수 중에서 가장 큰 수와 가장 작은 수의 합을 구하세요.

( )

3-3 버림하여 십의 자리까지 나타내면 580이고, 올림하여 십의 자리까지 나타내면 590이 되는 자연수는 모두 몇 개일까요?

( )

심화 4
필요한 금액 구하기

구슬을 453개 사려고 합니다. 구슬을 한 묶음에 10개씩 묶어서 800원에 판다면 구슬을 사는 데 필요한 돈은 최소 얼마일까요?

해결 순서 1 사야 하는 구슬 수를 알아보려면 올림, 버림, 반올림 중 어떤 방법으로 어림해야 할까요?

(   )

해결 순서 2 구슬은 최소 몇 묶음을 사야 할까요?

(   )

해결 순서 3 구슬을 사는 데 필요한 돈은 최소 얼마일까요?

(   )

4 - 1 색종이를 367장 사려고 합니다. 색종이를 한 상자에 100장씩 묶어서 2000원에 판다면 색종이를 사는 데 필요한 돈은 최소 얼마일까요?

(   )

4 - 2 공책을 826권 사려고 합니다. 공책을 한 상자에 100권씩 담아 45000원에 판다면 공책을 사는 데 필요한 돈은 최소 얼마일까요?

(   )

4 - 3 귤이 2546개 있습니다. 이 귤을 한 상자에 100개씩 넣어 30000원씩 받고 팔려고 합니다. 귤을 팔아서 벌 수 있는 돈은 최대 얼마일까요?

(   )

심화 5

□ 안에 들어갈 수 있는 수의 범위 구하기

□ 안에 공통으로 들어갈 수 있는 수의 범위를 초과와 미만을 사용하여 나타내 보세요.

- $\square + 15 > 30$
- $\square + 10 < 33$

해결 순서 1 $\square + 15 > 30$에서 □ 안에 들어갈 수 있는 수의 범위를 초과를 사용하여 나타내 보세요.

( )

해결 순서 2 $\square + 10 < 33$에서 □ 안에 들어갈 수 있는 수의 범위를 미만을 사용하여 나타내 보세요.

( )

해결 순서 3 □ 안에 공통으로 들어갈 수 있는 수의 범위를 초과와 미만을 사용하여 나타내 보세요.

( )

5-1 □ 안에 공통으로 들어갈 수 있는 수의 범위를 초과와 미만을 사용하여 나타내 보세요.

- $28 + \square > 42$
- $\square + 17 < 39$

( )

5-2 □ 안에 공통으로 들어갈 수 있는 수의 범위를 초과와 미만을 사용하여 나타내 보세요.

- $\square - 12 > 17$
- $35 + \square < 70$

( )

심화 6
실제 인구 구하기

가, 나 지역의 초등학생 수를 버림하여 백의 자리까지 나타낸 막대그래프입니다. 두 지역의 실제 초등학생 수의 차는 최대 몇 명일까요?

초등학생 수

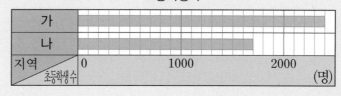

해결 순서 1 막대그래프에서 나타내고 있는 가, 나 지역의 초등학생 수를 각각 써 보세요.

가 (   ), 나 (   )

해결 순서 2 가 지역의 실제 초등학생 수의 범위는 몇 명 이상 몇 명 이하일까요?

(   )

해결 순서 3 나 지역의 실제 초등학생 수의 범위는 몇 명 이상 몇 명 이하일까요?

(   )

해결 순서 4 가, 나 지역의 실제 초등학생 수의 차는 최대 몇 명일까요?

(   )

1

수의 범위와 어림하기

27

6-1 심화6의 그래프에서 두 지역의 실제 초등학생 수의 차는 최소 몇 명일까요?

(   )

6-2 도시별 인구를 반올림하여 천의 자리까지 나타낸 막대그래프입니다. 인구가 가장 많은 도시와 가장 적은 도시의 실제 인구의 차는 최대 몇 명일까요?

도시별 인구

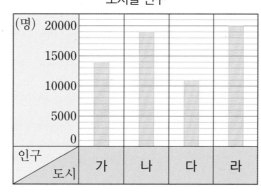

(   )

[1~2] 상철이네 모둠 학생들이 가지고 있는 동화책의 수를 조사하여 나타낸 표입니다. 물음에 답하세요.

동화책의 수

이름	동화책 수(권)	이름	동화책 수(권)
상철	28	현수	40
유리	32	지영	37

1 지영이보다 동화책을 적게 가지고 있는 학생을 모두 찾아 동화책의 수를 써 보세요.

( )

2 가지고 있는 동화책의 수가 37권 미만인 학생을 모두 찾아 이름을 써 보세요.

( )

3 수직선에 나타낸 수의 범위에 포함되지 <u>않는</u> 수는 어느 것일까요? ·······················( )

```
23   24   25   26   27   28   29
```

① 24   ② 25   ③ 26
④ 27   ⑤ 28

4 18 미만인 수는 모두 몇 개일까요?

9	20	18	13.5	17.5	18.1

( )

5 17 이상 21 이하인 수 중에서 가장 큰 수와 가장 작은 수의 차는 얼마일까요?

( )

6 수를 올림, 버림, 반올림하여 백의 자리까지 나타내 보세요.

수	69745
올림	
버림	
반올림	

[7~8] 수정이네 학교 5학년 학생은 261명입니다. 강당에 10명씩 앉을 수 있는 긴 의자를 놓아 5학년 학생이 모두 앉으려고 합니다. 물음에 답하세요.

7 긴 의자가 최소 몇 개 필요한지 알아보려면 올림, 버림, 반올림 중 어떤 방법으로 어림해야 할까요?

( )

8 5학년 학생이 모두 앉으려면 긴 의자는 최소 몇 개가 필요할까요?

( )

9 다음 수를 반올림하여 천의 자리까지 나타내면 28000이 됩니다. ☐ 안에 들어갈 수 있는 수를 모두 구하세요.

> 28☐05

(   )

 서술형

10 서준이와 지안이가 마을버스를 타려고 합니다. 내야 할 요금은 모두 얼마인지 풀이 과정을 쓰고 답을 구하세요.

난 13세.   난 10세.

서준   지안

마을버스 요금

어린이 (7세 이상 13세 미만)	800원
청소년 (13세 이상 19세 미만)	1100원
일반(19세 이상)	1500원

풀이

답 _____

11 수학 경시 대회에서 점수가 80점 초과 90점 이하인 학생에게 은상을 줍니다. 은상을 받을 학생은 모두 몇 명일까요?

수학 경시 대회 점수

이름	점수(점)	이름	점수(점)
김은비	78	조승우	88
지은우	82	박진영	92
김현준	91	심성호	81
신영호	70	나유경	79
이진영	89	곽재민	80

(   )

12 각 도시의 인구를 조사하여 나타낸 표입니다. 도시별 인구를 반올림하여 만의 자리까지 나타내 보세요.

도시별 인구

도시	가	나	다	라
인구 (명)	126013	144580	171320	97238
어림한 수(명)				

13 어림한 수의 크기를 비교하여 ◯ 안에 >, =, <를 알맞게 써넣으세요.

599를 반올림하여 십의 자리까지 나타낸 수   ◯   589를 반올림하여 백의 자리까지 나타낸 수

14 수직선에 나타낸 수의 범위에 속하는 자연수는 모두 6개입니다. ㉠에 알맞은 자연수를 구하세요.

(   )

15 6장의 수 카드를 한 번씩만 사용하여 만든 가장 큰 여섯 자리 수를 올림하여 백의 자리까지 나타내 보세요.

| 1 | 3 | 5 | 7 | 9 | 0 |

(   )

16 어떤 수를 반올림하여 십의 자리까지 나타내었더니 370이 되었습니다. 어떤 수가 될 수 있는 수의 범위를 수직선에 나타내 보세요.

```
  +--+--+--+--+--+--+--+--+--+--+--+--+--+--+
 360          370          380
```

17 어느 할인점에서 50000원 초과하여 구매한 고객에게 사은품을 준다고 합니다. 47000원까지 골랐다면 어떤 것을 한 가지 더 구매해야 가장 적은 돈을 들여 사은품을 받을 수 있을까요?

라면 빵 과일
3400원 3000원 4000원

음료수 우유
1800원 2500원

(   )

수의 범위와 어림하기

---

18 물건 한 개를 포장하는 데 색 테이프 100 cm가 필요합니다. 색 테이프 3584 cm로는 물건을 최대 몇 개까지 포장할 수 있는지 풀이 과정을 쓰고 답을 구하세요.

풀이 _____

_____

_____

_____

_____

답 _____

19 둘레가 65 cm 이상 100 cm 이하인 정오각형을 만들려고 합니다. 만들 수 있는 한 변의 길이의 범위를 이상과 이하를 사용하여 나타내 보세요.

(   )

20 두 자리 수 ★과 39를 각각 반올림하여 십의 자리까지 나타낸 다음 더했더니 100이 되었습니다. ★이 될 수 있는 두 자리 수의 범위를 이상과 미만을 사용하여 나타내 보세요.

(   )

21 주차장 이용 요금을 보고 140분 동안 주차한 차의 이용 요금은 얼마인지 구하세요.

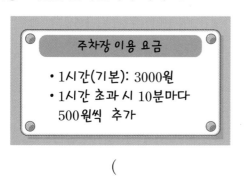

( )

22 불우이웃돕기 모금액을 1000원짜리 지폐로 바꾼다면 최대 몇 장까지 바꿀 수 있고, 남는 금액은 얼마인지 차례로 써 보세요.

> * 불우이웃돕기 모금액 *
> • 10000원짜리 지폐 23장
> • 1000원짜리 지폐 1장
> • 100원짜리 동전 18개
> • 10원짜리 동전 5개

( ), ( )

23 500 kg 이상은 실을 수 없는 엘리베이터가 있습니다. 이 엘리베이터에 몸무게가 80 kg인 사람이 2명, 60 kg인 사람이 3명 타고 있습니다. 여기에 몸무게가 40 kg인 사람이 최대 몇 명까지 탈 수 있을까요? (단, 사람의 몸무게만 생각합니다.)

( )

24 혜원이네 가족 5명의 나이와 혜원이네 가족이 볼 영화 요금입니다. 혜원이네 가족이 모두 영화를 보려면 얼마를 내야 할까요?

영화 요금	
구분	요금(원)
청소년	11000
일반	14000

• 청소년: 4세 이상 19세 미만
• 일반: 19세 이상 65세 미만
• 경로 우대: 65세 이상, 일반 요금의 반

가족	할머니	아버지	어머니	언니	혜원
나이(세)	65	37	35	12	11

( )

25 다음 조건을 모두 만족하는 수를 구하세요.

> • 각 자리 숫자가 서로 다른 다섯 자리 수입니다.
> • 30000 초과 40000 미만인 수입니다.
> • 천의 자리 숫자는 가장 큰 한 자리 수입니다.
> • 백의 자리 숫자는 5 이상 6 미만인 수입니다.
> • 십의 자리 숫자는 5 초과 7 미만인 수입니다.
> • 일의 자리 숫자는 4 이상 6 이하인 수입니다.

( )

2 분수의 곱셈

이전에 배운 내용 [2-1] 곱셈, [3-1] 분수와 소수, [3-2] 분수,
[4-2] 분수의 덧셈과 뺄셈, [5-1] 약분과 통분, 분수의 덧셈과 뺄셈

이번에 배울 내용

(분수) × (자연수)

(자연수) × (분수)

진분수의 곱셈

여러 가지 분수의 곱셈

다음에 배울 내용 [6-1] 분수의 나눗셈, [6-2] 분수의 나눗셈

이 단원에서 학습할 6가지 심화 유형

개념 1 (분수) × (자연수)

1. (단위분수) × (자연수)

• $\frac{1}{5} \times 4$의 계산

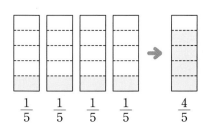

$$\frac{1}{5} \qquad \frac{1}{5} \qquad \frac{1}{5} \qquad \frac{1}{5} \qquad \qquad \frac{4}{5}$$

$$\frac{1}{5} \times 4 = \frac{1}{5} + \frac{1}{5} + \frac{1}{5} + \frac{1}{5} = \frac{1 \times 4}{5} = \frac{4}{5}$$

> (단위분수) × (자연수)는 단위분수의 분자와
> 자연수를 곱하여 계산합니다.
> $$\frac{1}{\bullet} \times \bigstar = \frac{\bigstar}{\bullet}$$

2. (진분수) × (자연수)

• $\frac{5}{6} \times 9$의 계산

방법 1 곱셈을 다 한 이후에 약분하여 계산하기

$$\frac{5}{6} \times 9 = \frac{5 \times 9}{6} = \frac{\overset{15}{\cancel{45}}}{\underset{2}{\cancel{6}}} = \frac{15}{2} = 7\frac{1}{2}$$

방법 2 곱셈을 하는 과정에서 분모와 자연수를
약분하여 계산하기

$$\frac{5}{\underset{2}{\cancel{6}}} \times \overset{3}{\cancel{9}} = \frac{5 \times 3}{2} = \frac{15}{2} = 7\frac{1}{2}$$

> **방법 1** 은 기약분수가 아닌 계산 결과를
> 빨리 구할 수 있고,
> **방법 2** 는 곱셈이 간단해져.

참고 (단위분수) × (자연수)도 약분하여 계산합니다.

방법 1 $\frac{1}{6} \times 9 = \frac{1 \times 9}{6} = \frac{\overset{3}{\cancel{9}}}{\underset{2}{\cancel{6}}} = \frac{3}{2} = 1\frac{1}{2}$

방법 2 $\frac{1}{\underset{2}{\cancel{6}}} \times \overset{3}{\cancel{9}} = \frac{3}{2} = 1\frac{1}{2}$

3. (대분수) × (자연수)

• $2\frac{1}{3} \times 2$의 계산

방법 1 대분수를 가분수로 나타내 계산하기

$$2\frac{1}{3} \times 2 = \frac{7}{3} \times 2 = \frac{7 \times 2}{3} = \frac{14}{3} = 4\frac{2}{3}$$

> **방법 1** 과 같이 대분수를 가분수로
> 나타내 계산하면 (진분수) × (자연수)의
> 계산 원리와 같아져.

방법 2 대분수를 자연수와 진분수의 합으로 바
꾸어 계산하기

$$2\frac{1}{3} \times 2 = (2 \times 2) + \left(\frac{1}{3} \times 2\right)$$
$$= 4 + \frac{2}{3} = 4\frac{2}{3}$$

> **방법 2** 와 같이 대분수를 자연수 부분과
> 진분수 부분으로 구분하여 계산하면
> 그 양이 어느 정도인지 쉽게 알 수 있어.

• $1\frac{1}{4} \times 2$의 계산 — 약분을 하는 경우

방법 1 $1\frac{1}{4} \times 2 = \frac{5}{4} \times 2 = \frac{\overset{5}{\cancel{10}}}{\underset{2}{\cancel{4}}} = \frac{5}{2} = 2\frac{1}{2}$

  └ 곱셈을 다 한 후 약분

방법 2 $1\frac{1}{4} \times 2 = \frac{5}{4} \times 2 = \frac{5 \times \overset{1}{\cancel{2}}}{\underset{2}{\cancel{4}}} = \frac{5}{2} = 2\frac{1}{2}$

  곱셈을 하는 과정에서 약분 ┘

방법 3 $1\frac{1}{4} \times 2 = \frac{5}{\underset{2}{\cancel{4}}} \times \overset{1}{\cancel{2}} = \frac{5}{2} = 2\frac{1}{2}$

  └ 곱셈을 하는 과정에서 약분

개념 2   (자연수) × (분수)

1. (자연수) × (진분수)

· $10 \times \dfrac{3}{5}$의 계산

$$\underset{\substack{\downarrow \\ \text{분모 5의 배수}}}{10} \times \dfrac{3}{5} = \underset{\substack{\downarrow \\ 10을\ 5로\ 나눈\ 것\ 중의\ 하나}}{10 \times \dfrac{1}{5} \times 3} = 2 \times 3 = \underset{\substack{\downarrow \\ \text{자연수}}}{6}$$

자연수가 분모의 배수인 경우 계산 결과는 항상 자연수가 됩니다.

· $6 \times \dfrac{2}{3}$의 계산

방법 1 곱셈을 다 한 이후에 약분하여 계산하기

$$6 \times \dfrac{2}{3} = \dfrac{6 \times 2}{3} = \dfrac{\overset{4}{\cancel{12}}}{\underset{1}{\cancel{3}}} = 4$$

방법 2 곱셈을 하는 과정에서 자연수와 분모를 약분하여 계산하기

$$6 \times \dfrac{2}{3} = \dfrac{\overset{2}{\cancel{6}} \times 2}{\underset{1}{\cancel{3}}} = 4, \quad \overset{2}{\cancel{6}} \times \dfrac{2}{\underset{1}{\cancel{3}}} = 4$$

· $9 \times \dfrac{1}{6}$의 계산

방법 1 곱셈을 다 한 이후에 약분하여 계산하기

$$9 \times \dfrac{1}{6} = \dfrac{9 \times 1}{6} = \dfrac{\overset{3}{\cancel{9}}}{\underset{2}{\cancel{6}}} = \dfrac{3}{2} = 1\dfrac{1}{2}$$

방법 2 곱셈을 하는 과정에서 자연수와 분모를 약분하여 계산하기

$$9 \times \dfrac{1}{6} = \dfrac{\overset{3}{\cancel{9}} \times 1}{\underset{2}{\cancel{6}}} = \dfrac{3}{2} = 1\dfrac{1}{2}$$

$$\overset{3}{\cancel{9}} \times \dfrac{1}{\underset{2}{\cancel{6}}} = \dfrac{3}{2} = 1\dfrac{1}{2}$$

> 자연수와 진분수의 분자를 곱하여 계산합니다.

2. (자연수) × (대분수)

· $3 \times 1\dfrac{1}{4}$의 계산

방법 1 대분수를 가분수로 나타내 계산하기

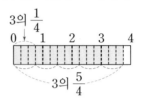

$$3 \times 1\dfrac{1}{4} = 3 \times \dfrac{5}{4} = \dfrac{3 \times 5}{4} = \dfrac{15}{4} = 3\dfrac{3}{4}$$

방법 2 대분수를 자연수와 진분수의 합으로 바꾸어 계산하기

$$3 \times 1\dfrac{1}{4} = (3 \times 1) + \left(3 \times \dfrac{1}{4}\right)$$

$$= 3 + \dfrac{3}{4} = 3\dfrac{3}{4}$$

> 곱하는 수가 1보다 크면 계산 결과는 원래의 수보다 크고, 곱하는 수가 1보다 작으면 계산 결과는 원래의 수보다 작아.
>
> $$\underset{3 < 3\frac{3}{4}}{3 \times 1\dfrac{1}{4} = 3\dfrac{3}{4}} \qquad \underset{3 > \frac{3}{4}}{3 \times \dfrac{1}{4} = \dfrac{3}{4}}$$

· $15 \times 1\dfrac{1}{10}$의 계산

방법 1 대분수를 가분수로 나타내 계산하기

$$15 \times 1\dfrac{1}{10} = 15 \times \dfrac{11}{10} = \dfrac{15 \times 11}{10}$$

$$= \dfrac{\overset{33}{\cancel{165}}}{\underset{2}{\cancel{10}}} = \dfrac{33}{2} = 16\dfrac{1}{2}$$

방법 2 대분수를 자연수와 진분수의 합으로 바꾸어 계산하기

$$15 \times 1\dfrac{1}{10} = (15 \times 1) + \left(\overset{3}{\cancel{15}} \times \dfrac{1}{\underset{2}{\cancel{10}}}\right)$$

$$= 15 + \dfrac{3}{2} = 15 + 1\dfrac{1}{2} = 16\dfrac{1}{2}$$

2 분수의 곱셈

개념 3 | 진분수의 곱셈

1. (단위분수) × (단위분수)

• $\dfrac{1}{3} \times \dfrac{1}{2}$ 의 계산

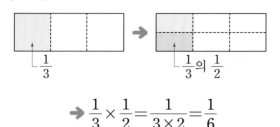

$$\Rightarrow \dfrac{1}{3} \times \dfrac{1}{2} = \dfrac{1}{3 \times 2} = \dfrac{1}{6}$$

$$\dfrac{1}{\blacksquare} \times \dfrac{1}{\blacktriangle} = \dfrac{1}{\blacksquare \times \blacktriangle}$$

2. (진분수) × (진분수)

• $\dfrac{2}{3} \times \dfrac{2}{5}$ 의 계산

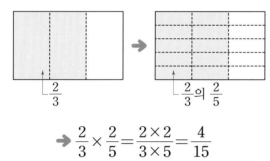

$$\Rightarrow \dfrac{2}{3} \times \dfrac{2}{5} = \dfrac{2 \times 2}{3 \times 5} = \dfrac{4}{15}$$

분자는 분자끼리, 분모는 분모끼리 곱합니다.

3. 세 분수의 곱셈

• $\dfrac{1}{3} \times \dfrac{1}{2} \times \dfrac{3}{4}$ 의 계산

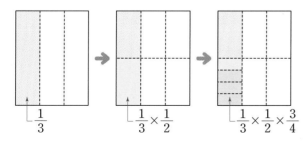

$$\Rightarrow \dfrac{1}{3} \times \dfrac{1}{2} \times \dfrac{3}{4} = \dfrac{1 \times 1 \times 3}{3 \times 2 \times 4} = \dfrac{3}{24} = \dfrac{1}{8}$$

분자는 분자끼리, 분모는 분모끼리 곱합니다.

개념 4 | 여러 가지 분수의 곱셈

1. (대분수) × (대분수)

• $2\dfrac{2}{3} \times 1\dfrac{1}{2}$ 의 계산

방법 1 대분수를 가분수로 나타내 계산하기

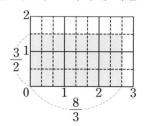

$$2\dfrac{2}{3} \times 1\dfrac{1}{2} = \dfrac{\overset{4}{\cancel{8}}}{\underset{1}{\cancel{3}}} \times \dfrac{\overset{1}{\cancel{3}}}{\underset{1}{\cancel{2}}} = 4$$

방법 2 대분수를 자연수와 진분수의 합으로 바꾸어 계산하기

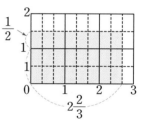

$$2\dfrac{2}{3} \times 1\dfrac{1}{2} = \left(2\dfrac{2}{3} \times 1\right) + \left(2\dfrac{2}{3} \times \dfrac{1}{2}\right)$$

$$= 2\dfrac{2}{3} + \left(\dfrac{\overset{4}{\cancel{8}}}{3} \times \dfrac{1}{\underset{1}{\cancel{2}}}\right)$$

$$= 2\dfrac{2}{3} + \dfrac{4}{3} = 2\dfrac{2}{3} + 1\dfrac{1}{3} = 4$$

2. 여러 가지 분수의 곱셈하는 방법

• $6 \times \dfrac{4}{5} = \dfrac{6}{1} \times \dfrac{4}{5} = \dfrac{6 \times 4}{1 \times 5} = \dfrac{24}{5} = 4\dfrac{4}{5}$

　└▸자연수 6을 가분수 $\dfrac{6}{1}$ 으로 나타내 계산하기

• $\dfrac{3}{7} \times 5 = \dfrac{3}{7} \times \dfrac{5}{1} = \dfrac{3 \times 5}{7 \times 1} = \dfrac{15}{7} = 2\dfrac{1}{7}$

　└▸자연수 5를 가분수 $\dfrac{5}{1}$ 로 나타내 계산하기

1단계 기본 유형 연습

1 (진분수) × (자연수)

예 $\dfrac{5}{8} \times 6$의 계산

분자와 자연수를 곱하기

방법 1 ▶ $\dfrac{5}{8} \times 6 = \dfrac{5 \times 6}{8} = \dfrac{\overset{15}{\cancel{30}}}{\underset{4}{\cancel{8}}} = \dfrac{15}{4} = 3\dfrac{3}{4}$

방법 2 ▶ $\dfrac{5}{\underset{4}{\cancel{8}}} \times \overset{3}{\cancel{6}} = \dfrac{15}{4} = 3\dfrac{3}{4}$

1 위 방법 1 과 같이 계산해 보세요.

$\dfrac{7}{20} \times 15$ _____

2 두 수의 곱을 구하세요.

$$\dfrac{5}{12} \qquad 8$$

(   )

3 한 명이 멜론 한 개의 $\dfrac{1}{6}$씩 먹으려고 합니다. 24명이 먹으려면 멜론은 모두 몇 개 필요할까요?

식 _____ 꼭 단위까지 따라 쓰세요.

답 _____ 개

2 (대분수) × (자연수)

예 $1\dfrac{1}{2} \times 3$의 계산

방법 1 ▶ $1\dfrac{1}{2} \times 3 = \dfrac{3}{2} \times 3 = \dfrac{9}{2} = 4\dfrac{1}{2}$

방법 2 ▶ $1\dfrac{1}{2} \times 3 = (1 \times 3) + \left(\dfrac{1}{2} \times 3\right)$

$$= 3 + \dfrac{3}{2} = 3 + 1\dfrac{1}{2} = 4\dfrac{1}{2}$$

4 위 방법 1 과 같이 계산해 보세요.

$1\dfrac{5}{6} \times 4$ _____

5 빈 곳에 알맞은 수를 써넣으세요.

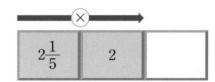

6 계산 결과가 $3\dfrac{1}{8} \times 2$와 <u>다른</u> 것은 어느 것일까요?

$\cdots\cdots\cdots\cdots\cdots\cdots\cdots\cdots$ (   )

① $3\dfrac{1}{8} + 3\dfrac{1}{8}$ ② $\dfrac{25}{8} \times 2$

③ $(3 \times 2) + \left(\dfrac{1}{8} \times 2\right)$ ④ $6 + \dfrac{1}{4}$

⑤ $3 + \dfrac{2}{8}$

2 분수의 곱셈

7 서아가 설명하는 방법으로 계산해 보세요.

대분수를 자연수와 진분수의 합으로 바꾸어 계산해 봐.

서아

$$1\frac{2}{9} \times 7$$

8 계산 결과를 찾아 선으로 이어 보세요.

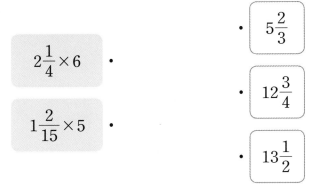

$$2\frac{1}{4} \times 6 \qquad \cdot$$

$$1\frac{2}{15} \times 5 \qquad \cdot$$

$\cdot \quad 5\frac{2}{3}$

$\cdot \quad 12\frac{3}{4}$

$\cdot \quad 13\frac{1}{2}$

9 한 변의 길이가 $5\frac{3}{8}$ cm인 정사각형의 둘레는 몇 cm일까요?

식 _____

꼭 단위까지 따라 쓰세요.

답 _____ cm

문제 해결

10 물이 1분에 $2\frac{3}{4}$ L씩 나오는 수도가 있습니다. 이 수도에서 5분 동안 나오는 물은 모두 몇 L일까요?

(L   )

---

3 **(자연수)×(진분수)**

예 $40 \times \frac{7}{8}$의 계산

방법 **1** $40 \times \frac{7}{8} = \frac{40 \times 7}{8} = \frac{\overset{35}{280}}{\underset{1}{8}} = 35$

방법 **2** $\overset{5}{40} \times \frac{7}{\underset{1}{8}} = 35$

11 빈 곳에 알맞은 수를 써넣으세요.

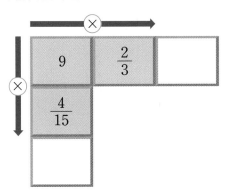

12 계산 결과의 크기를 비교하여 ◯ 안에 $>$, $=$, $<$를 알맞게 써넣으세요.

$$12 \times \frac{7}{10} \quad \bigcirc \quad 10 \times \frac{3}{4}$$

13 혜림이는 색종이 45장을 가지고 있습니다. 이 중 전체의 $\frac{7}{15}$을 사용했다면 사용한 색종이는 몇 장일까요?

(장   )

2

분수의 곱셈

37

4 (자연수)×(대분수)

예 $36 \times 1\frac{1}{6}$의 계산

방법 **1** $36 \times 1\frac{1}{6} = \overset{6}{\cancel{36}} \times \frac{7}{\cancel{6}} = 42$

방법 **2** $36 \times 1\frac{1}{6} = (36 \times 1) + \left(\overset{6}{\cancel{36}} \times \frac{1}{\cancel{6}}\right)$

$= 36 + 6 = 42$

14 위 방법 **2** 와 같이 계산해 보세요.

$2 \times 5\frac{1}{3}$ _____

15 빈 곳에 알맞은 분수를 써넣으세요.

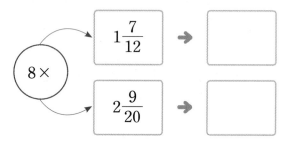

16 계산이 잘못된 곳을 찾아 옳게 고쳐 계산해 보세요.

$$\overset{2}{\cancel{4}} \times 1\frac{3}{14} = 2 \times 1\frac{3}{7} = 2 \times \frac{10}{7}$$

$$= \frac{20}{7} = 2\frac{6}{7}$$

↓

$4 \times 1\frac{3}{14}$

17 계산 결과가 더 큰 것에 ◯표 하세요.

$24 \times 1\frac{9}{16}$ $27 \times 1\frac{5}{18}$

(   )   (   )

18 계산 결과가 작은 순서대로 기호를 써 보세요.

㉠ $3 \times 2\frac{1}{4}$ ㉡ $65 \times \frac{2}{13}$ ㉢ $12 \times 2\frac{2}{9}$

(   )

19 그림과 같은 직사각형 모양의 종이가 있습니다. 이 종이의 넓이는 몇 cm²일까요?

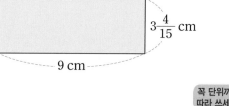

꼭 단위까지
따라 쓰세요.

(cm²   )

📝 문제 해결

20 수아의 몸무게는 32 kg이고 아버지의 몸무게는 수아 몸무게의 $2\frac{3}{8}$배입니다. 아버지의 몸무게는 몇 kg일까요?

(kg   )

5 (진분수)×(진분수)

예 $\dfrac{5}{6} \times \dfrac{2}{7}$ 의 계산 → 분자는 분자끼리,
분모는 분모끼리 곱하기

방법 1 $\dfrac{5}{6} \times \dfrac{2}{7} = \dfrac{5 \times 2}{6 \times 7} = \dfrac{\overset{5}{\cancel{10}}}{\underset{21}{\cancel{42}}} = \dfrac{5}{21}$

방법 2 $\dfrac{5}{\underset{3}{\cancel{6}}} \times \dfrac{\overset{1}{\cancel{2}}}{7} = \dfrac{5}{21}$

21 가장 큰 수와 가장 작은 수의 곱을 구하세요.

$$\dfrac{1}{7}, \quad \dfrac{1}{10}, \quad \dfrac{1}{9}$$

(   )

22 정사각형의 넓이는 몇 m^2 일까요?

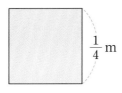

$\dfrac{1}{4}$ m

꼭 단위까지
따라 쓰세요.

(m^2)

23 크기를 비교하여 ◯ 안에 $>$, $=$, $<$ 를 알맞게 써넣으세요.

$$\dfrac{3}{4} \bigcirc \dfrac{3}{4} \times \dfrac{1}{5}$$

24 계산 결과가 가장 작은 것을 찾아 ◯표 하세요.

$$\dfrac{13}{14} \times \dfrac{7}{52} \qquad \dfrac{3}{8} \times \dfrac{1}{6} \qquad \dfrac{38}{51} \times \dfrac{17}{19}$$

(   )   (   )   (   )

25 통에 페인트가 $\dfrac{4}{5}$ L 들어 있습니다. 그중 $\dfrac{5}{8}$ 를 사용하여 울타리를 색칠하였다면 사용한 페인트는 몇 L일까요?

(L   )

26 주연이네 반 학생의 $\dfrac{1}{2}$ 은 여학생이고, 그중 $\dfrac{3}{4}$ 은 안경을 썼습니다. 안경을 쓴 주연이네 반 여학생은 반 전체 학생의 얼마일까요?

식 _____

답 _____

추론력

27 6장의 수 카드 중 2장을 골라 한 번씩만 사용하여 분수의 곱셈을 만들려고 합니다. 계산 결과가 가장 큰 곱셈을 완성하세요.

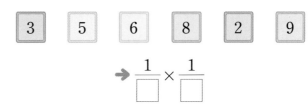

$$\boxed{3} \quad \boxed{5} \quad \boxed{6} \quad \boxed{8} \quad \boxed{2} \quad \boxed{9}$$

$$\rightarrow \dfrac{1}{\boxed{}} \times \dfrac{1}{\boxed{}}$$

2

분수의 곱셈

6 (대분수) × (대분수)

예 $1\frac{3}{4} \times 2\frac{2}{3}$ 의 계산

방법 1 $1\frac{3}{4} \times 2\frac{2}{3} = \frac{7}{4} \times \frac{\overset{2}{\cancel{8}}}{3} = \frac{14}{3} = 4\frac{2}{3}$

(대분수) → (가분수)

방법 2 $1\frac{3}{4} \times 2\frac{2}{3} = \left(1\frac{3}{4} \times 2\right) + \left(1\frac{3}{4} \times \frac{2}{3}\right)$

$= 3\frac{1}{2} + 1\frac{1}{6} = 4\frac{2}{3}$

28 위 방법 1 과 같이 계산해 보세요.

$3\frac{3}{4} \times 2\frac{4}{5}$ _____

29 빈 곳에 알맞은 수를 써넣으세요.

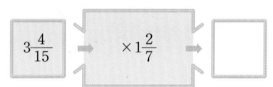

$3\frac{4}{15}$ → $\times 1\frac{2}{7}$ →

30 계산 결과를 찾아 선으로 이어 보세요.

$2\frac{2}{9} \times 4\frac{1}{5}$ $3\frac{4}{7} \times 3\frac{4}{15}$

$\cdot$ $\cdot$

$\cdot$ $\cdot$ $\cdot$

$11\frac{2}{3}$ $10\frac{1}{3}$ $9\frac{1}{3}$

31 밑변의 길이가 $2\frac{5}{8}$ cm이고, 높이가 $1\frac{3}{7}$ cm인 평행사변형의 넓이는 몇 cm²일까요?

꼭 단위까지 따라 쓰세요.

(cm²   )

32 계산 결과가 나머지와 다른 것을 찾아 기호를 써 보세요.

㉠ $1\frac{1}{5} \times 2\frac{1}{4}$ ㉡ $1\frac{1}{2} \times 2\frac{2}{9}$ ㉢ $1\frac{1}{4} \times 2\frac{2}{3}$

(   )

33 가장 큰 분수와 가장 작은 분수의 곱을 구하세요.

$1\frac{1}{2}$ $3\frac{1}{8}$ $1\frac{1}{5}$

(   )

34 3장의 수 카드를 각각 한 번씩만 사용하여 만들 수 있는 가장 큰 대분수와 $2\frac{2}{5}$의 곱을 구하세요.

3 4 5

(   )

7 여러 가지 분수의 곱셈

• 자연수 ▲를 $\dfrac{▲}{1}$와 같이 분수로 나타내 계산하기

예 $8 \times \dfrac{2}{3} = \dfrac{8}{1} \times \dfrac{2}{3} = \dfrac{8 \times 2}{1 \times 3} = \dfrac{16}{3} = 5\dfrac{1}{3}$

• 세 분수의 곱셈을 한꺼번에 분자끼리, 분모끼리 곱하여 계산하거나 앞에서부터 두 분수씩 차례로 계산하기

예
$\dfrac{3}{5} \times \dfrac{1}{4} \times \dfrac{3}{7} = \dfrac{3 \times 1 \times 3}{5 \times 4 \times 7} = \dfrac{9}{140}$

$\dfrac{3}{5} \times \dfrac{1}{4} \times \dfrac{3}{7} = \dfrac{3}{20} \times \dfrac{3}{7} = \dfrac{9}{140}$

35 보기와 같이 계산해 보세요.

보기
$$1\dfrac{2}{3} \times 4 = \dfrac{5}{3} \times \dfrac{4}{1} = \dfrac{20}{3} = 6\dfrac{2}{3}$$

$1\dfrac{5}{6} \times 7$ _____

36 계산 결과가 같은 것끼리 선으로 이어 보세요.

$8 \times \dfrac{3}{4}$ •   • $\dfrac{5}{1} \times \dfrac{6}{11}$

$\dfrac{6}{11} \times 5$ •   • $\dfrac{8}{1} \times \dfrac{3}{4}$

$8 \times 2\dfrac{3}{11}$ •   • $\dfrac{25}{11} \times \dfrac{8}{1}$

37 계산해 보세요.

(1) $5 \times 1\dfrac{7}{8}$

(2) $\dfrac{4}{5} \times \dfrac{3}{4} \times \dfrac{2}{3}$

38 빈 곳에 알맞은 수를 써넣으세요.

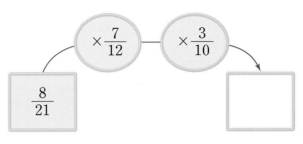

39 계산 결과가 더 큰 것의 기호를 써 보세요.

ㄱ $\dfrac{4}{5} \times 1\dfrac{5}{8} \times \dfrac{5}{12}$ ㄴ $1\dfrac{7}{9} \times \dfrac{1}{6} \times \dfrac{3}{8}$

(   )

40 밭 전체의 $\dfrac{3}{8}$에는 채소를 심었고, 채소를 심은 밭의 $\dfrac{2}{5}$에는 무를 심었습니다. 무를 심은 밭의 $\dfrac{4}{9}$에서 무를 뽑았다면 무를 뽑은 밭은 전체 밭의 얼마일까요?

(   )

🔧 문제 해결

41 수진이네 반 학생은 24명입니다. 반 전체 학생의 $\dfrac{5}{8}$는 남학생이고, 그중 $\dfrac{1}{5}$은 수학을 좋아합니다. 수진이네 반 학생 중 수학을 좋아하는 남학생은 몇 명일까요?

꼭 단위까지 따라 쓰세요.

(명   )

2

분수의 곱셈

41

활용 1
계산 결과 비교하기

- 어떤 수에 1보다 작은 분수를 곱하면 계산 결과는 어떤 수보다 작아집니다.
- 어떤 수에 1보다 큰 분수를 곱하면 계산 결과는 어떤 수보다 커집니다.

1-1 계산 결과가 5보다 큰 식을 모두 찾아 기호를 써 보세요.

$$\text{㉠ } 5 \times 1\frac{1}{4} \qquad \text{㉡ } 5 \times \frac{7}{8}$$

$$\text{㉢ } 5 \times 1 \qquad \text{㉣ } 5 \times 2\frac{1}{10}$$

( )

1-2 계산 결과가 $\frac{7}{15}$보다 작은 식을 모두 찾아 ◯표 하세요.

$$\frac{7}{15} \times 4 \qquad \frac{7}{15} \times \frac{1}{2} \qquad \frac{7}{15} \times \frac{4}{7}$$

( ) ( ) ( )

1-3 계산 결과가 더 큰 것의 기호를 써 보세요.

$$\text{㉠ } \frac{5}{6} \times \frac{3}{4} \times \frac{2}{9} \qquad \text{㉡ } \frac{5}{6} \times 1\frac{1}{8} \times 2\frac{2}{5}$$

( )

활용 2
어떤 수의 분수만큼은 얼마인지 구하기

어떤 수의 분수만큼은 (어떤 수)×(분수)로 계산합니다.

2-1 어떤 수는 32의 $\frac{7}{8}$입니다. 어떤 수의 $\frac{9}{14}$는 얼마일까요?

( )

2-2 어떤 수는 8의 $\frac{3}{10}$입니다. 어떤 수의 $\frac{5}{21}$는 얼마일까요?

( )

2-3 어떤 수는 20의 $2\frac{1}{4}$배입니다. ㉠과 ㉡의 곱은 얼마일까요?

$$\text{㉠ 어떤 수의 } \frac{11}{20}$$
$$\text{㉡ 어떤 수의 } 2\frac{2}{3}\text{배}$$

( )

활용 3 바르게 계산한 값 구하기

잘못 계산한 식에서 어떤 수를 구한 다음 바르게 계산합니다.

3-1 어떤 수에 $\frac{1}{9}$을 곱해야 할 것을 잘못하여 더했더니 $\frac{11}{72}$이 되었습니다. 바르게 계산하면 얼마일까요?

(   )

3-2 어떤 수에 $1\frac{1}{3}$을 곱해야 할 것을 잘못하여 어떤 수에서 $1\frac{1}{3}$을 뺐더니 $2\frac{2}{3}$가 되었습니다. 바르게 계산하면 얼마일까요?

(   )

3-3 어떤 수에 $3\frac{4}{5}$를 곱해야 할 것을 잘못하여 어떤 수에서 $3\frac{4}{5}$를 뺐더니 $3\frac{7}{10}$이 되었습니다. 바르게 계산하면 얼마일까요?

(   )

활용 4 도형에서 색칠한 부분의 넓이 구하기

• 직사각형의 가로 또는 세로의 길이를 확인하고 넓이를 구합니다.
• (직사각형의 넓이) = (가로) × (세로)

4-1 직사각형에서 색칠한 부분의 넓이는 몇 cm^2일까요?

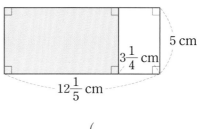

(   )

4-2 직사각형에서 색칠한 부분의 넓이는 몇 cm^2일까요?

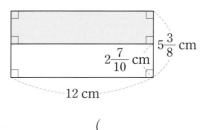

(   )

4-3 직사각형에서 색칠한 부분의 넓이는 몇 cm^2일까요?

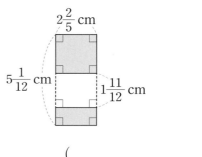

(   )

1 계산 결과가 더 큰 것의 기호를 써 보세요.

$$ㄱ\ 2\frac{5}{6}\times 3 \qquad ㄴ\ 8\times 1\frac{1}{10}$$

(   )

2 계산 결과를 찾아 선으로 이어 보세요.

$$\frac{2}{9}\times\frac{5}{8} \qquad \frac{4}{7}\times\frac{14}{15} \qquad \frac{9}{11}\times\frac{2}{3}$$

・   ・   ・

・   ・   ・   ・   ・

$$\frac{5}{36} \qquad \frac{6}{11} \qquad \frac{27}{32} \qquad \frac{8}{15} \qquad \frac{17}{24}$$

2

분수의 곱셈

44

3 주스가 $\frac{1}{5}$ L씩 들어 있는 병이 5개 있습니다. 주스는 모두 몇 L일까요?

(   )

 서술형

4 잘못 계산한 식입니다. 그 까닭을 설명해 보세요.

$$1\frac{3}{4}\times 9=\frac{7}{4}\times 9=\frac{7\times 9}{4\times 9}=\frac{63}{36}=\frac{7}{4}=1\frac{3}{4}$$

까닭 _____

5 계산 결과가 자연수인 것에 ◯표 하세요.

$$\frac{3}{4} \times \frac{8}{9} \times \frac{15}{16}$$

(   )

$$\frac{6}{7} \times \frac{1}{2} \times 4\frac{2}{3}$$

(   )

6 $2\frac{7}{9} \times 12$를 두 가지 방법으로 계산해 보세요.

방법 1

방법 2

7 서준이가 방석을 만들려고 합니다. 방석의 둘레는 몇 cm일까요?

한 변의 길이가 $40\frac{1}{2}$ cm인 정사각형 모양의 방석을 만들 거야.

서준

(   )

정사각형은 네 변의 길이가 모두 같음을 이용해요.

8 잘못 계산한 사람의 이름을 쓰고, 옳게 계산해 보세요.

나연: $1\frac{4}{5} \times 3\frac{1}{3} = 6$

지호: $4\frac{1}{2} \times 1\frac{1}{9} = 7$

(   ), (   )

2

분수의 곱셈

45

9 다음 중 <u>잘못</u> 계산한 것을 찾아 기호를 쓰고, 옳게 고쳐 보세요.

S 솔루션

$$\bigcirc \; 2\frac{1}{4} \times 3 = \frac{9}{4} \times 3 = \frac{27}{4} = 6\frac{3}{4}$$

$$\bigcirc \; 6 \times 3\frac{1}{5} = 3 + \left(6 \times \frac{1}{5}\right) = 3 + \frac{6}{5} = 3 + 1\frac{1}{5} = 4\frac{1}{5}$$

$$\bigcirc \; \overset{3}{\cancel{12}} \times \frac{3}{\underset{2}{\cancel{8}}} = \frac{3 \times 3}{2} = \frac{9}{2} = 4\frac{1}{2}$$

기호	옳게 고친 식

10 과수원 전체 나무의 $\frac{1}{4}$은 복숭아나무이고, 복숭아나무의 $\frac{1}{5}$에서 복숭아를 땄습니다. 복숭아를 딴 나무는 과수원 전체 나무의 얼마일까요?

(   )

몇의 $\frac{1}{\blacktriangle}$은 몇 $\times \frac{1}{\blacktriangle}$로 나타내어 계산해요.

11 수지가 약밥을 만드는 데 설탕은 $1\frac{3}{7}$ kg을, 찹쌀은 설탕의 $5\frac{1}{4}$배만큼 사용했습니다. 수지가 사용한 찹쌀은 몇 kg일까요?

(   )

12 ☐ 안에 들어갈 수 있는 자연수 중에서 가장 큰 수를 구하세요.

$$6 \times 3\frac{8}{9} > \boxed{}$$

(   )

⚡ 추론력

13 옳게 말한 친구는 누구일까요?

1 L의 $\frac{1}{5}$은 500 mL야.

은우

1시간의 $\frac{3}{4}$은 45분이야.

건우

1 m의 $\frac{1}{2}$은 20 cm야.

소윤

(   )

14 떨어진 높이의 $\frac{9}{13}$만큼 튀어 오르는 공이 있습니다. 이 공을 78 cm 높이에서 떨어뜨렸다면 공이 땅에 한 번 닿았다가 튀어 올랐을 때의 높이는 몇 cm일까요?

 식 _____

 답 _____

✏️ 서술형

15 분수의 곱셈에 알맞은 문제를 만들고, 풀이를 쓰고 답을 구하세요.

$$\frac{5}{6} \times 4$$

 문제 _____

_____

풀이 _____

 답 _____

Ⓢ 솔루션

1 L는 1000 mL, 1시간은 60분, 1 m는 100 cm예요.

먼저 주어진 조건을 찾아보고 몇의 분수만큼을 분수의 곱셈 식으로 나타내 해결해 보아요.

2

분수의 곱셈

47

16 미술 시간에 세영이는 색종이 28장 중에서 $\frac{5}{7}$를 사용하였고, 민규는 색종이 30장 중에서 $\frac{5}{6}$를 사용하였습니다. 누가 색종이를 몇 장 더 많이 사용했는지 차례로 써 보세요.

(   ), (   )

S 솔루션

자연수와 진분수의 곱셈은 자연수와 분수의 분자를 곱하여 계산해요. 이때 약분할 수 있으면 자연수와 분수의 분모를 약분해요.

17 준서와 현우가 각자 가지고 있는 직사각형 모양의 그림입니다. 누가 가지고 있는 그림의 넓이가 더 넓을까요?

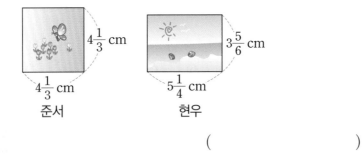

$4\frac{1}{3}$ cm

$4\frac{1}{3}$ cm

준서

$3\frac{5}{6}$ cm

$5\frac{1}{4}$ cm

현우

(   )

 서술형

18 분수의 곱셈에 알맞은 문제를 완성하고, 답을 구하세요.

$$\frac{4}{5} \times \frac{1}{3}$$

전체의 $\frac{4}{5}$에서 $\frac{1}{3}$을 선택하는 문제를 만들어 보아요.

문제

도연이네 반 학생의 $\frac{4}{5}$는 운동을 좋아합니다.

_____

_____

 답 _____

19 1부터 9까지의 자연수 중 ☐ 안에 들어갈 수 있는 수를 모두 구하세요.

$$\frac{1}{8} \times \frac{1}{\boxed{}} < \frac{1}{45}$$

(   )

> 단위분수는 분모가 작을수록 큰 수예요.

20 우유가 $1\frac{3}{5}$ L 있습니다. 승기가 전체의 $\frac{1}{4}$을 마셨고, 세형이가 전체의 $\frac{3}{10}$을 마셨습니다. 승기와 세형이 중에서 누가 우유를 몇 L 더 많이 마셨는지 차례로 써 보세요.

(   ), (   )

21 그림과 같이 직사각형 모양 도화지의 $\frac{1}{4}$을 색칠하였습니다. 색칠한 부분의 넓이는 몇 cm^2일까요?

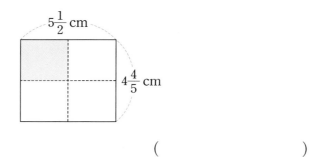

(   )

22 서현이는 어제 책 전체의 $\frac{3}{8}$을 읽었고, 오늘은 어제 읽고 난 나머지의 $\frac{4}{15}$를 읽었습니다. 서현이가 오늘 읽은 책의 양은 책 전체의 얼마일까요?

(   )

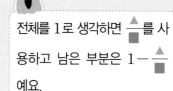

> 전체를 1로 생각하면 $\frac{\blacktriangle}{\blacksquare}$를 사용하고 남은 부분은 $1 - \frac{\blacktriangle}{\blacksquare}$ 예요.

심화 1

□안에 들어갈 수 있는 자연수의 개수 구하기

□ 안에 들어갈 수 있는 자연수는 모두 몇 개일까요?

$$1\frac{1}{4} \times 2 > \square$$

해결 순서 1 $1\frac{1}{4} \times 2$를 계산해 보세요.

(   )

해결 순서 2 □ 안에 들어갈 수 있는 자연수는 모두 몇 개인지 구하세요.

(   )

1-1 □ 안에 들어갈 수 있는 자연수는 모두 몇 개일까요?

$$2\frac{5}{8} \times 3\frac{1}{3} > \square$$

(   )

1-2 1부터 9까지의 자연수 중 □ 안에 들어갈 수 있는 수는 모두 몇 개일까요?

$$4\frac{1}{4} \times 1\frac{3}{5} < \square$$

(   )

1-3 □ 안에 들어갈 수 있는 자연수는 모두 몇 개일까요?

$$3 \times 4\frac{2}{5} < \square < 6 \times 2\frac{3}{4}$$

(   )

심화 **2**
시간을 분수로 나타내 계산하기

일정한 빠르기로 한 시간에 76 km를 갈 수 있는 자동차가 있습니다. 이 자동차가 같은 빠르기로 15분 동안 몇 km를 갈 수 있을까요?

해결 순서 1 15분은 몇 시간인지 분수로 나타내 보세요.

(   )

해결 순서 2 이 자동차가 같은 빠르기로 15분 동안 몇 km를 갈 수 있는지 구하세요.

(   )

2-1 일정한 빠르기로 한 시간에 45 km를 갈 수 있는 전기자전거가 있습니다. 이 전기자전거가 같은 빠르기로 40분 동안 몇 km를 갈 수 있을까요?

(   )

2-2 1분에 $2\frac{1}{2}$ L씩 물이 일정하게 나오는 수도가 있습니다. 이 수도에서 3분 36초 동안 나오는 물은 몇 L일까요?

(   )

심화 **3**

튀어 오르는
공의 높이
구하기

떨어진 높이의 $\frac{4}{5}$ 만큼 튀어 오르는 공이 있습니다. 이 공을 2 m 높이에서 떨어뜨렸다면 공이 두 번째로 튀어 올랐을 때의 높이는 몇 m일까요?

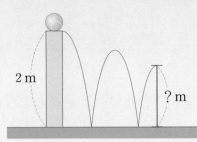

해결 **순서** **1** 공이 첫 번째로 튀어 올랐을 때의 높이를 구하세요.

식 _____

답 _____

해결 **순서** **2** 공이 두 번째로 튀어 올랐을 때의 높이를 구하세요.

식 _____

답 _____

3-1 떨어진 높이의 $\frac{3}{4}$ 만큼 튀어 오르는 공이 있습니다. 이 공을 8 m 높이에서 떨어뜨렸다면 공이 두 번째로 튀어 올랐을 때의 높이는 몇 m일까요?

(   )

3-2 떨어진 높이의 $\frac{1}{3}$ 만큼 튀어 오르는 공이 있습니다. 이 공을 $10\frac{7}{8}$ m 높이에서 떨어뜨렸다면 공이 두 번째로 튀어 올랐을 때의 높이는 몇 m일까요?

(   )

심화 4

수 카드로 분수를 만들어 계산하기

3장의 수 카드를 한 번씩 모두 사용하여 만들 수 있는 대분수 중에서 가장 큰 대분수와 가장 작은 대분수의 곱을 구하세요.

| 2 | 5 | 6 |

해결 순서 1 만들 수 있는 가장 큰 대분수와 가장 작은 대분수를 각각 구하세요.

가장 큰 대분수 (   )

가장 작은 대분수 (   )

해결 순서 2 가장 큰 대분수와 가장 작은 대분수의 곱을 구하세요.

(   )

2

분수의 곱셈

4-1 3장의 수 카드를 한 번씩 모두 사용하여 만들 수 있는 대분수 중에서 가장 큰 대분수와 가장 작은 대분수의 곱을 구하세요.

| 6 | 4 | 5 |

(   )

4-2 4장의 수 카드를 한 번씩 모두 사용하여 2개의 진분수를 만들어 곱하였을 때 가장 작은 곱은 얼마인지 구하세요.

| 3 | 5 | 7 | 8 |

(   )

4-3 6장의 수 카드를 한 번씩 모두 사용하여 3개의 진분수를 만들어 곱하였을 때 가장 작은 곱은 얼마인지 구하세요.

| 2 | 3 | 5 | 6 | 8 | 9 |

(   )

심화 5
남은 양 구하기

태현이는 색종이를 54장 가지고 있습니다. 가지고 있는 색종이의 $\frac{1}{3}$을 어제 사용했고, 오늘은 어제 사용하고 남은 색종이의 $\frac{1}{4}$을 사용했습니다. 어제와 오늘 사용한 색종이는 모두 몇 장일까요?

해결 순서 1 어제 사용한 색종이는 몇 장일까요?

(   )

해결 순서 2 오늘 사용한 색종이는 몇 장일까요?

(   )

해결 순서 3 어제와 오늘 사용한 색종이는 모두 몇 장일까요?

(   )

2

분수의 곱셈

5-1 혜영이는 구슬을 120개 가지고 있습니다. 가지고 있는 구슬의 $\frac{7}{10}$을 동생에게 주었고, 동생에게 주고 남은 구슬의 $\frac{2}{3}$를 친구에게 주었습니다. 동생과 친구에게 준 구슬은 모두 몇 개일까요?

(   )

5-2 어느 음식점에서 한 포대의 무게가 80 kg인 밀가루 4포대를 사 와서 오전에는 사 온 밀가루 전체의 $\frac{2}{5}$를 사용하고, 오후에는 남은 밀가루의 $\frac{3}{8}$을 사용하였습니다. 오전과 오후에 사용하고 남은 밀가루는 몇 kg일까요?

(   )

심화 6

일을 끝마치는 데 걸리는 날수 구하기

다희는 어떤 일의 $\frac{1}{3}$을 하는 데 4일이 걸리고, 민재는 같은 일의 $\frac{1}{2}$을 하는 데 12일이 걸린다고 합니다. 이 일을 두 사람이 함께 쉬지 않고 한다면 며칠 만에 끝마칠 수 있을까요? (단, 한 사람이 하루에 하는 일의 양은 일정합니다.)

해결 순서 1 다희와 민재가 각각 하루에 하는 일의 양은 전체의 몇 분의 몇일까요?

다희 (   ), 민재 (   )

해결 순서 2 두 사람이 함께 하루에 하는 일의 양은 전체의 몇 분의 몇일까요?

(   )

해결 순서 3 두 사람이 함께 쉬지 않고 일한다면 이 일을 며칠 만에 끝마칠 수 있을까요?

(   )

2

분수의 곱셈

6-1 지유는 어떤 일의 $\frac{1}{4}$을 하는 데 5일이 걸리고, 수영이는 같은 일의 $\frac{1}{3}$을 하는 데 10일이 걸린다고 합니다. 이 일을 두 사람이 함께 쉬지 않고 한다면 며칠 만에 끝마칠 수 있을까요? (단, 한 사람이 하루에 하는 일의 양은 일정합니다.)

(   )

6-2 어떤 일을 정연이가 혼자서 하면 8일이 걸리고, 진우가 혼자서 하면 10일이 걸린다고 합니다. 이 일을 정연이와 진우가 함께 3일 동안 했다면 남은 일은 전체의 몇 분의 몇일까요? (단, 한 사람이 하루에 하는 일의 양은 일정합니다.)

(   )

1 다음 중 값이 <u>다른</u> 것은 어느 것일까요?(　　　)

① $\dfrac{2}{7}+\dfrac{2}{7}+\dfrac{2}{7}+\dfrac{2}{7}+\dfrac{2}{7}$　　② $\dfrac{2}{7}\times 5$

③ $\dfrac{2\times 5}{7}$　　　　　　④ $\dfrac{2}{7\times 5}$

⑤ $1\dfrac{3}{7}$

2 빈 곳에 알맞은 수를 써넣으세요.

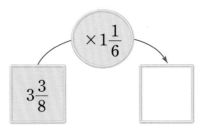

3 계산 결과가 $\dfrac{3}{7}$ 보다 큰 것에 ◯표 하세요.

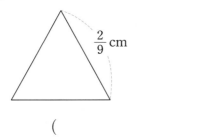

4 도형은 정삼각형입니다. 이 정삼각형의 둘레는 몇 cm일까요?

$\dfrac{2}{9}$ cm

(　　　　　　　)

5 세 분수의 곱을 구하세요.

$$4\dfrac{1}{6}\qquad \dfrac{5}{9}\qquad \dfrac{3}{10}$$

(　　　　　　　)

6 계산 결과의 크기를 비교하여 ◯ 안에 >, =, < 를 알맞게 써넣으세요.

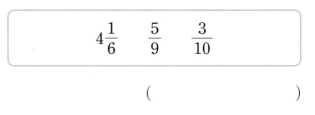

7 주스 $\dfrac{8}{11}$ L 중 재윤이가 $\dfrac{3}{4}$ 을 마셨습니다. 재윤이가 마신 주스는 몇 L일까요?

(　　　　　　　)

8 그림과 같이 색 테이프를 9부분으로 똑같이 나누어 색칠하였습니다. 색칠하지 않은 부분의 길이는 몇 m일까요?

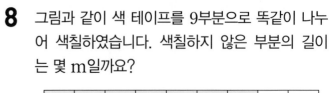
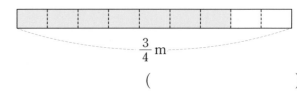

(　　　　　　　)

9 ㉠과 ㉡을 계산한 값의 차를 구하세요.

$$㉠ \frac{7}{8} \times \frac{4}{14} \qquad ㉡ 24 \times \frac{8}{15}$$

( )

10 잘못 계산한 사람의 이름을 쓰고, 옳게 계산해 보세요.

지영: $2\frac{4}{9} \times 6 = 10\frac{2}{3}$

성현: $10 \times 1\frac{7}{8} = 18\frac{3}{4}$

( ), ( )

11 $6 \times 1\frac{5}{18}$를 두 가지 방법으로 계산해 보세요.

방법 1

방법 2

12 □ 안에 들어갈 수 있는 자연수는 모두 몇 개일까요?

$$1\frac{1}{8} \times 2\frac{2}{3} > □$$

( )

📖 서술형

13 지웅이는 일정한 빠르기로 한 시간에 3 km를 걷습니다. 같은 빠르기로 1시간 35분 동안 걷는다면 지웅이가 걸은 거리는 몇 km인지 풀이 과정을 쓰고 답을 구하세요.

풀이

답

14 어떤 수에 $1\frac{5}{8}$를 곱해야 할 것을 잘못하여 더했더니 $3\frac{5}{24}$가 되었습니다. 바르게 계산한 값을 구하세요.

( )

15 세로가 $2\frac{2}{3}$ cm이고 가로가 세로의 $\frac{7}{16}$인 직사각형 모양의 붙임딱지가 있습니다. 이 붙임딱지의 넓이는 몇 cm²일까요?

(   )

🖊 서술형

16 수빈이는 어제 책 한 권의 $\frac{1}{2}$을 읽었고, 오늘은 어제 읽고 난 나머지의 $\frac{1}{5}$을 읽었습니다. 책 한 권이 200쪽일 때, 오늘 읽은 양은 몇 쪽인지 풀이 과정을 쓰고 답을 구하세요.

풀이 _____

_____

_____

_____

답 _____

17 마름모의 넓이는 몇 cm²일까요?

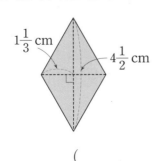

$1\frac{1}{3}$ cm $4\frac{1}{2}$ cm

(   )

18 19에 어떤 수를 곱한 결과가 19보다 작았습니다. 어떤 수가 될 수 있는 수는 어느 것일까요?

.... (   )

① $2\frac{1}{3}$ ② $\frac{9}{5}$ ③ 2

④ $\frac{23}{50}$ ⑤ $\frac{31}{14}$

19 7장의 수 카드 중 6장을 골라 한 번씩만 사용하여 3개의 진분수를 만들어 곱하였을 때 가장 작은 곱은 얼마인지 구하세요.

| 1 | 3 | 4 | 5 | 6 | 7 | 9 |

(   )

20 벽 한 쪽에 한 변의 길이가 $6\frac{1}{2}$ cm인 정사각형 모양의 타일 80장을 겹치지 않게 이어 붙였습니다. 타일을 이어 붙인 벽의 넓이는 몇 cm²일까요?

(   )

정답과 해설 **17쪽**

21 태훈이와 서영이는 분수 카드를 이용하여 곱이 1인 곱셈식을 만들려고 합니다. □ 안에 알맞은 분수를 써넣으세요.

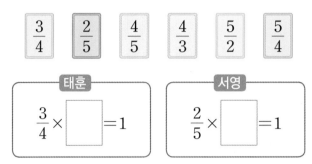

22 수아네 가족은 엄마, 아빠, 수아, 동생으로 어른 2명, 어린이 2명입니다. 수아네 가족이 할인 기간 중 놀이공원에 갈 때 입장료로 내야 할 돈은 얼마일까요?

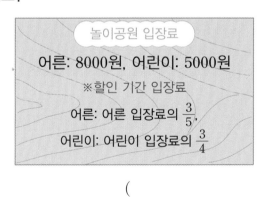

(   )

23 가로가 6 m, 세로가 5 m인 직사각형 모양의 밭에 작물을 심으려고 합니다. 밭 전체의 $\frac{1}{5}$에는 콩을 심고, 나머지 부분의 $\frac{1}{4}$에는 감자를 심었습니다. 콩과 감자를 심고 남은 부분의 $\frac{1}{3}$에는 당근을 심었습니다. 아무것도 심지 않은 부분의 넓이는 몇 m²일까요?

(   )

24 1400년대 조선의 인구는 800만 명으로 추정되고 있습니다. 조선의 전체 인구 중 $\frac{1}{80}$이 한양에 살았다면 당시 한양에 살았던 인구와 한양 이외의 지역에 살았던 인구의 차는 몇 명일까요?

(   )

25 대박 문구점에서 공책을 팔기 시작했습니다. 첫째 날 공책 전체의 $\frac{5}{6}$를 팔았고, 둘째 날 나머지 공책의 $\frac{1}{4}$을 팔았더니 21권이 남았습니다. 처음에 있던 공책은 몇 권이었을까요?

(   )

3 합동과 대칭

이전에 배운 내용
[2-1] 여러 가지 도형, [3-1] 평면도형,
[4-1] 각도, 평면도형의 이동, [4-2] 다각형

이번에 배울 내용

도형의 합동

⌄

합동인 도형의 성질

⌄

선대칭도형 알아보기	점대칭도형 알아보기
⌄	⌄
선대칭도형의 성질	점대칭도형의 성질
⌄	⌄
선대칭도형 그리기	점대칭도형 그리기

다음에 배울 내용 [5-2] 직육면체, [6-1] 각기둥과 각뿔

이 단원에서 학습할 6가지 심화 유형

교과서 핵심 노트

개념 1   도형의 합동

모양과 크기가 같아서 포개었을 때 완전히 겹치는 두 도형을 서로 **합동**이라고 합니다.

➡ 도형 가와 나는 서로 합동입니다.

 합동인 두 도형은 포개었을 때 남거나 모자란 부분이 없어야 해.

개념 2   합동인 도형의 성질

1. 대응점, 대응변, 대응각

서로 합동인 두 도형을 포개었을 때 완전히 겹치는 점을 **대응점**, 겹치는 변을 **대응변**, 겹치는 각을 **대응각**이라고 합니다.

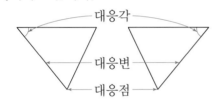

예 서로 합동인 두 삼각형에서 대응점, 대응변, 대응각 찾기

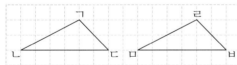

• 대응점 ➡ 점 ㄱ과 점 ㄹ,
　　　　　점 ㄴ과 점 ㅁ,
　　　　　점 ㄷ과 점 ㅂ
• 대응변 ➡ 변 ㄱㄴ과 변 ㄹㅁ,
　　　　　변 ㄴㄷ과 변 ㅁㅂ,
　　　　　변 ㄱㄷ과 변 ㄹㅂ
• 대응각 ➡ 각 ㄱㄴㄷ과 각 ㄹㅁㅂ,
　　　　　각 ㄱㄷㄴ과 각 ㄹㅂㅁ,
　　　　　각 ㄴㄱㄷ과 각 ㅁㄹㅂ

참고 서로 합동인 두 삼각형에서 대응점, 대응변, 대응각은 각각 3쌍씩 있습니다.

2. 합동인 도형의 성질

(1) 서로 합동인 두 도형에서 각각의 **대응변의 길이가 서로 같습니다.**

예 서로 합동인 두 도형에서 대응변의 길이 구하기

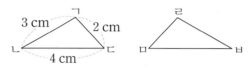

① 변 ㄹㅁ의 대응변 ➡ 변 ㄱㄷ
(변 ㄹㅁ)=(변 ㄱㄷ)=2 cm
② 변 ㅁㅂ의 대응변 ➡ 변 ㄷㄴ
(변 ㅁㅂ)=(변 ㄷㄴ)=4 cm
③ 변 ㄹㅂ의 대응변 ➡ 변 ㄱㄴ
(변 ㄹㅂ)=(변 ㄱㄴ)=3 cm

 변 ㄹㅁ의 대응변을 말할 때에는 점 ㄹ과 점 ㅁ의 대응점을 찾아 기호를 차례로 나타내야 해.

(2) 서로 합동인 두 도형에서 각각의 **대응각의 크기가 서로 같습니다.**

예 서로 합동인 두 도형에서 대응각의 크기 구하기

 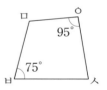

① 각 ㄴㄱㄹ의 대응각 ➡ 각 ㅅㅇㅁ
(각 ㄴㄱㄹ)=(각 ㅅㅇㅁ)=95°
② 각 ㄴㄷㄹ의 대응각 ➡ 각 ㅅㅂㅁ
(각 ㄴㄷㄹ)=(각 ㅅㅂㅁ)=75°
③ 각 ㅂㅁㅇ의 대응각 ➡ 각 ㄷㄹㄱ
(각 ㅂㅁㅇ)=(각 ㄷㄹㄱ)=110°
④ 각 ㅂㅅㅇ의 대응각 ➡ 각 ㄷㄴㄱ
(각 ㅂㅅㅇ)=(각 ㄷㄴㄱ)=80°

 각 ㄴㄱㄹ의 대응각을 말할 때에는 점 ㄴ, 점 ㄱ, 점 ㄹ의 대응점을 찾아 기호를 차례로 나타내야 해.

개념 3 선대칭도형과 그 성질

1. 선대칭도형

(1) 한 직선을 따라 접었을 때 완전히 겹치는 도형을 선대칭도형이라고 합니다.

이때 그 직선을 **대칭축**이라고 합니다.

← 대칭축

 대칭축의 수는 도형의 모양에 따라 달라져.

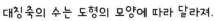 → 1개  → 무수히 많습니다.

(2) 대칭축을 따라 접었을 때 겹치는 점을 **대응점**, 겹치는 변을 **대응변**, 겹치는 각을 **대응각**이라고 합니다.

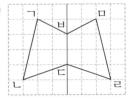

• 대응점 ➡ 점 ㄱ과 점 ㅁ, 점 ㄴ과 점 ㄹ

• 대응변 ➡ 변 ㅂㄱ과 변 ㅂㅁ,
　　　　　　변 ㄱㄴ과 변 ㅁㄹ,
　　　　　　변 ㄴㄷ과 변 ㄹㄷ

• 대응각 ➡ 각 ㅂㄱㄴ과 각 ㅂㅁㄹ,
　　　　　　각 ㄱㄴㄷ과 각 ㅁㄹㄷ

참고 대칭축에 따라 대응점, 대응변, 대응각은 달라집니다.

예 점 ㄱ의 대응점 찾기

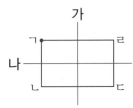

• 대칭축이 가일 때 점 ㄱ의 대응점
➡ 점 ㄹ

• 대칭축이 나일 때 점 ㄱ의 대응점
➡ 점 ㄴ

2. 선대칭도형의 성질

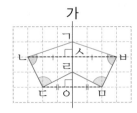

(1) 각각의 대응변의 길이가 서로 같습니다.

➡ (변 ㄱㄴ)=(변 ㄱㅂ),
　 (변 ㄴㄷ)=(변 ㅂㅁ),
　 (변 ㄷㄹ)=(변 ㅁㄹ)

(2) 각각의 대응각의 크기가 서로 같습니다.

➡ (각 ㄱㄴㄷ)=(각 ㄱㅂㅁ),
　 (각 ㄴㄷㄹ)=(각 ㅂㅁㄹ)

(3) 대응점끼리 이은 선분은 대칭축과 수직으로 만납니다.

➡ 선분 ㄴㅂ과 대칭축 가,
　 선분 ㄷㅁ과 대칭축 가

(4) 각각의 대응점에서 대칭축까지의 거리가 서로 같습니다.

➡ (선분 ㄴㅅ)=(선분 ㅂㅅ),
　 (선분 ㄷㅇ)=(선분 ㅁㅇ)

(5) 대칭축은 대응점끼리 이은 선분을 둘로 똑같이 나눕니다.

3. 선대칭도형 그리는 방법

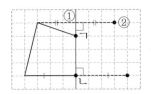 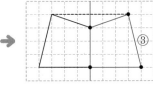

① 각 점에서 대칭축에 수선을 긋습니다.

② 이 수선에 각 점에서 대칭축까지의 길이와 같도록 대응점을 찾아 표시합니다.

③ 각 대응점을 차례로 이어 선대칭도형이 되도록 그립니다.

 대칭축에 있는 점 ㄱ, 점 ㄴ의 대응점은 그 자신과 같아.

개념 4 점대칭도형과 그 성질

1. 점대칭도형

(1) 한 도형을 어떤 점을 중심으로 180° 돌렸을 때 처음 도형과 완전히 겹치면 이 도형을 **점대칭도형**이라고 합니다.

이때 그 점을 **대칭의 중심**이라고 합니다.

대칭의 중심

대칭의 중심은 항상 1개야.

(2) 대칭의 중심을 중심으로 180° 돌렸을 때 겹치는 점을 **대응점**, 겹치는 변을 **대응변**, 겹치는 각을 **대응각**이라고 합니다.

예

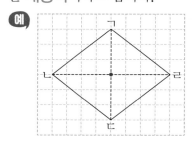

• 대응점 ➡ 점 ㄱ과 점 ㄷ, 점 ㄴ과 점 ㄹ
• 대응변 ➡ 변 ㄱㄴ과 변 ㄷㄹ,
          변 ㄴㄷ과 변 ㄹㄱ
• 대응각 ➡ 각 ㄴㄱㄹ과 각 ㄹㄷㄴ,
          각 ㄱㄴㄷ과 각 ㄷㄹㄱ

참고 • 선대칭도형이면서 점대칭도형인 도형

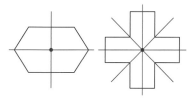

• 선대칭도형이면서 점대칭도형인 숫자

2. 점대칭도형의 성질

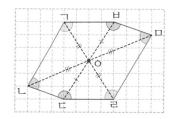

(1) 각각의 대응변의 길이가 서로 같습니다.
  ➡ (변 ㅂㄱ)=(변 ㄷㄹ),
     (변 ㄱㄴ)=(변 ㄹㅁ),
     (변 ㄴㄷ)=(변 ㅁㅂ)

(2) 각각의 대응각의 크기가 서로 같습니다.
  ➡ (각 ㅂㄱㄴ)=(각 ㄷㄹㅁ),
     (각 ㄱㄴㄷ)=(각 ㄹㅁㅂ),
     (각 ㄴㄷㄹ)=(각 ㅁㅂㄱ)

(3) 각각의 대응점에서 대칭의 중심까지의 거리가 서로 같습니다.
  ➡ (선분 ㄱㅇ)=(선분 ㄹㅇ),
     (선분 ㄴㅇ)=(선분 ㅁㅇ),
     (선분 ㄷㅇ)=(선분 ㅂㅇ)

(4) 대칭의 중심은 대응점끼리 이은 선분을 둘로 똑같이 나눕니다.

대칭의 중심은 대응점끼리 이은 선분들이 만나는 점을 찾으면 돼.

3. 점대칭도형 그리는 방법

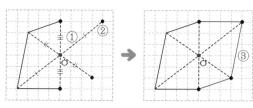

① 각 점에서 대칭의 중심을 지나는 직선을 긋습니다.

② 이 직선에 각 점에서 대칭의 중심까지의 길이와 같도록 대응점을 찾아 표시합니다.

③ 각 대응점을 차례로 이어 점대칭도형이 되도록 그립니다.

각 점에서 대칭의 중심까지의 거리가 같도록 모눈의 칸 수를 세어 대응점을 찍어 봐.

3

합동과 대칭

63

1 도형의 합동

모양과 크기가 같아서 포개었을 때 완전히 겹치는 두 도형을 서로 합동이라고 합니다.

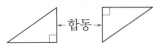

[1~2] 도형을 보고 물음에 답하세요.

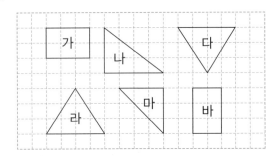

1 도형 가와 서로 합동인 도형을 찾아 기호를 써 보세요.

(   )

2 서로 합동인 도형은 모두 몇 쌍일까요?

꼭 단위까지
따라 쓰세요.

(쌍   )

3 점선을 따라 잘랐을 때 만들어진 두 도형이 서로 합동인 것을 찾아 기호를 써 보세요.

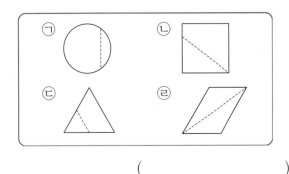

(   )

4 나머지 셋과 서로 합동이 <u>아닌</u> 도형을 찾아 기호를 써 보세요.

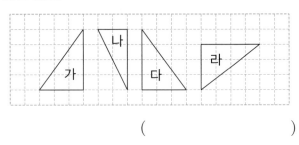

(   )

5 주어진 도형과 서로 합동인 도형을 그려 보세요.

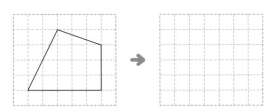

🖍 창의·융합

6 상윤이네 집의 현관 바닥에서 깨진 타일을 새 타일로 바꾸어 붙이려고 합니다. 네 타일 중에서 바꾸어 붙일 수 있는 타일을 찾아 기호를 써 보세요.

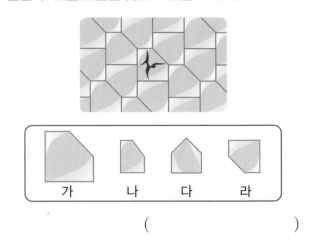

(   )

2 합동인 도형의 성질

• 대응점, 대응변, 대응각

• 서로 합동인 두 도형의 성질
① 각각의 대응변의 길이가 서로 같습니다.
② 각각의 대응각의 크기가 서로 같습니다.

7 두 사각형은 서로 합동입니다. 대응변끼리 바르게 짝 지어진 것을 모두 고르세요......... (   )

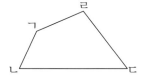 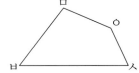

① 변 ㄱㄴ과 변 ㅁㅂ
② 변 ㄴㄷ과 변 ㅅㅂ
③ 변 ㄹㄷ과 변 ㅇㅅ
④ 변 ㄱㄹ과 변 ㅇㅁ
⑤ 변 ㄴㄷ과 변 ㅂㅁ

8 삼각형 ㄱㄴㄷ과 삼각형 ㄹㄷㄴ은 서로 합동입니다. 대응점, 대응변, 대응각을 각각 써 보세요.

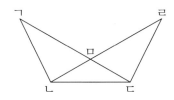

(1) 점 ㄱ의 대응점   (   )
점 ㄷ의 대응점   (   )

(2) 변 ㄱㄷ의 대응변   (   )
변 ㄱㄴ의 대응변   (   )

(3) 각 ㄱㄷㄴ의 대응각 (   )
각 ㄷㄹㄴ의 대응각 (   )

9 두 삼각형은 서로 합동입니다. 변 ㄹㅁ은 몇 cm일까요?

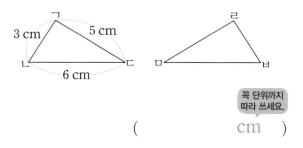

꼭 단위까지 따라 쓰세요.

(cm   )

10 두 사각형은 서로 합동입니다. □ 안에 알맞은 수를 써넣으세요.

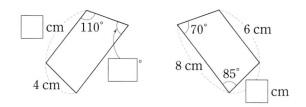

11 두 사각형은 서로 합동입니다. 변 ㅁㅇ의 길이와 각 ㄱㄴㄷ의 크기를 각각 구하세요.

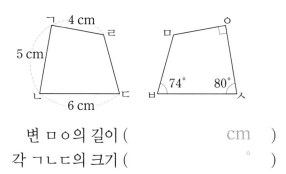

변 ㅁㅇ의 길이 (cm   )
각 ㄱㄴㄷ의 크기 (°   )

12 두 삼각형은 서로 합동입니다. 각 ㄹㅁㅂ은 몇 도일까요?

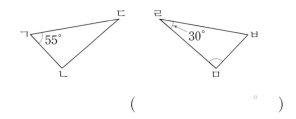

(°   )

3 선대칭도형과 그 성질

한 직선을 따라 접었을 때 완전히 겹치는 도형을 **선대칭도형**이라고 합니다.

이때 그 직선을 **대칭축**이라고 합니다.

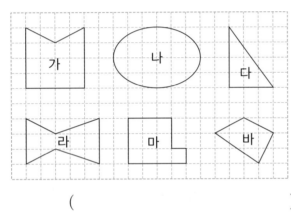

- 각각의 대응변의 길이가 서로 같습니다.
- 각각의 대응각의 크기가 서로 같습니다.

13 선대칭도형을 모두 찾아 기호를 써 보세요.

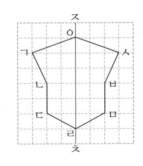

(   )

14 직선 ㅈㅊ을 대칭축으로 하는 선대칭도형입니다. ☐ 안에 알맞은 기호를 써넣으세요.

(1) 점 ㄴ의 대응점 ➡ 점 ☐

(2) 변 ㄱㅇ의 대응변 ➡ 변 ☐

(3) 각 ㄴㄷㄹ의 대응각 ➡ 각 ☐

15 다음 도형은 선대칭도형입니다. 대칭축을 모두 그려 보세요.

(1)   (2)

16 직선 ㄱㄴ을 대칭축으로 하는 선대칭도형입니다. ☐ 안에 알맞은 수를 써넣으세요.

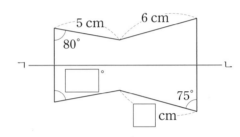

17 직선 ㅈㅊ을 대칭축으로 하는 선대칭도형입니다. 선분 ㄷㅁ은 몇 cm일까요?

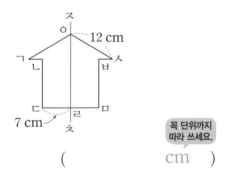

꼭 단위까지 따라 쓰세요.

(cm   )

18 선대칭도형의 대칭축은 모두 몇 개일까요?

(개   )

4 선대칭도형 그리기

① 각 점에서 대칭축에 수선을 긋습니다.

② 이 수선에 각 점에서 대칭축까지의 길이와 같도록 대응점을 찾아 표시합니다.

③ 각 대응점을 차례로 이어 선대칭도형이 되도록 그립니다.

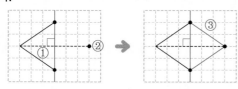

19 선대칭도형이 되도록 그리려고 합니다. 순서에 맞게 기호를 써 보세요.

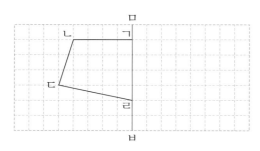

> ㉠ 점 ㄱ, 점 ㅅ, 점 ㅈ, 점 ㄹ을 차례로 잇습니다.
>
> ㉡ 점 ㄷ에서 대칭축에 수선을 긋고 대칭축과 만나는 점을 점 ㅇ이라고 합니다.
>
> ㉢ 선분 ㄴㄱ의 길이와 같도록 점 ㄴ의 대응점을 찾아 점 ㅅ으로 표시합니다.
>
> ㉣ 이 수선에 선분 ㄷㅇ의 길이와 같도록 점 ㄷ의 대응점을 찾아 점 ㅈ으로 표시합니다.

㉢ - (   ) - (   ) - (   )

20 선대칭도형이 되도록 그림을 완성해 보세요.

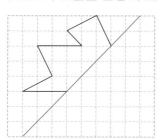

[21~23] 직선 ㄱㄴ을 대칭축으로 하는 선대칭도형의 일부분입니다. 물음에 답하세요.

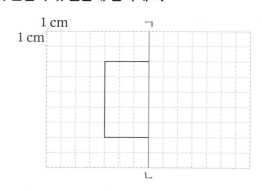

21 선대칭도형이 되도록 그림을 완성해 보세요.

22 완성한 선대칭도형의 둘레는 몇 cm일까요?

꼭 단위까지 따라 쓰세요.

(cm   )

🖍 문제 해결

23 완성한 선대칭도형의 넓이는 몇 cm²일까요?

(cm²   )

⚡ 추론력

[24~25] 주어진 직선을 대칭축으로 하는 선대칭도형이 되도록 완성하였을 때 어떤 숫자 또는 알파벳이 되는지 써 보세요.

24

ㄴㄱㄲ

(   )

25

(   )

3 합동과 대칭

67

5 점대칭도형과 그 성질

한 도형을 어떤 점을 중심으로 180°
돌렸을 때 처음 도형과 완전히 겹치
면 이 도형을 **점대칭도형**이라고
합니다.
이때 그 점을 **대칭의 중심**이라고 합니다.

대칭의 중심

26 점대칭도형인 것을 모두 찾아 기호를 써 보세요.

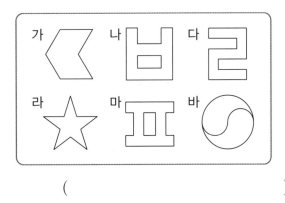

( )

27 오른쪽 도형은 점대칭
도형입니다. 물음에 답
하세요.

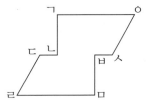

(1) 대칭의 중심을 찾아 점 ㅈ으로 표시해 보
세요.
(2) 대응점, 대응변, 대응각을 찾아 써 보세요.

  점 ㄱ의 대응점 ( )
  변 ㄷㄹ의 대응변 ( )
  각 ㅂㅁㄹ의 대응각 ( )

28 점대칭도형에서 대칭의 중심을 찾아 표시해 보세요.

(1)   (2)

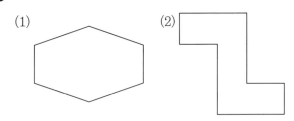

29 점 ㅇ을 대칭의 중심으로 하는 점대칭도형입니다.
각 ㅂㄱㄴ은 몇 도일까요?

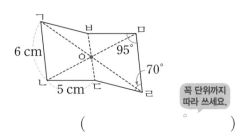

꼭 단위까지
따라 쓰세요.

( )

30 오른쪽 도형은 점 ㅈ을 대
칭의 중심으로 하는 점대
칭도형입니다. 선분 ㄱㅁ
은 몇 cm일까요?

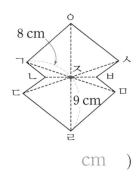

(cm)

문제 해결

31 점 ㅇ을 대칭의 중심으로 하는 점대칭도형입니다.
□ 안에 알맞은 수를 써넣으세요.

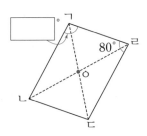

32 다음 도형은 점대칭도형입니다. 이 점대칭도형의
둘레는 몇 cm일까요?

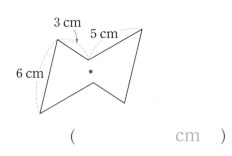

(cm)

6 점대칭도형 그리기

① 각 점에서 대칭의 중심을 지나는 직선을 긋습니다.

② 이 직선에 각 점에서 대칭의 중심까지의 길이와 같도록 대응점을 찾아 표시합니다.

③ 각 대응점을 차례로 이어 점대칭도형이 되도록 그립니다.

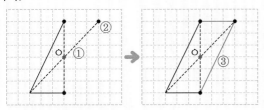

33 점대칭도형을 바르게 완성한 사람은 누구일까요?

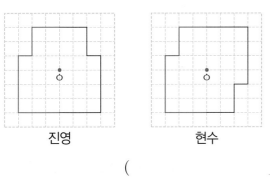

진영   현수

(   )

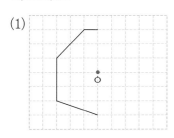

추론력

34 점 ㅇ을 대칭의 중심으로 하는 점대칭도형을 완성해 보세요.

(1)

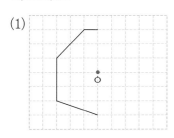

(2)

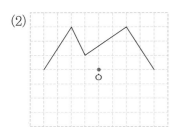

[35~36] 점 ㅇ을 대칭의 중심으로 하는 점대칭도형의 일부분입니다. 물음에 답하세요.

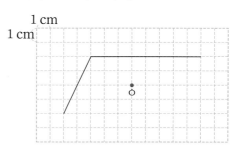

35 점대칭도형이 되도록 그림을 완성해 보세요.

36 완성한 점대칭도형의 넓이는 몇 cm²일까요?

꼭 단위까지 따라 쓰세요.

(cm²   )

37 점 ㅇ을 대칭의 중심으로 하는 점대칭도형의 일부분입니다. 점대칭도형을 완성했을 때 점대칭도형의 둘레는 몇 cm일까요?

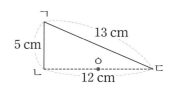

5 cm   13 cm
12 cm

(cm   )

38 점 ㅇ을 대칭의 중심으로 하는 점대칭도형을 완성했을 때 어떤 알파벳이 되는지 써 보세요.

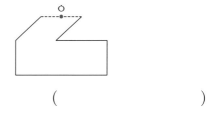

(   )

3

합동과 대칭

69

활용 1 합동인 도형 만들기

도형을 뒤집거나 돌려서 포개었을 때 남거나 모자라는 부분이 없이 완전히 겹쳐지도록 나눕니다.

1-1 직각삼각형 모양의 색종이를 잘라서 서로 합동인 도형 4개를 만들려고 합니다. 자르는 선을 그어 보세요.

1-2 정육각형 모양의 색종이를 잘라서 서로 합동인 도형 3개를 만들려고 합니다. 자르는 선을 그어 보세요.

1-3 정삼각형 모양의 색종이를 잘라서 서로 합동인 도형 3개를 만들려고 합니다. 서로 다른 방법으로 자르는 선을 그어 보세요.

활용 2 합동인 도형의 넓이 구하기

넓이를 구하기 위해 필요한 변의 길이는 합동인 도형의 대응변의 길이가 서로 같다는 것을 이용하여 구합니다.

2-1 두 직사각형은 서로 합동입니다. 직사각형 ㄱㄴㄷㄹ의 넓이는 몇 cm^2일까요?

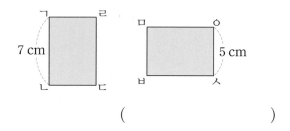

( )

2-2 두 직각삼각형은 서로 합동입니다. 삼각형 ㄹㅁㅂ의 넓이는 몇 cm^2일까요?

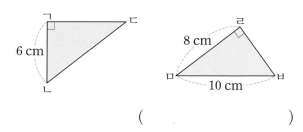

( )

2-3 두 사다리꼴은 서로 합동입니다. 사다리꼴 ㄱㄴㄷㄹ의 넓이는 몇 cm^2일까요?

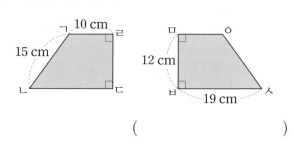

( )

활용 3 선대칭도형(점대칭도형)인 글자 찾기

한 직선을 따라 접어서 완전히 겹치는 글자는 선대 칭도형이고, 한 점을 중심으로 180° 돌렸을 때 처음 글자와 완전히 겹치는 글자는 점대칭도형입니다.

3-1 다음 중 선대칭도형인 알파벳은 모두 몇 개일 까요?

A H S N
J E M D

(   )

3-2 다음 중 점대칭도형인 알파벳은 모두 몇 개일 까요?

B Z F T
I K H N

(   )

3-3 다음 중 선대칭도형도 되고 점대칭도형도 되는 자음 을 모두 찾아 쓰세요.

ㄲ ㄹ ㅁ ㅂ ㅅ
ㅇ ㅈ ㅋ ㅍ ㅎ

(   )

활용 4 선대칭도형(점대칭도형)에서 각의 크기 구하기

선대칭도형과 점대칭도형에서 대응각의 크기는 서 로 같습니다.

4-1 점 ㅇ을 대칭의 중심으로 하는 점대칭도형입니다. 각 ㄴㄷㅂ은 몇 도일까요?

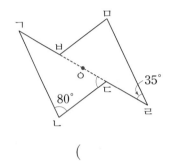

(   )

4-2 사각형 ㄱㄴㄷㄹ은 직선 ㅅㅇ을 대칭축으로 하는 선대칭도형 입니다. 각 ㉠은 몇 도일까요?

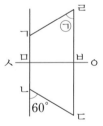

(   )

4-3 직선 ㅁㅂ을 대칭축으로 하는 선대칭도형입니다. 각 ㅁㄱㄹ은 몇 도일까요?

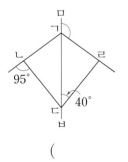

(   )

1 서로 합동인 도형을 모두 찾아 기호를 써 보세요.

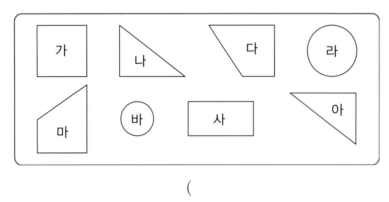

(   )

2 색종이를 잘라 서로 합동인 도형 4개를 만들려고 합니다. 서로 다른 방법으로 선을 그어 보세요.

3 두 사각형은 서로 합동입니다. 각 ㅇㅁㅂ은 몇 도일까요?

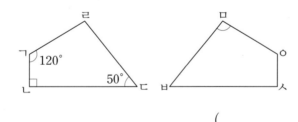

(   )

문제 해결

4 두 사각형은 서로 합동입니다. 사각형 ㅁㅂㅅㅇ의 둘레는 몇 cm일까요?

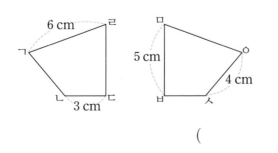

(   )

S 솔루션

포개었을 때 완전히 겹치는 두 도형을 찾아보아요.

사각형의 네 각의 크기의 합은 360°이므로 모르는 한 각은 360°에서 나머지 세 각의 크기를 빼서 구해 보아요.

합동인 도형에서 대응변의 길이는 서로 같아요.

추론력

5 두 삼각형은 서로 합동입니다. 선분 ㄹㅁ은 몇 cm일까요?

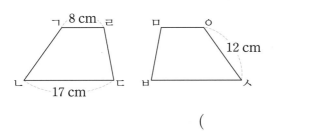

(   )

S 솔루션

변 ㄴㅁ의 대응변과 변 ㄴㄹ의 대응변을 찾아서 변 ㄴㅁ과 변 ㄴㄹ의 길이를 각각 구해 보아요.

6 두 사각형은 서로 합동입니다. 사각형 ㄱㄴㄷㄹ의 둘레가 47 cm일 때 변 ㅁㅂ은 몇 cm일까요?

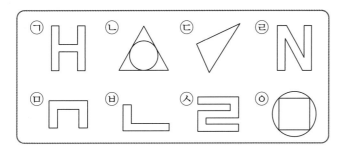

(   )

사각형 ㄱㄴㄷㄹ의 둘레의 길이가 주어졌으므로 합동인 두 사각형에서 대응변의 길이는 서로 같다는 성질을 이용하여 변 ㄱㄴ과 변 ㄹㄷ의 길이를 차례로 구해 보아요.

7 그림을 보고 물음에 답하세요.

(1) 선대칭도형을 모두 찾아 기호를 써 보세요.

(   )

(2) 점대칭도형을 모두 찾아 기호를 써 보세요.

(   )

(3) 선대칭도형도 되고 점대칭도형도 되는 것을 모두 찾아 기호를 써 보세요.

(   )

8 사각형 ㄱㄴㄷㄹ과 같은 모양의 땅이 있습니다. 이 땅 둘레에 울타리를 치려고 합니다. 울타리를 몇 m 쳐야 할까요? (단, 삼각형 ㄱㄴㅁ과 삼각형 ㄹㅁㄷ은 서로 합동입니다.)

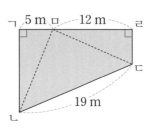

(   )

합동인 도형의 성질을 이용하여 변 ㄱㄴ과 변 ㄹㄷ의 길이를 각각 구해 보아요.

3

합동과 대칭

9 도형에 대한 설명으로 바르지 <u>않은</u> 것을 찾아 기호를 써 보세요.

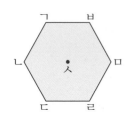

ㄱ 대칭의 중심은 점 ㅅ입니다.
ㄴ 선대칭도형이면서 점대칭도형입니다.
ㄷ 선분 ㄴㄷ과 선분 ㅁㅂ의 길이는 같습니다.
ㄹ 대칭축은 3개입니다.

(   )

10 변 ㄱㄴ과 변 ㄹㄷ의 길이가 같은 사다리꼴에 대각선을 그은 것입니다. 서로 합동인 삼각형은 모두 몇 쌍일까요?

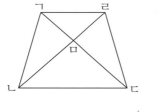

(   )

찾을 수 있는 크고 작은 삼각형을 먼저 찾아보아요.

11 선대칭도형에서 대칭축의 수가 많은 순서대로 기호를 써 보세요.

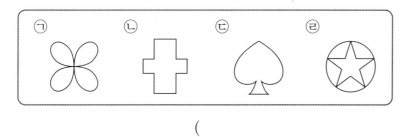

(   )

12 점 ㅇ을 대칭의 중심으로 하는 점대칭도형입니다. 선분 ㄴㅇ의 길이와 각 ㄱㄴㄷ의 크기를 각각 구하세요.

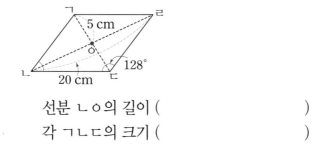

선분 ㄴㅇ의 길이 (   )

각 ㄱㄴㄷ의 크기 (   )

🔖 문제 해결

13 직선 ㅁㅂ을 대칭축으로 하는 선대칭도형입니다. ☐ 안에 알맞은 각도를 구하세요.

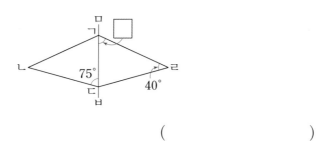

(   )

14 직선 ㄱㄴ을 대칭축으로 하는 선대칭도형입니다. 도형의 둘레는 몇 cm일까요?

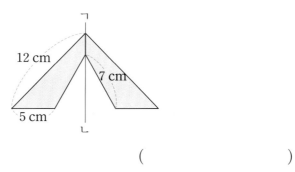

(   )

15 점 ㅇ을 대칭의 중심으로 하는 점대칭도형입니다. 변 ㄱㅂ의 길이는 몇 cm일까요?

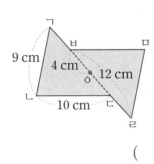

(   )

16 직선 ㄱㄴ을 대칭축으로 하는 선대칭도형을 완성하고, 완성한 선대칭도형의 넓이는 몇 cm^2인지 구하세요.

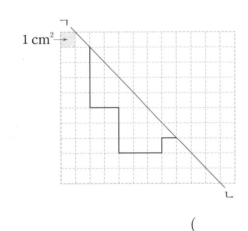

(   )

17 점 ㅈ을 대칭의 중심으로 하는 점대칭도형을 완성하고, 완성한 점대칭도형의 넓이는 몇 cm^2인지 구하세요.

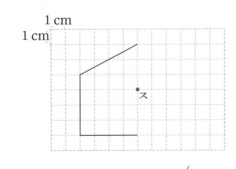

(   )

S 솔루션

각각의 대응점에서 대칭의 중심까지의 거리가 서로 같아요.

모눈 한 칸의 넓이는 $1\ cm^2$이므로 완성한 선대칭도형은 모눈이 몇 칸인지 알아보아요.

완성한 점대칭도형은 사다리꼴 2개를 붙여 놓은 모양이에요.

18 다음 도형을 1개의 대각선을 따라 잘랐을 때, 잘려진 두 도형이 항상 합동이 라고 말할 수 <u>없는</u> 것은 어느 것일까요?·································· (   )

① 마름모　　　　　② 정사각형　　　　　③ 사다리꼴
④ 직사각형　　　　　⑤ 평행사변형

19 점 ㅇ을 대칭의 중심으로 하는 점대칭도형입니다. 각 ㄴㅁㄹ은 몇 도일까요?

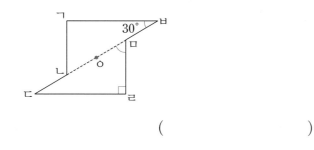

(   )

삼각형의 세 각의 크기의 합은 $180°$인 것을 이용해 보아요.

3

합동과 대칭

20 점 ㅈ을 대칭의 중심으로 하는 점대칭도형입니다. 선분 ㄷㅅ은 몇 cm일까요?

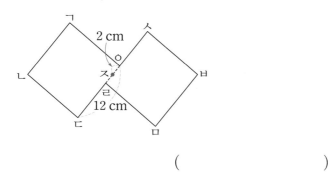

(   )

먼저 각각의 대응점에서 대칭 의 중심까지의 거리가 서로 같음을 이용해서 선분 ㅈㄹ의 길이를 구한 다음 선분 ㄷㄹ의 대응변인 선분 ㅅㅇ의 길이를 구해 보아요.

77

📏 **문제 해결**

21 삼각형 ㄱㄴㄷ과 삼각형 ㄹㄷㄴ은 서로 합동입니다. 각 ㄴㅁㄷ은 몇 도일까요?

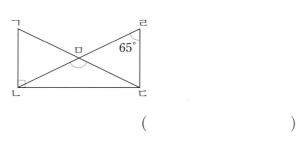

(   )

서로 합동인 두 삼각형에서 각각의 대응각의 크기가 서로 같다는 성질과 삼각형의 세 각의 크기의 합은 $180°$임을 이용해 구해 보아요.

심화 1

합동인 도형의 성질을 이용하여 도형의 넓이 구하기

오른쪽 그림과 같이 직사각형 모양의 종이를 접었습니다. 직사각형 ㄱㄴㄷㄹ의 넓이는 몇 cm²일까요?

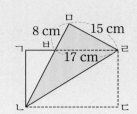

해결 순서 1 삼각형 ㅁㄹㅂ과 삼각형 ㄱㄴㅂ은 서로 합동입니다. 대응변을 찾아 □ 안에 알맞은 기호나 수를 써넣으세요.

(변 ㄱㄴ)=(변 ㅁ□)=□ cm, (변 ㄱㅂ)=(변 ㅁ□)=□ cm

해결 순서 2 변 ㄱㄹ은 몇 cm일까요?

( )

해결 순서 3 직사각형 ㄱㄴㄷㄹ의 넓이는 몇 cm²일까요?

( )

3 합동과 대칭

1-1 오른쪽 그림과 같이 직사각형 모양의 종이를 접었습니다. 직사각형 ㄱㄴㄷㄹ의 넓이는 몇 cm²일까요?

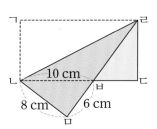

( )

1-2 오른쪽 그림과 같이 직사각형 모양의 종이를 접었습니다. 삼각형 ㄱㄴㄷ의 넓이는 몇 cm²일까요?

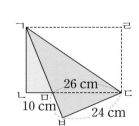

( )

심화 2
점대칭도형이 되는 수 만들기

808은 점대칭도형이 되는 수입니다. 다음 숫자를 사용하여 만들 수 있는 세 자리 수 중에서 808보다 큰 점대칭도형이 되는 수는 모두 몇 개일까요? (단, 같은 숫자를 여러 번 사용할 수 있습니다.)

0 I 4 5 8 9

해결 순서 1 점대칭도형이 되는 세 자리 수를 모두 써 보세요.

(   )

해결 순서 2 1에서 만든 세 자리 수 중에서 808보다 큰 수를 모두 써 보세요.

(   )

해결 순서 3 주어진 숫자를 사용하여 만들 수 있는 세 자리 수 중에서 808보다 큰 점대칭도형이 되는 수는 모두 몇 개일까요?

(   )

3

합동과 대칭

2-1

6009는 점대칭도형이 되는 수입니다. 다음 숫자를 사용하여 만들 수 있는 네 자리 수 중에서 6009보다 작은 점대칭도형이 되는 수는 모두 몇 개일까요? (단, 같은 숫자를 여러 번 사용할 수 있습니다.)

0 I 2 6 7 9

(   )

2-2

8008은 점대칭도형이 되는 수입니다. 다음 숫자를 사용하여 만들 수 있는 네 자리 수 중에서 8008보다 작은 점대칭도형이 되는 수를 모두 써 보세요. (단, 같은 숫자를 여러 번 사용할 수 있습니다.)

0 3 5 6 8 9

(   )

심화 3
도형의 둘레를 알 때 한 변의 길이 구하기

오른쪽 도형은 점 ㅈ을 대칭의 중심으로 하는 점대칭도형입니다. 도형의 둘레가 36 cm일 때 변 ㄴㄷ은 몇 cm일까요?

해결 순서 **1** 변 ㅇㄱ, 변 ㄷㄹ, 변 ㅁㅂ의 대응변을 각각 써 보세요.

변 ㅇㄱ의 대응변 (   )

변 ㄷㄹ의 대응변 (   )

변 ㅁㅂ의 대응변 (   )

해결 순서 **2** 변 ㄴㄷ과 변 ㅂㅅ의 길이의 합은 몇 cm일까요?

(   )

해결 순서 **3** 변 ㄴㄷ은 몇 cm일까요?

(   )

3-1

오른쪽 도형은 선분 ㄱㄹ을 대칭축으로 하는 선대칭도형입니다. 도형의 둘레가 30 cm일 때 변 ㅂㅁ은 몇 cm일까요?

(   )

3-2

오른쪽 도형은 대칭축이 2개인 선대칭도형이면서 점대칭도형입니다. 도형의 둘레가 52 cm일 때 변 ㄱㄴ은 몇 cm일까요?

(   )

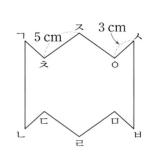

3 합동과 대칭

심화 4
선대칭도형의 넓이 구하기

오른쪽 도형은 선분 ㄱㄷ을 대칭축으로 하는 선대칭도형이고, 선분 ㄴㄹ은 대응점을 이은 선분입니다. 사각형 ㄱㄴㄷㄹ의 넓이는 몇 cm²일까요?

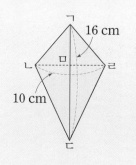

해결 순서 1 선분 ㄴㅁ과 선분 ㄹㅁ은 각각 몇 cm일까요?

선분 ㄴㅁ의 길이 (   )

선분 ㄹㅁ의 길이 (   )

해결 순서 2 삼각형 ㄱㄴㄷ의 넓이는 몇 cm²일까요?

(   )

해결 순서 3 사각형 ㄱㄴㄷㄹ의 넓이는 몇 cm²일까요?

(   )

3

합동과 대칭

4-1 오른쪽 도형은 선분 ㄴㄹ을 대칭축으로 하는 선대칭도형이고, 선분 ㄱㄷ은 대응점을 이은 선분입니다. 사각형 ㄱㄴㄷㄹ의 넓이는 몇 cm²일까요?

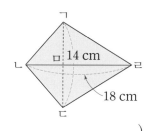

(   )

4-2 오른쪽 도형은 선분 ㄱㄷ을 대칭축으로 하는 선대칭도형이고, 선분 ㄴㄹ은 대응점을 이은 선분입니다. 선분 ㄱㄷ이 12 cm, 선분 ㄴㄹ이 20 cm일 때 사각형 ㄱㄴㄷㄹ의 넓이는 몇 cm²일까요?

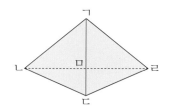

(   )

심화 5

합동인 도형의 성질을 이용하여 각의 크기 구하기

삼각형 ㄱㄴㄷ과 삼각형 ㄹㄴㅁ은 서로 합동입니다. 각 ㄷㅂㅁ은 몇 도일까요?

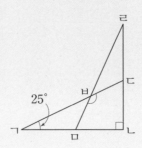

해결 순서 1 각 ㄱㄷㄴ은 몇 도일까요?

(   )

해결 순서 2 각 ㄹㅁㄴ은 몇 도일까요?

(   )

해결 순서 3 각 ㄷㅂㅁ은 몇 도일까요?

(   )

5-1 삼각형 ㄱㄴㄷ과 삼각형 ㅂㄴㄹ은 서로 합동입니다. 각 ㄹㅁㄷ은 몇 도일까요?

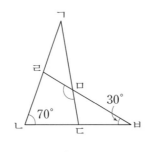

(   )

5-2 삼각형 ㄱㄴㄷ과 삼각형 ㄹㄷㄴ은 서로 합동입니다. 각 ㅁㄷㄹ은 몇 도일까요?

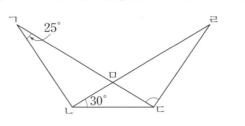

(   )

심화 6

완성한 점대칭도형의 둘레 구하기

점 ○을 대칭의 중심으로 하는 점대칭도형의 일부분입니다. 나머지 부분을 완성하였을 때, 완성한 점대칭도형의 둘레는 몇 cm일까요?

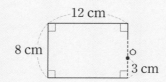

해결 순서 1 점대칭도형을 완성하고, 변의 길이를 표시해 보세요.

해결 순서 2 완성한 점대칭도형의 둘레는 몇 cm일까요?

(   )

6-1 점 ○을 대칭의 중심으로 하는 점대칭도형의 일부분입니다. 나머지 부분을 완성하였을 때, 완성한 점대칭도형의 둘레는 몇 cm일까요?

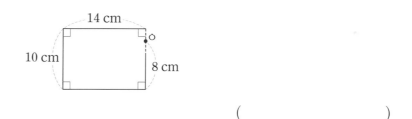

(   )

6-2 점 ○을 대칭의 중심으로 하는 점대칭도형의 일부분입니다. 나머지 부분을 완성하였을 때, 완성한 점대칭도형의 둘레는 몇 cm일까요?

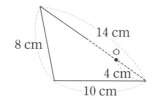

(   )

1 서로 합동인 두 도형을 찾아 기호를 써 보세요.

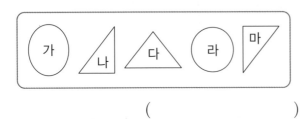

(   )

2 다음 도형을 둘로 나누어 합동이 되게 자르려고 합니다. 자르는 방법은 모두 몇 가지일까요?

(   )

[3~4] 두 삼각형은 서로 합동입니다. 물음에 답하세요.

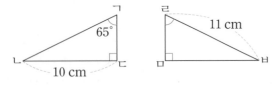

3 변 ㄱㄴ은 몇 cm일까요?

(   )

4 각 ㅂㄹㅁ은 몇 도일까요?

(   )

5 주어진 도형과 서로 합동인 도형을 그려 보세요.

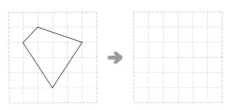

6 선대칭도형에서 대칭축이 되는 직선을 모두 고르세요. ………………………… (   )

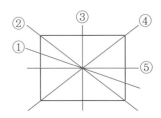

7 진명이는 오른쪽 모양과 같은 바람개비를 만들었습니다. 바람개비 모양은 선대칭도형일까요, 점대칭 도형일까요?

(   )

8 점대칭도형에 대한 설명 중 옳은 것은 어느 것일까요? ………………………… (   )

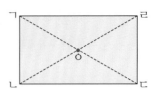

① 점 ㄱ의 대응점은 점 ㄹ입니다.
② 대칭의 중심은 점 ㅇ입니다.
③ 점 ㄴ의 대응점은 점 ㄷ입니다.
④ 변 ㄱㄴ의 길이는 변 ㄱㄹ의 길이와 같습니다.
⑤ 각 ㄱㄴㄷ의 대응각은 각 ㄴㄷㄹ입니다.

9 점대칭도형이 되도록 그림을 완성해 보세요.

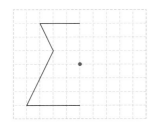

서술형

10 삼각형 ㄱㄴㄷ과 삼각형 ㄹㄷㄴ은 서로 합동입니다. 삼각형 ㄱㄴㄷ의 둘레가 30 cm일 때 변 ㄴㄷ은 몇 cm인지 풀이 과정을 쓰고 답을 구하세요.

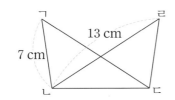

풀이

답

11 선대칭도형인 정팔각형에 대칭축을 2개 그었습니다. 각각의 대칭축에 따른 대응점, 대응변, 대응각을 각각 써 보세요.

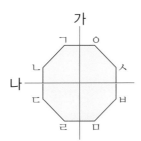

대칭축	직선 가	직선 나
점 ㄷ의 대응점		
변 ㄱㄴ의 대응변		
각 ㅅㅂㅁ의 대응각		

12 직선 ㅂㅅ을 대칭축으로 하는 선대칭도형입니다. ☐ 안에 알맞은 수를 써넣으세요. (단, 선분 ㅁㄴ은 대응점을 이은 선분입니다.)

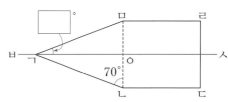

13 선대칭도형에서 선분 ㄱㅁ, 선분 ㄴㄹ은 대응점끼리 이은 선분입니다. 대칭축 가와 수직으로 만나는 모든 선분의 길이의 합은 몇 cm일까요?

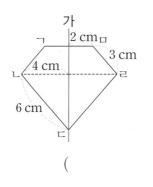

(   )

14 점 ㅇ을 대칭의 중심으로 하는 점대칭도형입니다. ☐ 안에 알맞은 수를 써넣으세요.

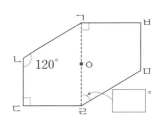

15 지훈이는 가면극에서 사용할 가면을 만들려고 합니다. 도화지에 그린 도형을 선대칭도형이 되도록 완성한 다음 잘라서 만든 가면의 둘레는 몇 cm일까요?

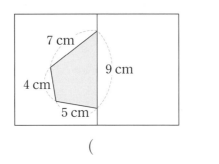

( )

16 보기 를 보고 항상 선대칭도형도 되고 점대칭도형도 되는 것을 찾아 기호를 써 보세요.

보기
㉠ 정삼각형   ㉡ 직각삼각형
㉢ 평행사변형   ㉣ 사다리꼴
㉤ 정오각형   ㉥ 원

( )

17 점 ㅇ을 대칭의 중심으로 하는 점대칭도형입니다. 점대칭도형의 둘레는 몇 cm일까요?

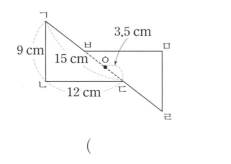

( )

18 직선 ㄱㄴ을 대칭축으로 하는 선대칭도형을 완성했더니 도형의 둘레가 62 cm가 되었습니다. ☐ 안에 알맞은 수를 구하세요.

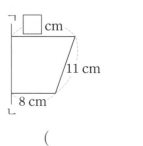

( )

19 오른쪽 그림에서 삼각형 ㄱㄴㄷ과 삼각형 ㄱㄹㅁ은 서로 합동입니다. 각 ㄱㄴㄷ은 몇 도인지 풀이 과정을 쓰고 답을 구하세요.

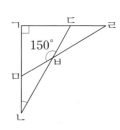

풀이 _____

_____

_____

_____

_____

_____

답 _____

20 이등변삼각형에 점선을 그어 여러 개의 삼각형을 만들었습니다. 크고 작은 합동인 삼각형은 모두 몇 쌍일까요?

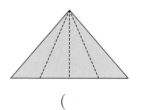

( )

21 루마니아 국기는 파랑, 노랑, 빨강 세 가지 색깔의 서로 합동인 직사각형 3개로 이루어져 있습니다. 루마니아 국기를 가로 12 cm, 세로 8 cm가 되도록 그릴 때 빨간색 직사각형의 둘레는 몇 cm 일까요?

(   )

22  는 선대칭도형입니다. 이와 같이 자음과 모음을 사용하여 선대칭도형과 점대칭도형이 되는 글자 카드를 각각 만들어 보세요.

선대칭도형	점대칭도형

23 점 ㅇ을 대칭의 중심으로 하는 점대칭도형입니다. 점 ㅇ이 원의 중심일 때 각 ㄷㅇㄹ은 몇 도일까요?

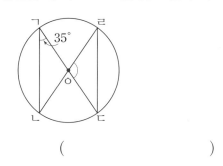

(   )

24 다음과 같이 크기가 같은 정사각형 5개를 붙여 만든 모양을 펜토미노라고 부릅니다. 다음 펜토미노 중에서 선대칭도형과 점대칭도형은 각각 몇 개일까요?

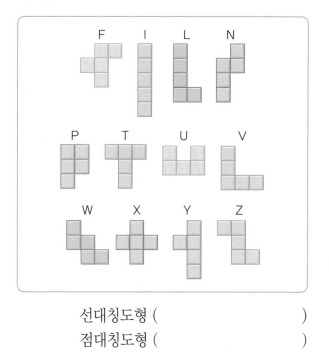

선대칭도형 (   )
점대칭도형 (   )

25 사각형 ㄱㄴㄹㅁ 안에 다음과 같이 선분을 그었습니다. 삼각형 ㄱㄴㄷ과 삼각형 ㄷㄹㅁ은 서로 합동입니다. 각 ㉠은 몇 도일까요?

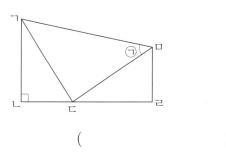

(   )

3

합동과 대칭

87

4 소수의 곱셈

이전에 배운 내용 [3-1] 분수와 소수, [4-2] 소수의 덧셈과 뺄셈, [5-2] 분수의 곱셈

이번에 배울 내용

(1보다 작은 소수) × (자연수)	(1보다 큰 소수) × (자연수)
(자연수) × (1보다 작은 소수)	(자연수) × (1보다 큰 소수)
1보다 작은 소수끼리의 곱셈	1보다 큰 소수끼리의 곱셈

곱의 소수점 위치

다음에 배울 내용 [6-1] 소수의 나눗셈, [6-2] 소수의 나눗셈

이 단원에서 학습할 6가지 심화 유형

스마트폰으로 QR 코드를 찍으면
개념 학습 영상을 볼 수 있어요.

→ (1보다 작은 소수)×(자연수)

개념 1 (소수)×(자연수) ⑴

• 0.4×3의 계산

방법 1 ▶ 0.1의 개수로 계산하기

0.4는 0.1이 4개인 수입니다.

0.4×3은 0.1이 모두 4×3=12(개)입니다.

0.1이 모두 12개이므로 0.4×3=1.2입니다.

방법 2 ▶ 분수의 곱셈으로 계산하기

$$0.4 \times 3 = \frac{4}{10} \times 3 = \frac{12}{10} = 1.2$$

소수를 분수로 나타내기　분수를 소수로 나타내기

방법 3 ▶ 자연수의 곱셈으로 계산하기

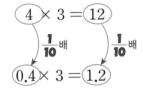

• 0.36×4의 계산

방법 1 ▶ 0.01의 개수로 계산하기

0.36은 0.01이 36개인 수입니다.

0.36×4는 0.01이 모두 36×4=144(개)입니다.

0.01이 모두 144개이므로

0.36×4=1.44입니다.

방법 2 ▶ 분수의 곱셈으로 계산하기

$$0.36 \times 4 = \frac{36}{100} \times 4 = \frac{144}{100} = 1.44$$

소수를 분수로 나타내기　분수를 소수로 나타내기

방법 3 ▶ 자연수의 곱셈으로 계산하기

$$
\begin{array}{r}
3\,6 \\
\times \quad 4 \\
\hline
1\,4\,4
\end{array}
\;\Rightarrow\;
\begin{array}{r}
0.3\,6 \\
\times \quad 4 \\
\hline
1.4\,4
\end{array}
$$
$\frac{1}{100}$배　$\frac{1}{100}$배

→ (1보다 큰 소수)×(자연수)

개념 2 (소수)×(자연수) ⑵

• 1.3×4의 계산

방법 1 ▶ 0.1의 개수로 계산하기

1.3은 0.1이 13개인 수입니다.

1.3×4는 0.1이 모두 13×4=52(개)입니다.

0.1이 모두 52개이므로 1.3×4=5.2입니다.

방법 2 ▶ 분수의 곱셈으로 계산하기

$$1.3 \times 4 = \frac{13}{10} \times 4 = \frac{52}{10} = 5.2$$

소수를 분수로 나타내기　분수를 소수로 나타내기

방법 3 ▶ 자연수의 곱셈으로 계산하기

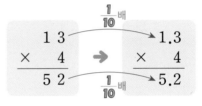

$\frac{1}{10}$배

> 1.3은 1+0.3이므로
> 1.3×4=(1×4)+(0.3×4)
> 　　　=4+1.2
> 　　　=5.2
> 로도 계산할 수 있어.

→ (자연수)×(1보다 작은 소수)

개념 3 (자연수)×(소수) ⑴

• 2×0.7의 계산

방법 1 ▶ 분수의 곱셈으로 계산하기

$$2 \times 0.7 = 2 \times \frac{7}{10} = \frac{14}{10} = 1.4$$

방법 2 ▶ 자연수의 곱셈으로 계산하기

4

소수의 곱셈

89

→ (자연수)×(1보다 큰 소수)

개념 4 (자연수)×(소수) ⑵

• 5×2.3의 계산

방법 1 분수의 곱셈으로 계산하기

$$5 \times 2.3 = 5 \times \frac{23}{10} = \frac{115}{10} = 11.5$$

방법 2 자연수의 곱셈으로 계산하기

$$5 \times 23 = 115$$

$\frac{1}{10}$배 $\frac{1}{10}$배

$$5 \times 2.3 = 11.5$$

참고 다음과 같이 2.3은 2+0.3임을 이용하여 계산
할 수도 있습니다.

$$5 \times 2.3 = (5 \times 2) + (5 \times 0.3)$$
$$= 10 + 1.5$$
$$= 11.5$$

• 5×1.47의 계산

> (자연수)×(소수 두 자리 수)의 계산도
> (자연수)×(소수 한 자리 수)의 계산과
> 같은 방법으로 해.

방법 1 분수의 곱셈으로 계산하기

$$5 \times 1.47 = 5 \times \frac{147}{100} = \frac{5 \times 147}{100}$$
$$= \frac{735}{100} = 7.35$$

방법 2 자연수의 곱셈으로 계산하기

$$5 \times 147 = 735$$

$\frac{1}{100}$배 $\frac{1}{100}$배

$$5 \times 1.47 = 7.35$$

> (자연수)×(소수)에서 곱하는 소수가
> 1보다 작으면 계산 결과는 (자연수)보다
> 작아지고, 곱하는 소수가 1보다 크면
> 계산 결과는 (자연수)보다 커져!
> $2 \times 0.7 = 1.4 \Rightarrow 1.4 < 2$
> $5 \times 1.47 = 7.35 \Rightarrow 7.35 > 5$

→ 1보다 작은 소수끼리의 곱셈

개념 5 (소수)×(소수) ⑴

• 0.64×0.9의 계산

방법 1 분수의 곱셈으로 계산하기

$$0.64 \times 0.9 = \frac{64}{100} \times \frac{9}{10} = \frac{64 \times 9}{100 \times 10}$$
$$= \frac{576}{1000} = 0.576$$

방법 2 자연수의 곱셈으로 계산하기

①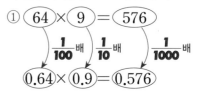

$\frac{1}{100}$배 $\frac{1}{10}$배 $\frac{1}{1000}$배

$$0.64 \times 0.9 = 0.576$$

②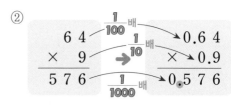

> 곱해지는 수가 $\frac{1}{100}$배,
> 곱하는 수가 $\frac{1}{10}$배가 되면
> 계산 결과는 $\frac{1}{1000}$배가 돼.

방법 3 소수의 크기를 생각하여 계산하기

64×9=576인데 0.64에 0.9를 곱하면
0.64보다 작은 값이 나와야 하므로 계산 결
과는 0.576입니다.

> 소수의 곱셈은 자연수의 곱셈
> 결과에 소수의 크기를 생각하여
> 소수점을 찍으면 돼!

개념 6 (소수) × (소수) (2)

• 1.4 × 1.2의 계산

방법 1 분수의 곱셈으로 계산하기

$$1.4 \times 1.2 = \frac{14}{10} \times \frac{12}{10} = \frac{14 \times 12}{10 \times 10}$$

$$= \frac{168}{100} = 1.68$$

방법 2 자연수의 곱셈으로 계산하기

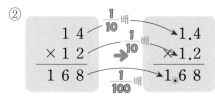

① $(14) \times (12) = (168)$

$\frac{1}{10}$배 $\frac{1}{10}$배 $\frac{1}{100}$배

$(1.4) \times (1.2) = (1.68)$

②

	$\frac{1}{10}$배	
1 4		1.4
× 1 2	$\frac{1}{10}$배	×1.2
1 6 8	$\frac{1}{100}$배	1.68

방법 3 소수의 크기를 생각하여 계산하기

14 × 12 = 168인데 1.4에 1.2를 곱하면 1.4보다 큰 값이 나와야 하므로 계산 결과는 1.68입니다.

개념 7 곱의 소수점 위치

1. (소수) × 1, 10, 100, 1000에서 규칙 찾기

$$2.31 \times \mathbf{1} = \mathbf{2.31}$$
$$2.31 \times \mathbf{10} = \mathbf{23.1}$$
$$2.31 \times \mathbf{100} = \mathbf{231}$$
$$2.31 \times \mathbf{1000} = \mathbf{2310}$$

➡ 곱하는 수의 0이 하나씩 늘어날 때마다 곱의 소수점이 오른쪽으로 한 자리씩 옮겨집니다.

> 곱하는 수의 0의 개수만큼 소수점을 오른쪽으로 이동해.
> 2.31 × 1<u>0</u> = 23.1
> 2.31 × 1<u>00</u> = 231
> 2.31 × 1<u>000</u> = 2310

2. (자연수) × 1, 0.1, 0.01, 0.001에서 규칙 찾기

$$2310 \times \mathbf{1} = \mathbf{2310}$$
$$2310 \times \mathbf{0.1} = \mathbf{231}$$
$$2310 \times \mathbf{0.01} = \mathbf{23.1}$$
$$2310 \times \mathbf{0.001} = \mathbf{2.31}$$

➡ 곱하는 소수의 소수점 아래 자리 수가 하나씩 늘어날 때마다 곱의 소수점이 왼쪽으로 한 자리씩 옮겨집니다.

3. (소수) × (소수)에서 규칙 찾기

⑴ 6 × 7 = 42

$$0.6 \times 0.7 = \frac{6}{10} \times \frac{7}{10} = \frac{42}{100} = 0.42$$

소수 두 자리 수

$$0.6 \times 0.07 = \frac{6}{10} \times \frac{7}{100} = \frac{42}{1000} = 0.042$$

소수 세 자리 수

$$0.06 \times 0.07 = \frac{6}{100} \times \frac{7}{100}$$

$$= \frac{42}{10000} = 0.0042$$

소수 네 자리 수

> 분모의 0의 개수가 곧 소수점 아래 자리 수야.

⑵ 6 × 7 = 42

0.6 × 0.7 = 0.42

소수   소수   소수
한 자리   한 자리   두 자리

0.6 × 0.07 = 0.042

소수   소수   소수
한 자리   두 자리   세 자리

> 0.6은 소수 한 자리 수이고, 0.07은 소수 두 자리 수니까 두 수의 곱은 소수 세 자리 수야.

➡ 자연수끼리 계산한 결과에 곱하는 두 수의 소수점 아래 자리 수를 더한 것만큼 소수점을 왼쪽으로 옮겨 표시해 줍니다.

→ (1보다 작은 소수) × (자연수)

1 **(소수) × (자연수) (1)**

• 0.3 × 5의 계산

방법 1 0.1의 개수로 계산하기

0.3은 0.1이 3개인 수이므로

0.3 × 5는 0.1이 3 × 5 = 15(개)입니다.

따라서 0.3 × 5 = 1.5입니다.

방법 2 분수의 곱셈으로 계산하기

$0.3 \times 5 = \dfrac{3}{10} \times 5 = \dfrac{15}{10} = 1.5$

방법 3 자연수의 곱셈으로 계산하기

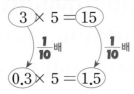

1 보기 와 같이 계산해 보세요.

보기

$0.4 \times 13 = \dfrac{4}{10} \times 13 = \dfrac{52}{10} = 5.2$

0.56×4

_____

 추론력

2 계산 결과를 잘못 말한 친구의 이름을 쓰고, 잘못 말한 부분을 옳게 고쳐 보세요.

서아 — 0.78 × 5

78과 5의 곱은 약 400이니까 0.78과 5의 곱은 4 정도가 돼.

0.52 × 6

0.5와 6의 곱으로 어림할 수 있으니까 결과는 30 정도가 돼. — 건우

( )

잘못 말한 부분 _____

➜ 옳게 고치기 _____

→ (1보다 큰 소수) × (자연수)

2 **(소수) × (자연수) (2)**

• 1.6 × 6의 계산

방법 1 0.1의 개수로 계산하기

1.6은 0.1이 16개인 수이므로

1.6 × 6은 0.1이 16 × 6 = 96(개)입니다.

따라서 1.6 × 6 = 9.6입니다.

방법 2 분수의 곱셈으로 계산하기

$1.6 \times 6 = \dfrac{16}{10} \times 6 = \dfrac{96}{10} = 9.6$

방법 3 자연수의 곱셈으로 계산하기

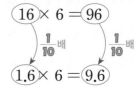

3 보기 와 같이 계산해 보세요.

보기

$2.8 \times 7 = \dfrac{28}{10} \times 7 = \dfrac{196}{10} = 19.6$

3.5×3

_____

4 4.7 × 5를 두 가지 방법으로 계산해 보세요.

방법 1

방법 2

5 직사각형의 넓이는 몇 cm²일까요?

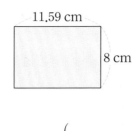
11.59 cm
8 cm

꼭 단위까지
따라 쓰세요.

(cm²)

6 연필 한 타는 12자루입니다. 연필 한 자루의 무게가 5.48 g일 때 연필 한 타의 무게는 몇 g일까요?

식 _____

답 _____ g

🖍 서술형

7 스웨덴과 중국의 환율이 다음과 같을 때 ☐ 안에 알맞은 단위를 쓰고, 그렇게 생각한 까닭을 어림을 이용하여 써 보세요.

> ○○월 ○○일의 환율
> 우리나라 돈 1000원이 스웨덴 돈 7.93크로나 입니다.
> 우리나라 돈 1000원이 중국 돈 5.8위안입니다.

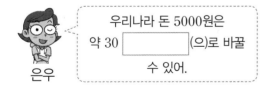
우리나라 돈 5000원은
약 30 ☐ (으)로 바꿀
수 있어.
은우

까닭 _____

_____

_____

→ (자연수)×(1보다 작은 소수)

3 **(자연수)×(소수) (1)**

• 8×0.4의 계산

방법 **1** 분수의 곱셈으로 계산하기

$$8 \times 0.4 = 8 \times \frac{4}{10} = \frac{32}{10} = 3.2$$

방법 **2** 자연수의 곱셈으로 계산하기

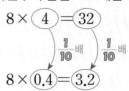

$8 \times$ ④ $=$ ㉜

$\frac{1}{10}$배 $\frac{1}{10}$배

$8 \times$ ⓪.④ $=$ ③.②

8 계산해 보세요.

(1) 13×0.5

(2) 41×0.07

9 곱이 더 큰 것에 ◯표 하세요.

7×0.28	14×0.03
( )	( )

10 지안이의 몸무게는 몇 kg일까요?

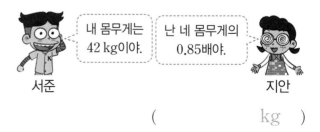
내 몸무게는 42 kg이야.
난 네 몸무게의 0.85배야.
서준   지안

(kg)

4

소수의 곱셈

93

→ (자연수)×(1보다 큰 소수)

4 (자연수)×(소수) (2)

• 7×1.5의 계산

방법 1 분수의 곱셈으로 계산하기

$$7 \times 1.5 = 7 \times \frac{15}{10} = \frac{105}{10} = 10.5$$

방법 2 자연수의 곱셈으로 계산하기

$$7 \times ⑮ = ⑩⑤$$

$\frac{1}{10}$배 $\frac{1}{10}$배

$$7 \times ①.⑤ = ⑩.⑤$$

[11~12] 다음 곱셈을 주어진 방법으로 계산해 보세요.

11
$$4 \times 5.7$$

분수의 곱셈으로 계산하기

12
$$15 \times 1.6$$

자연수의 곱셈으로 계산하기

소수의 곱셈

13 빈칸에 알맞은 수를 써넣으세요.

	×→	
17	2.4	
9	1.85	

14 크기를 비교하여 ◯ 안에 ＞, ＝, ＜를 알맞게 써넣으세요.

$$18 \times 1.24 \quad ◯ \quad 20$$

15 계산 결과가 가장 큰 것을 찾아 기호를 써 보세요.

㉠ 4×2.6
㉡ 6×1.8
㉢ 5×2.3

(   )

16 일정한 빠르기로 한 시간에 85 km를 달리는 자동차가 있습니다. 이 자동차가 같은 빠르기로 2.7시간 동안 달리는 거리는 몇 km일까요?

꼭 단위까지 따라 쓰세요.

(km   )

17 혜진이는 어제 호두를 65 g 먹었고, 오늘은 어제 먹은 호두의 1.34배를 먹었습니다. 오늘 혜진이가 먹은 호두는 몇 g일까요?

(g   )

활용 1 바르게 계산한 값 구하기

어떤 수를 □라 하고,
잘못 계산한 식을 만들어 □의 값을 구한 다음,
바르게 계산합니다.

1-1 어떤 수에 25를 곱해야 할 것을 잘못하여 25로 나누었더니 0.14가 되었습니다. 바르게 계산하면 얼마일까요?

(   )

1-2 어떤 수에 34를 곱해야 할 것을 잘못하여 34로 나누었더니 0.08이 되었습니다. 바르게 계산하면 얼마일까요?

(   )

1-3 어떤 수에 5를 곱해야 할 것을 잘못하여 5로 나누었더니 1.52가 되었습니다. 바르게 계산하면 얼마일까요?

(   )

활용 2 시간을 소수로 나타내어 계산하기

60분=1시간임을 이용하여 분을 시간으로 나타냅니다.

예 12분 ➡ $\dfrac{12}{60}$시간$=\dfrac{2}{10}$시간$=0.2$시간

2-1 지민이는 이번 주 월요일부터 목요일까지 하루에 1시간 30분씩 책을 읽었습니다. 이번 주에 지민이가 책을 읽은 시간은 몇 시간일까요?

(   )

2-2 1분에 2 L씩 물이 나오는 수도꼭지가 있습니다. 이 수도꼭지로 3분 24초 동안 받는 물의 양은 몇 L일까요? (단, 수도꼭지에서 나오는 물의 양은 일정합니다.)

(   )

2-3 일정한 빠르기로 한 시간에 42 km를 달리는 오토바이가 있습니다. 이 오토바이가 1시간 45분 동안 달리는 거리는 몇 km일까요?

(   )

4

소수의 곱셈

95

1 지은이네 가족이 매일 먹는 쌀의 양은 0.5 kg입니다. 지은이네 가족이 10월 한 달 동안 먹는 쌀의 양은 몇 kg일까요?

(   )

2 예은, 우진, 수빈이가 일주일 동안 운동한 것을 말하고 있습니다. 일주일 동안 운동한 거리가 12 km보다 적은 사람은 누구일까요?

> • 예은: 인라인 스케이트를 하루에 4.03 km씩 3일 동안 탔어.
> • 우진: 하루에 산책로를 2.17 km씩 6일 동안 걸었어.
> • 수빈: 자전거를 하루에 3.89 km씩 3일 동안 탔어.

(   )

S 솔루션

> 주어진 소수에 가까운 자연수를 찾아 두 자연수의 곱으로 어림해 보아요.

3 오늘 어린이집에서 16명의 어린이들에게 줄 간식을 다음과 같이 준비하려고 합니다. 2 L짜리 우유를 적어도 몇 개 사야 할까요?

> 〈한 명의 간식〉
>
> | 오전 | 우유 0.2 L씩, 바나나 1개씩 | 오후 | 우유 0.2 L씩, 고구마 1개씩 |

(   )

> 필요한 우유의 양을 구한 후, 2 × □의 곱을 이용하여 사야 할 우유의 수를 구해요.

4

소수의 곱셈

4 ☐ 안에 들어갈 수 있는 자연수는 모두 몇 개일까요?

$$0.9 \times 4 < \boxed{} < 5 \times 1.7$$

(   )

솔루션

계산할 수 있는 식을 먼저 계산해 보아요.

5 '가★나＝가×나＋나'로 계산할 때 다음을 계산해 보세요.

$$14 ★ 2.6$$

(   )

🖊 서술형

6 ㉠과 ㉡에 알맞은 행성의 이름을 쓰고, 그렇게 생각한 까닭을 어림을 이용하여 써 보세요.

- 화성에서 잰 몸무게는 지구에서 잰 몸무게의 약 0.38배입니다.
- 달에서 잰 몸무게는 지구에서 잰 몸무게의 약 0.17배입니다.
- 천왕성에서 잰 몸무게는 지구에서 잰 몸무게의 약 0.92배입니다.

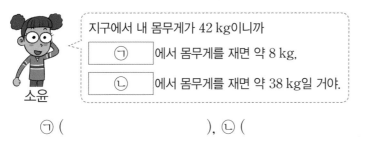

지구에서 내 몸무게가 42 kg이니까
㉠ 에서 몸무게를 재면 약 8 kg,
㉡ 에서 몸무게를 재면 약 38 kg일 거야.

소윤

㉠ (   ), ㉡ (   )

까닭 _____

약 0.38배, 약 0.17배, 약 0.92배의 크기를 어림하여 어느 행성에서 잰 몸무게인지 알아보아요.

2^{단계} 실력 유형 연습

7 10초에 0.46 L의 물이 나오는 수도꼭지가 있습니다. 이 수도꼭지를 틀어 5분 동안 물을 받을 때 받는 물은 모두 몇 L일까요? (단, 수도꼭지에서 나오는 물의 양은 일정합니다.)

(   )

1분=60초예요.

8 색칠한 부분의 넓이는 몇 cm²일까요?

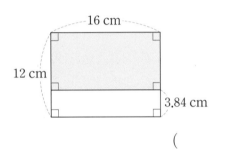

(   )

색칠한 부분은 직사각형이므로 먼저 세로를 구해 보아요.

4

소수의 곱셈

98

9 어느 회사의 2022년 전체 수출액은 240억 달러라고 합니다. 이 회사의 2023년 유럽 수출액은 얼마인지 구하세요.

> 2023년 전체 수출액은 2022년 전체 수출액의 1.15배가 되었습니다. 그중 유럽 수출액은 전체 수출액의 0.75배입니다.

(   )

먼저 2023년 전체 수출액을 구한 다음 2023년 유럽 수출액을 구해요.

10 길이가 20 cm인 양초가 있습니다. 이 양초에 불을 붙였더니 10분에 1.12 cm 씩 타서 길이가 줄어들었습니다. 양초에 불을 붙인지 1시간 후 양초의 길이는 몇 cm일까요? (단, 양초가 줄어드는 길이는 일정합니다.)

(   )

처음 양초의 길이에서 1시간 동안 탄 양초의 길이를 빼면 돼요.

정답과 해설 30쪽

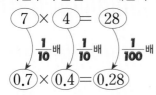

1보다 작은 소수끼리의 곱셈

5 (소수)×(소수) (1)

• 0.7 × 0.4의 계산

방법 1 분수의 곱셈으로 계산하기

$$0.7 \times 0.4 = \frac{7}{10} \times \frac{4}{10} = \frac{28}{100} = 0.28$$

방법 2 자연수의 곱셈으로 계산하기

⑦ × ④ = ㉘

$\frac{1}{10}$배 $\frac{1}{10}$배 $\frac{1}{100}$배

⓪.7 × ⓪.4 = ⓪.28

1 다음을 자연수의 곱셈으로 계산해 보세요.

$$0.35 \times 0.8$$

2 보기와 같이 계산해 보세요.

보기

$$0.6 \times 0.27 = \frac{6}{10} \times \frac{27}{100} = \frac{162}{1000} = 0.162$$

0.43 × 0.5

3 계산해 보세요.

(1) 0.7
    × 0.9

(2) 0.6 3
   × 0.1 4

4 0.94 × 0.45를 옳게 계산한 것을 찾아 기호를 써 보세요.

㉠ 0.0423   ㉡ 4.23   ㉢ 0.423

(   )

5 계산 결과의 크기를 비교하여 ○ 안에 >, =, < 를 알맞게 써넣으세요.

0.54 × 0.6 ◯ 0.8 × 0.41

 추론력

6 우혁이는 0.76 × 0.5를 계산하려고 했는데 수 하나의 소수점을 잘못 보고 다음과 같이 계산했습니다. 우혁이가 계산한 두 수를 써 보세요.

☐ × ☐ = 3.8

7 아인이는 가로가 0.42 m, 세로가 0.33 m인 직사각형 모양의 그림을 벽에 붙이려고 합니다. 이 그림의 넓이는 몇 m²일까요?

꼭 단위까지 따라 쓰세요.

(m²)

4

소수의 곱셈

99

→ 1보다 큰 소수끼리의 곱셈

6 (소수) × (소수) (2)

• 2.9 × 3.8의 계산

방법 1 분수의 곱셈으로 계산하기

$$2.9 \times 3.8 = \frac{29}{10} \times \frac{38}{10} = \frac{1102}{100} = 11.02$$

방법 2 자연수의 곱셈으로 계산하기

$$29 \times 38 = 1102$$

$\frac{1}{10}$배 $\frac{1}{10}$배 $\frac{1}{100}$배

$$2.9 \times 3.8 = 11.02$$

8 어림하여 계산 결과가 6보다 작은 것을 찾아 기호를 써 보세요.

ㄱ 1.86의 2.9배   ㄴ 4.2 × 1.6

(   )

9 다음 곱셈을 서로 다른 방법으로 계산해 보세요.

(1) 2.6 × 3.4

(2) 1.5 × 4.12

10 빈칸에 알맞은 수를 써넣으세요.

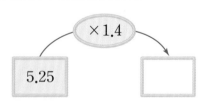

5.25 ──(× 1.4)──→ [　]

---

11 가장 큰 수와 가장 작은 수의 곱을 구하세요.

| 2.04 | 2.3 | 1.52 | 12.8 |

(   )

12 굵기가 일정한 철근 1 m의 무게가 2.78 kg입니다. 이 철근 3.2 m의 무게는 몇 kg일까요?

꼭 단위까지 따라 쓰세요.

(kg   )

13 유리병에는 식혜가 15.6 L 들어 있고, 항아리에는 수정과가 식혜의 1.75배만큼 들어 있습니다. 항아리에 들어 있는 수정과의 양은 몇 L일까요?

(L   )

14 밑변의 길이가 4.5 cm, 높이가 1.7 cm인 평행사변형이 있습니다. 이 평행사변형의 넓이는 몇 cm² 일까요?

(cm²   )

4

소수의 곱셈

7 곱의 소수점 위치

- (소수)×1, 10, 100, 1000에서 규칙 찾기
  ➡ 곱하는 수의 0이 하나씩 늘어날 때마다 곱의 소수점이 오른쪽으로 한 자리씩 옮겨집니다.
- (자연수)×1, 0.1, 0.01, 0.001에서 규칙 찾기
  ➡ 곱하는 소수의 소수점 아래 자리 수가 하나씩 늘어날 때마다 곱의 소수점이 왼쪽으로 한 자리씩 옮겨집니다.
- (소수)×(소수)에서 규칙 찾기
  ➡ 자연수끼리 계산한 결과에 곱하는 두 수의 소수점 아래 자리 수를 더한 것만큼 소수점을 왼쪽으로 옮깁니다.

15 빈칸에 알맞은 수를 써넣으세요.

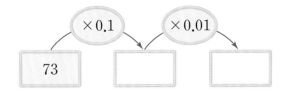

16 주스 한 병의 무게는 0.185 kg입니다. 주스 10병, 100병, 1000병의 무게는 각각 몇 kg인지 구하세요.

꼭 단위까지 따라 쓰세요.

10병의 무게 (kg   )
100병의 무게 (kg   )
1000병의 무게 (kg   )

17 계산 결과가 같은 것끼리 선으로 이어 보세요.

0.64×2.3 •   • 0.064×23

6.4×2.3 •   • 640×0.023

18 보기를 이용하여 □ 안에 알맞은 수를 써넣으세요.

보기

$$216 \times 41 = 8856$$

(1) $2.16 \times \boxed{} = 8.856$

(2) $\boxed{} \times 410 = 88.56$

문제 해결

19 선우가 키우는 식물은 키가 45.6 cm까지 자랐고, 민지가 키우는 식물은 키가 0.476 m까지 자랐습니다. 누가 키우는 식물의 키가 더 큰지 써 보세요.

(   )

추론력

20 서아가 계산한 결과를 보고, 잘못 말한 친구를 모두 찾아 이름을 써 보세요.

서아 8.5×1.4를 계산하면 1.19가 나와.

- 연수: 1.4는 1보다 큰 수니까 8.5×1.4는 8.5보다 큰 값이어야 돼.
- 승기: 두 소수의 자연수 부분만 곱해도 $8 \times 1 = 8$이므로 계산 결과는 8보다 작아야 해.
- 준하: 계산 결과는 11.9야.
- 윤지: 8.5가 소수 한 자리 수이고 1.4가 소수 한 자리 수인데 1.19가 소수 두 자리 수니까 맞는 것 같아.

(   )

활용 3 곱이 가장 큰 소수의 곱셈 만들기

❶ 곱이 가장 크려면 자연수 부분에 가장 큰 수와 두 번째로 큰 수를 써야 합니다.

❷ 나머지 수를 소수 부분에 써넣어 곱이 가장 큰 곱셈을 만듭니다.

3-1 수 카드 3장을 □ 안에 한 번씩 써넣어 곱이 가장 큰 곱셈을 만들고 계산해 보세요.

3 7 4 ➡ □.□ × □

(   )

3-2 수 카드 3장을 □ 안에 한 번씩 써넣어 곱이 가장 큰 곱셈을 만들고 계산해 보세요.

6 3 8 ➡ □.□ × □

(   )

3-3 수 카드 3장을 □ 안에 한 번씩 써넣어 곱이 가장 작은 곱셈을 만들고 계산해 보세요.

4 5 9 ➡ □.□ × □

(   )

활용 4 곱을 보고 곱한 수 구하기

• 곱의 소수점이 처음 수의 소수점 위치에서 오른쪽으로 옮겨졌으면 10, 100, 1000, …을 곱한 것입니다.

• 곱의 소수점이 처음 수의 소수점 위치에서 왼쪽으로 옮겨졌으면 0.1, 0.01, 0.001, …을 곱한 것입니다.

4-1 □ 안에 알맞은 수를 구하세요.

$$2.74 × □ = 27.4$$

(   )

4-2 □ 안에 알맞은 수를 구하세요.

$$1.6 × □ = 0.016$$

(   )

4-3 □ 안에 알맞은 수가 더 작은 것을 찾아 기호를 써 보세요.

㉠ $32.4 × □ = 0.324$

㉡ $□ × 28.4 = 2.84$

(   )

S 솔루션

[1~2] 보기 에서 서로 다른 계산 방법을 골라 □ 안에 기호를 써넣고, 곱셈을 계산해 보세요.

보기
ㄱ 자연수의 곱셈으로 계산하기
ㄴ 분수의 곱셈으로 계산하기
ㄷ 소수의 크기를 생각하여 계산하기

1

0.6 × 0.48

방법: □

주어진 방법 중 각자 편리한 방법으로 계산해 보아요.

2

7.2 × 1.25

방법: □

3 곱이 가장 큰 것을 찾아 기호를 써 보세요.

ㄱ 4.08 × 0.74　　ㄴ 4.08 × 7.4　　ㄷ 40.8 × 7.4

(　　　　　　　)

곱하는 두 수의 소수점 아래 자리 수를 이용하여 곱의 소수점 위치를 알아보아요.

4 여러 가지 도화지의 크기를 나타내었습니다. 8절 도화지 한 장의 넓이는 몇 cm²일까요?

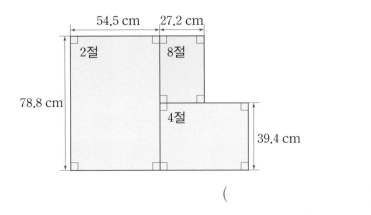

(   )

추론력

5 ☐ 안에 알맞은 수를 구하세요.

$$6.5 \times 0.218 = \boxed{} \times 2.18$$

(   )

6 호준이네 집에서는 그림과 같은 직사각형 모양의 밭의 가로를 1.5배로 늘리고, 세로를 1.6배로 늘려 새로운 밭을 만들려고 합니다. 새로 만든 직사각형 모양 밭의 넓이는 몇 m²일까요?

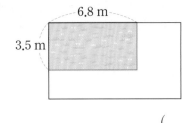

(   )

7 유찬이네 욕실에 타일을 붙인 부분의 넓이는 몇 cm²일까요?

10.5 cm

한 변의 길이가 10.5 cm인
정사각형 모양의 타일을
100장 붙였어.

유찬

(   )

문제 해결

8 1분에 4.2 L의 물이 나오는 수도꼭지로 비어 있는 물통에 물을 받고 있습니다. 그런데 물통 바닥에 구멍이 있어 1분에 0.5 L의 물이 빠져나간다고 합니다. 이 물통에 12분 30초 동안 받을 수 있는 물의 양은 몇 L일까요? (단, 수도꼭지에서 나오는 물의 양과 구멍으로 빠져나가는 물의 양은 각각 일정합니다.)

(   )

창의·융합

9 재용이네 집에서 할아버지 댁까지는 한 시간에 92.5 km를 가는 자동차로 2.6시간 동안 가야 합니다. 자동차로 1 km를 가는 데 0.09 L의 휘발유가 필요하다고 할 때, 재용이네 집에서 할아버지 댁까지 가는 데 필요한 휘발유의 양은 몇 L일까요? (단, 자동차는 일정한 빠르기로 움직입니다.)

(   )

S 솔루션

먼저 1분 동안 받을 수 있는 물의 양은 몇 L인지 알아보아요.

재용이네 집에서 할아버지 댁까지의 거리를 먼저 구해야 해요.

심화 1

둘레가 주어진 직사각형의 넓이 구하기

가로가 14.5 cm이고 둘레가 70 cm인 직사각형 모양의 종이가 있습니다. 이 종이의 넓이는 몇 cm²일까요?

14.5 cm

해결 순서 1 가로와 세로의 길이의 합은 몇 cm일까요?

( )

해결 순서 2 세로는 몇 cm일까요?

( )

해결 순서 3 종이의 넓이는 몇 cm²일까요?

( )

1-1 둘레가 90 cm인 직사각형 모양의 액자가 있습니다. 이 액자의 넓이는 몇 cm²일까요?

액자의 세로는 19.2 cm야.

( )

1-2 오른쪽 도형은 정사각형과 직사각형을 겹치지 않게 이어 붙인 것입니다. 도형 ㄱㄴㄷㄹ의 둘레가 58 cm일 때 직사각형 ㅁㅂㄷㄹ의 넓이는 몇 cm²일까요?

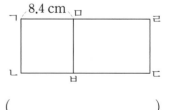

8.4 cm

( )

4
소수의 곱셈

심화 2

색 테이프 한 장의 길이 구하기

길이가 같은 색 테이프 10장을 그림과 같이 0.09 m씩 겹쳐서 한 줄로 길게 이어 붙였더니 이어 붙인 색 테이프의 전체 길이가 3.69 m가 되었습니다. 색 테이프 한 장의 길이는 몇 m일까요?

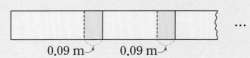

0.09 m   0.09 m

해결 순서 1 겹쳐진 부분의 길이의 합은 몇 m일까요?

( )

해결 순서 2 색 테이프 10장의 길이의 합은 몇 m일까요?

( )

해결 순서 3 색 테이프 한 장의 길이는 몇 m일까요?

( )

4

소수의 곱셈

2-1 길이가 같은 색 테이프 10장을 그림과 같이 1.5 cm씩 겹쳐서 한 줄로 길게 이어 붙였더니 이어 붙인 색 테이프의 전체 길이가 232.5 cm가 되었습니다. 색 테이프 한 장의 길이는 몇 cm일까요?

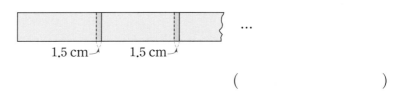

1.5 cm   1.5 cm

( )

2-2 길이가 13.6 cm인 색 테이프 11장을 그림과 같이 똑같은 길이만큼 겹쳐서 한 줄로 길게 이어 붙였더니 이어 붙인 색 테이프의 전체 길이가 125.6 cm가 되었습니다. 몇 cm씩 겹쳐서 붙였을까요?

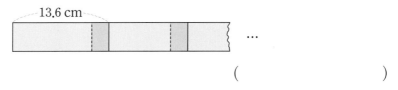

13.6 cm

( )

심화 3
무게 비교하기

똑같은 상자가 2개 있습니다. 한 상자에는 1.23 kg짜리 무 10개를 담았고, 다른 상자에는 92.5 g짜리 피망 100개를 담았습니다. 무와 피망 중 어느 것을 담은 상자가 더 무거울까요?

해결 순서 **1** 상자에 담은 무의 무게는 몇 kg일까요?

( )

해결 순서 **2** 상자에 담은 피망의 무게는 몇 g일까요?

( )

해결 순서 **3** 무와 피망 중 어느 것을 담은 상자가 더 무거울까요?

( )

3-1 똑같은 트럭이 2대 있습니다. 한 트럭에는 10.5 kg짜리 에어컨 100대를 실었고, 다른 트럭에는 0.15 t짜리 냉장고 10대를 실었습니다. 에어컨과 냉장고 중 어느 것을 실은 트럭이 더 무거울까요?

( )

3-2 농구공과 탁구공 중 어느 것이 들어 있는 상자가 더 가벼울까요?

서준

똑같은 상자 2개 중 한 개에는 0.75 kg짜리 농구공이 50개 들어 있어.

다른 상자 한 개에는 2.7 g짜리 탁구공이 2000개 들어 있어.

소윤

( )

4
소수의 곱셈

심화 4

다시 튀어 오른 공의 높이 구하기

떨어진 높이의 0.72만큼을 다시 튀어 오르는 공이 있습니다. 이 공을 그림과 같이 5 m 높이에서 떨어뜨렸을 때, ㉠의 높이는 몇 m일까요?

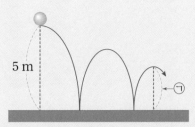

해결 순서 1 첫 번째 튀어 오른 공의 높이는 몇 m일까요?

( )

해결 순서 2 ㉠의 높이는 몇 m일까요?

( )

4 -1 떨어진 높이의 0.65만큼을 다시 튀어 오르는 공이 있습니다. 이 공을 그림과 같이 4 m 높이에서 떨어뜨렸을 때, ㉠의 높이는 몇 m일까요?

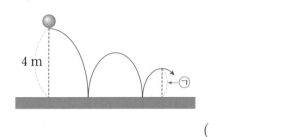

( )

4 -2 떨어진 높이의 0.8만큼을 다시 튀어 오르는 공이 있습니다. 이 공을 그림과 같이 2 m 높이에서 떨어뜨렸을 때, ㉠의 높이는 몇 m일까요?

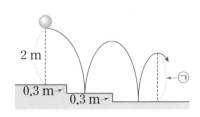

( )

심화 5
심은 부분 또는 만든 부분의 넓이 구하기

가로가 8 m, 세로가 6.5 m인 직사각형 모양의 밭이 있습니다. 이 밭의 0.4만큼은 배추를 심고 나머지의 0.8만큼은 무를 심었습니다. 무를 심은 밭의 넓이는 몇 m²일까요?

해결 순서 1 밭 전체의 넓이는 몇 m²일까요?

( )

해결 순서 2 무를 심은 부분은 밭 전체의 얼마만큼인지 소수로 나타내 보세요.

( )

해결 순서 3 무를 심은 밭의 넓이는 몇 m²일까요?

( )

5-1 가로가 5 m, 세로가 6.4 m인 직사각형 모양의 꽃밭이 있습니다. 이 꽃밭의 0.3만큼은 국화를 심고 나머지의 0.6만큼은 코스모스를 심었습니다. 코스모스를 심은 꽃밭의 넓이는 몇 m²일까요?

( )

5-2 가로가 24 m, 세로가 16.5 m인 직사각형 모양의 공원이 있습니다. 이 공원의 0.2만큼은 쉼터를 만들고 나머지의 0.4만큼은 놀이터를 만들었습니다. 쉼터와 놀이터의 넓이의 차는 몇 m²일까요?

( )

심화 6

터널의 길이 또는 남은 거리 구하기

일정한 빠르기로 1분에 2.2 km를 달리는 기차가 터널을 완전히 통과하는 데 1분 15초가 걸렸습니다. 기차의 길이가 0.18 km라고 할 때 터널의 길이는 몇 km일까요?

해결 순서 1 1분 15초는 몇 분인지 소수로 나타내 보세요.

( )

해결 순서 2 기차가 터널을 완전히 통과하는 데 달린 거리는 몇 km일까요?

( )

해결 순서 3 터널의 길이는 몇 km일까요?

( )

6-1 일정한 빠르기로 1분에 1.8 km를 달리는 기차가 터널을 완전히 통과하는 데 2분 36초가 걸렸습니다. 기차의 길이가 0.34 km라고 할 때 터널의 길이는 몇 km일까요?

( )

6-2 일정한 빠르기로 1분에 1.2 km를 달리는 버스가 길이가 4.5 km인 다리를 건너려고 합니다. 버스의 길이는 10 m이고, 다리 입구부터 3분 24초 동안 달렸습니다. 다리를 완전히 건너려면 버스는 몇 km를 더 달려야 할까요?

( )

Test 단원 실력 평가

1 주스의 양을 구하려고 합니다. ☐ 안에 알맞은 수를 써넣으세요.

$$0.4 \times 5 = \boxed{} \text{(L)}$$

2 빈칸에 알맞은 수를 써넣으세요.

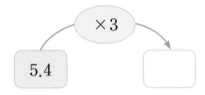

3 $36 \times 59 = 2124$를 이용하여 관계있는 것끼리 선으로 이어 보세요.

36×5.9	•	•	2.124
0.036×59	•	•	21.24
36×0.59	•	•	212.4

4 어림하여 계산 결과가 8보다 작은 것을 찾아 기호를 써 보세요.

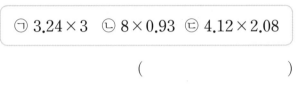
⊙ 3.24×3 ⓒ 8×0.93 ⓒ 4.12×2.08

( )

5 ☐ 안에 들어갈 수가 가장 큰 것을 찾아 기호를 써 보세요.

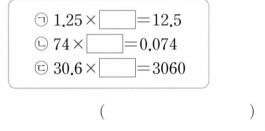
⊙ $1.25 \times \boxed{} = 12.5$
ⓒ $74 \times \boxed{} = 0.074$
ⓒ $30.6 \times \boxed{} = 3060$

( )

6 ☐ 안에 들어갈 수 있는 가장 큰 자연수를 구하세요.

$$3.28 \times 2.7 > \boxed{}$$

( )

7 지민이는 토마토 주스를 하루에 0.45 L씩 8일 동안 마셨습니다. 지민이가 8일 동안 마신 토마토 주스의 양은 몇 L일까요?

( )

4
소수의 곱셈

8 지우네 집에서 만든 딸기잼 0.9 kg 중 0.57만큼이 딸기입니다. 딸기는 몇 kg일까요?

식 _____

답 _____

9 ☐ 안에 알맞은 수를 구하세요.

$$\boxed{} \div 39 = 0.26$$

(   )

10 민지가 2000원으로 과일을 1개 사려고 합니다. 과일 1개의 값을 어림하여 살 수 있는 과일은 무엇인지 써 보세요.

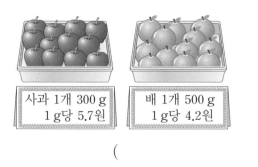

| 사과 1개 300 g 1 g당 5.7원 | 배 1개 500 g 1 g당 4.2원 |

(   )

11 계산 결과의 크기를 비교하여 ○ 안에 >, =, < 를 알맞게 써넣으세요.

$$4.16 \times 7 \quad \bigcirc \quad 9.27 \times 3$$

12 미술 작품을 만드는 데 사용한 털실의 무게가 더 무거운 사람은 누구일까요? (단, 털실의 무게는 각각 일정합니다.)

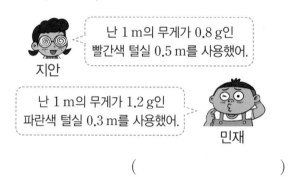

난 1 m의 무게가 0.8 g인 빨간색 털실 0.5 m를 사용했어.
지안

난 1 m의 무게가 1.2 g인 파란색 털실 0.3 m를 사용했어.
민재

(   )

13 도로 한쪽에 0.22 km 간격으로 일정하게 나무를 36그루 심었습니다. 나무를 도로의 처음부터 끝까지 심었을 때 나무를 심은 도로의 길이는 몇 km일까요? (단, 나무의 두께는 생각하지 않습니다.)

(   )

4

소수의 곱셈

113

14 기온이 15 °C일 때 소리는 1초 동안에 0.34 km 를 간다고 합니다. 번개가 치고 나서 6.5초 후에 천둥소리를 들었다면 천둥소리를 들은 곳은 번개 가 친 곳에서 몇 km 떨어져 있을까요?

(   )

15 환전은 서로 종류가 다른 화폐와 화폐를 교환하 는 것을 말합니다. 어느 날 인도 돈 1루피로 환전 하려면 우리나라 돈은 15.9원이 필요합니다. 이날 인도 돈 500루피로 환전하려면 우리나라 돈은 얼마가 필요할까요?

(   )

4

소수의 곱셈

16 두 사람의 대화를 읽고 서아의 키는 몇 cm인지 구하세요.

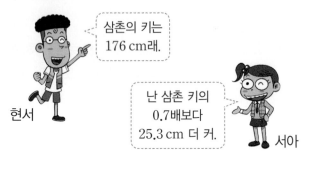

삼촌의 키는 176 cm래.

현서

난 삼촌 키의 0.7배보다 25.3 cm 더 커.

서아

(   )

17 아현이는 떡갈비를 1.2 kg 만들었습니다. 떡갈 비의 0.8만큼이 고기이고 그중 0.65만큼이 소고 기입니다. 아현이가 만든 떡갈비에 소고기는 몇 kg 들어 있을까요?

(   )

18 길이가 12.8 m인 철사가 있습니다. 이 철사의 0.6만큼으로 전등을 만들고 남은 철사의 0.7만 큼으로 모빌을 만들었습니다. 모빌을 만드는 데 사용한 철사의 길이는 몇 m일까요?

(   )

서술형

19 1분에 0.07 L씩 물이 일정하게 나오는 수도가 있습니다. 이 수도에서 3.4시간 동안 받은 물의 양은 몇 L인지 풀이 과정을 쓰고 답을 구하세요.

풀이

_____

_____

_____

_____

답

20 어떤 수에 0.6을 곱해야 할 것을 잘못하여 6으로 나누었더니 0.35가 되었습니다. 바르게 계산하면 얼마일까요?

( )

21 수 카드 4장을 ☐ 안에 한 번씩 써넣어 곱이 가장 작은 곱셈을 만들고 계산해 보세요.

6 2 8 3 → ☐.☐ × ☐.☐

( )

22 사다리꼴 안에 마름모를 그린 것입니다. 색칠한 부분의 넓이는 몇 m²인지 풀이 과정을 쓰고 답을 구하세요.

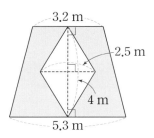

3.2 m
2.5 m
4 m
5.3 m

풀이

답

23 일정한 빠르기로 1분에 0.9 km를 달리는 트럭이 터널을 완전히 통과하는 데 3분 42초가 걸렸습니다. 트럭의 길이가 12 m라고 할 때 터널의 길이는 몇 km일까요?

( )

24 주스가 가득 들어 있는 병의 무게는 3.15 kg입니다. 주스의 $\frac{1}{4}$을 마신 후의 무게를 재었더니 2.7 kg이었다면 빈 병의 무게는 몇 kg일까요?

( )

4

소수의 곱셈

115

25 직사각형 모양의 공원에 그림과 같이 폭이 150 cm인 산책로를 만들고 남은 부분에는 잔디를 심었습니다. 잔디를 심은 부분의 넓이는 몇 m²일까요?

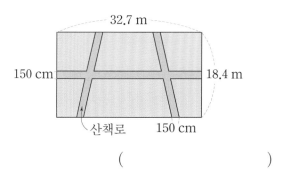

32.7 m
150 cm
18.4 m
산책로
150 cm

( )

5 직육면체

이전에 배운 내용 [3-1] 평면도형, [4-2] 사각형

이번에 배울 내용

직육면체	정육면체

직육면체의 성질

직육면체의 겨냥도

정육면체의 전개도	직육면체의 전개도

다음에 배울 내용 [6-1] 각기둥과 각뿔, [6-1] 직육면체의 부피와 겉넓이

이 단원에서 학습할 6가지 심화 유형

개념 1 직육면체

1. 직육면체

직사각형 6개로 둘러싸인 도형을 **직육면체**라고 합니다.

2. 직육면체의 구성 요소

직육면체에서

- **면**: 선분으로 둘러싸인 부분
- **모서리**: 면과 면이 만나는 선분
- **꼭짓점**: 모서리와 모서리가 만나는 점

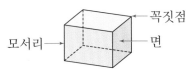

위 직육면체에는 모양과 크기가 같은 면이 2개씩 3쌍 있어.

3. 직육면체의 구성 요소의 수

면의 수(개)	모서리의 수(개)	꼭짓점의 수(개)
6	12	8

개념 2 정육면체

1. 정육면체

정사각형 6개로 둘러싸인 도형을 **정육면체**라고 합니다.

2. 정육면체의 구성 요소의 수

면의 수(개)	모서리의 수(개)	꼭짓점의 수(개)
6	12	8

정육면체는 모서리의 길이가 모두 같아.

3. 직육면체와 정육면체의 공통점과 차이점

	직육면체	정육면체
면의 수(개)	6	6
모서리의 수(개)	12	12
꼭짓점의 수(개)	8	8
면의 모양	직사각형	정사각형
모서리의 길이	모두 같지는 않음	모두 같음.

① 직육면체와 정육면체의 공통점은 면, 모서리, 꼭짓점의 수가 모두 같습니다.

② 직육면체의 모서리의 길이는 같을 수도 있고 다를 수도 있으나 정육면체는 모서리의 길이가 모두 같습니다.

③ 정육면체는 직육면체라고 말할 수 있지만 직육면체는 정육면체라고 말할 수 없습니다.

개념 3 직육면체의 성질

1. 서로 마주 보는 면의 관계

그림과 같이 직육면체에서 색칠한 두 면처럼 계속 늘여도 만나지 않는 두 면을 서로 평행하다고 합니다. 이 두 면을 직육면체의 **밑면**이라고 합니다.

직육면체에는 평행한 면이 3쌍 있고 이 평행한 면은 각각 밑면이 될 수 있습니다.

밑면은 고정된 면이 아닌 기준이 되는 면이야. 그래서 밑면은 바뀔 수도 있어.

어떤 한 면이 밑면이 될 경우 서로 마주 보는 면도 밑면이 되는 거지.

2. 서로 만나는 두 면 사이의 관계

삼각자 3개를 그림과 같이 놓았을 때

면 ㄱㄴㄷㄹ과 면 ㄴㅂㅅㄷ,

면 ㄱㄴㄷㄹ과 면 ㄷㅅㅇㄹ,

면 ㄴㅂㅅㄷ과 면 ㄷㅅㅇㄹ은 각각 수직입니다.

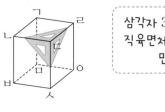

> 삼각자 3개의 직각 부분이 직육면체의 한 꼭짓점에서 만나고 있어.

직육면체에서 밑면과 수직인 면을 직육면체의 **옆면**이라고 합니다.

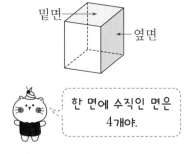

> 한 면에 수직인 면은 4개야.

---

2. 직육면체의 겨냥도에서 면, 모서리, 꼭짓점의 수

	보이는 곳	보이지 않는 곳
면의 수	3개	3개
모서리의 수	9개	3개
꼭짓점의 수	7개	1개

개념 4 직육면체의 겨냥도

1. 직육면체의 겨냥도

직육면체의 모양을 잘 알 수 있도록 나타낸 그림을 직육면체의 **겨냥도**라고 합니다.

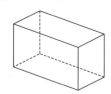

참고 ▶ 직육면체의 겨냥도 그리는 방법

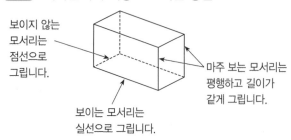

보이지 않는 모서리는 점선으로 그립니다.

마주 보는 모서리는 평행하고 길이가 같게 그립니다.

보이는 모서리는 실선으로 그립니다.

개념 5 정육면체의 전개도

1. 정육면체의 전개도

정육면체의 모서리를 잘라서 펼친 그림을 정육면체의 **전개도**라고 합니다.

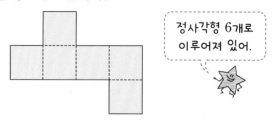

> 정사각형 6개로 이루어져 있어.

참고 ▶ 정육면체의 전개도 그리는 방법

잘린 모서리는 실선으로 그립니다.

잘리지 않은 모서리는 점선으로 그립니다.

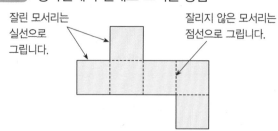

정육면체의 전개도는 여러 가지 모양으로 나타낼 수 있습니다.

2. 정육면체의 전개도 알아보기

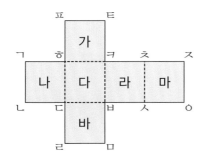

[전개도를 접었을 때]
(1) 점 ㄱ과 만나는 점: 점 ㅍ, 점 ㅈ
(2) 선분 ㄱㅎ과 겹치는 선분: 선분 ㅍㅎ
(3) 평행한 면: 면 가와 면 바,

　　　　면 나와 면 라,

　　　　면 다와 면 마

➡ 평행한 면은 모두 3쌍입니다.
(4) 면 마와 수직인 면: 면 가, 면 나, 면 라, 면 바

➡ 한 면과 수직인 면은 모두 4개입니다.

전개도를 접었을 때
겹치는 면이 있으면
정육면체가 되지 않아.

개념 6 　직육면체의 전개도

1. 직육면체의 전개도

직육면체의 모서리를 잘라서 펼친 그림을 직육면체의 **전개도**라고 합니다.

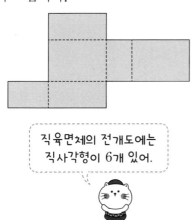

직육면체의 전개도에는
직사각형이 6개 있어.

---

2. 직육면체의 전개도 알아보기

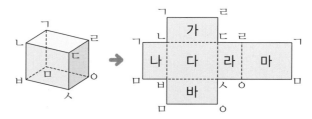

[전개도를 접었을 때]
(1) 평행한 면: 면 가와 면 바, 면 나와 면 라,

　　　　　　면 다와 면 마

➡ 평행한 면은 모두 3쌍입니다.
(2) 면 라와 수직인 면: 면 가, 면 다, 면 마, 면 바

면 라와 수직인 면은
면 라와 평행한 면을 제외한
면 4개야.

(3) 점 ㄷ에서 만나는 면: 면 가, 면 다, 면 라

➡ 한 점에서 만나는 면은 모두 3개입니다.

---

3. 직육면체의 전개도 그리기
(1) 잘린 모서리는 실선으로, 잘리지 않은 모서리는 점선으로 그립니다.
(2) 마주 보는 면은 모양과 크기가 같게 그립니다.
(3) 겹치는 선분의 길이가 같게 그립니다.

예 직육면체의 전개도 완성하기

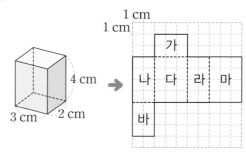

① 전개도를 접으면 면 다와 면 마는 평행한 면이므로 모양과 크기가 같게 그립니다.
② 전개도를 접으면 면 가와 면 바는 평행한 면이므로 모양과 크기가 같게 그립니다.

전개도를 그린 후
겹치는 선분의 길이가 같은지,
서로 겹치는 면이 없는지 확인해 봐!

1 직육면체

직사각형 6개로 둘러싸인 도형을 직육면체라고 합니다.

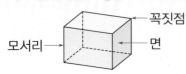

꼭짓점
모서리 ← → 면

1 그림을 보고 직육면체를 모두 찾아 기호를 써 보세요.

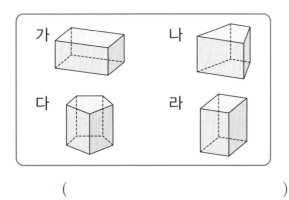

가   나
다   라

(   )

2 그림을 보고 관계있는 것끼리 선으로 이어 보세요.

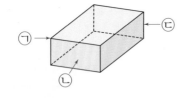

㉠   ㉢
㉡

선분으로 둘러싸인 부분	• ㉠ •	모서리
모서리와 모서리가 만나는 점	• ㉡ •	꼭짓점
면과 면이 만나는 선분	• ㉢ •	면

3 직육면체를 보고 물음에 답하세요.

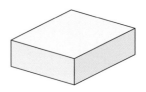

(1) 보이는 꼭짓점을 모두 찾아 점 (•)으로 표시해 보세요.

(2) 보이는 면은 모두 몇 개일까요?

꼭 단위까지 따라 쓰세요.

(개   )

4 직육면체를 보고 빈칸에 면, 모서리, 꼭짓점의 수를 써넣으세요.

면의 수(개)	
모서리의 수(개)	
꼭짓점의 수(개)	

🔧 문제 해결

5 건우와 서아 중 오른쪽 도형에 대해 옳게 말한 사람은 누구일까요?

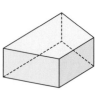

도형은 6개의 사각형으로 둘러싸여 있으므로 직육면체야.

건우

도형은 6개의 직사각형으로 둘러싸인 도형이 아니므로 직육면체가 아니야.

서아

(   )

2 정육면체

정사각형 6개로 둘러싸인 도형을 정육면체라고 합니다.

[6~7] 그림을 보고 물음에 답하세요.

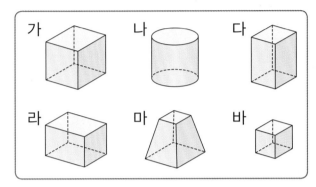

가   나   다

라   마   바

6 정육면체를 모두 찾아 기호를 써 보세요.

(   )

7 직육면체가 <u>아닌</u> 것을 모두 찾아 기호를 써 보세요.

(   )

8 정육면체입니다. □ 안에 알맞은 수를 써넣으세요.

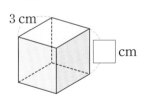

3 cm

□ cm

9 설명이 옳은 것은 ◯ 안에 ◯표, <u>틀린</u> 것은 ✕ 표 하세요.

직육면체는 정육면체라고 말할 수 있습니다. ◯

정육면체는 직육면체라고 말할 수 있습니다. ◯

10 다음 정육면체에 대하여 옳게 설명한 것을 모두 고르세요. ····························· (   )

① 면의 크기가 모두 같습니다.
② 면의 모양은 모두 같지 않습니다.
③ 길이가 같은 모서리는 모두 4개입니다.
④ 꼭짓점은 모두 7개입니다.
⑤ 면은 모두 6개입니다.

11 정육면체에서 보이지 않는 면, 보이지 않는 모서리, 보이지 않는 꼭짓점의 수를 써 보세요.

보이지 않는 면의 수(개)	보이지 않는 모서리의 수(개)	보이지 않는 꼭짓점의 수(개)

🔋 추론력

12 다음과 같이 한 모서리의 길이가 3 cm인 정육면체 모양의 지우개가 있습니다. 이 지우개의 모든 모서리의 길이의 합은 몇 cm인지 구하세요.

지우개

꼭 단위까지 따라 쓰세요.

(cm   )

5

직육면체

121

1단계 기본 유형 연습

3 직육면체의 성질

- 직육면체에서 계속 늘여도 만나지 않는 두 면을 서로 평행하다고 하고, 이 두 면을 직육면체의 밑면이라고 합니다.
- 직육면체에서 밑면과 수직인 면을 직육면체의 옆면이라고 합니다.

13 왼쪽 직육면체에서 색칠한 면과 평행한 면에 색칠한 것을 찾아 기호를 써 보세요.

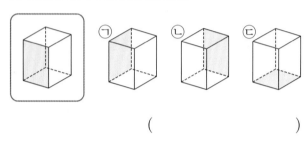

(   )

14 직육면체에서 색칠한 면과 평행한 면을 찾아 색칠해 보세요.

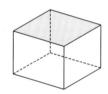

15 오른쪽 직육면체에서 색칠한 면과 수직인 면은 모두 몇 개일까요?

꼭 단위까지 따라 쓰세요.

(개   )

16 직육면체에서 서로 평행한 면은 몇 쌍일까요?

(쌍   )

17 직육면체에서 면 ㄱㅁㅇㄹ과 평행한 면을 찾아 써 보세요.

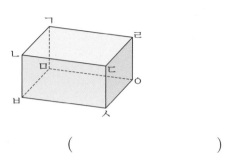

(   )

18 직육면체에서 면 ㄴㅂㅁㄱ과 수직인 면을 모두 찾아 써 보세요.

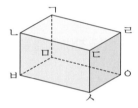

_____

_____

📝 서술형

19 직육면체의 성질을 잘못 설명한 것을 찾아 기호를 쓰고, 옳게 고쳐 보세요.

> ㉠ 한 모서리에서 만나는 두 면은 서로 수직입니다.
> ㉡ 한 면과 수직으로 만나는 면은 2개입니다.
> ㉢ 서로 평행한 면은 모두 3쌍입니다.

(   )

옳게 고치기 _____

_____

4 직육면체의 겨냥도

오른쪽과 같이 직육면체의 모양을 잘 알 수 있도록 나타낸 그림을 직육면체의 겨냥도라고 합니다.

20 직육면체의 겨냥도를 옳게 그린 것을 찾아 기호를 써 보세요.

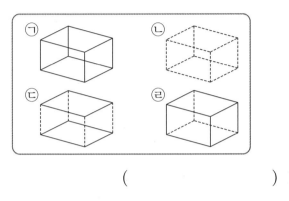

(   )

21 오른쪽 직육면체를 보고 ㉠과 ㉡에 알맞은 수를 각각 써 보세요.

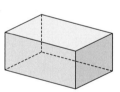

보이는 모서리는 ㉠ 개이고 보이지 않는 모서리는 ㉡ 개입니다.

㉠ (   )
㉡ (   )

22 그림에서 빠진 부분을 그려 넣어 직육면체의 겨냥도를 완성해 보세요.

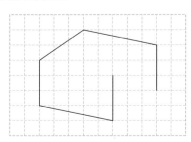

23 직육면체에서 보이는 면과 보이지 않는 면은 각각 몇 개인지 써 보세요.

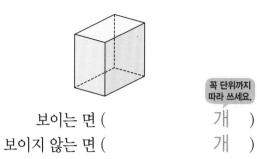

보이는 면 (개   )
보이지 않는 면 (개   )

꼭 단위까지 따라 쓰세요.

서술형

24 직육면체의 겨냥도에 빠진 부분이 있습니다. 빠진 부분을 그려 넣고, 그리는 방법을 설명해 보세요.

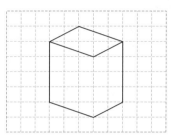

방법 _____

_____

_____

추론력

25 직육면체에서 보이는 모서리의 길이의 합은 몇 cm인지 구하세요.

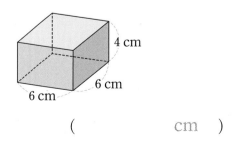

4 cm
6 cm
6 cm

(cm   )

5 정육면체의 전개도

정육면체의 모서리를 잘라서 펼친 그림을 정육면체의 전개도라고 합니다.

26 전개도를 접어서 정육면체를 만들었을 때 색칠한 면과 평행한 면에 색칠해 보세요.

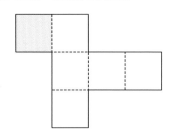

27 전개도를 접어서 정육면체를 만들었을 때 면 나와 수직인 면을 모두 찾아 써 보세요.

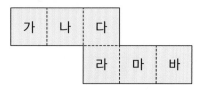

(   )

28 정육면체의 모서리를 잘라서 정육 면체의 전개도를 만들었습니다. □ 안에 알맞은 기호를 써넣으세요.

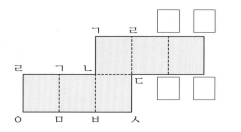

[29~30] 전개도를 접어서 정육면체를 만들었습니다. 물음에 답하세요.

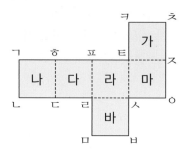

29 면 다와 마주 보는 면을 찾아 써 보세요.

(   )

30 선분 ㄱㅎ과 겹치는 선분을 찾아 써 보세요.

(   )

🩹 문제 해결

31 정육면체의 전개도가 아닌 것을 찾아 □ 안에 기호를 써넣고, 면 1개만 옮겨 정육면체의 전개도가 될 수 있도록 고쳐 보세요.

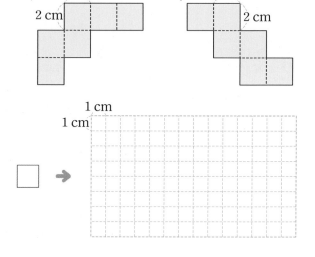

□ ➡

6 직육면체의 전개도

⑴ 6개의 면으로 이루어져 있습니다.

⑵ 마주 보는 3쌍의 면의 모양과 크기가 서로 같습니다.

⑶ 접었을 때 겹치는 면이 없습니다.

⑷ 접었을 때 겹치는 선분의 길이가 같습니다.

[32~33] 전개도를 접어 직육면체를 만들려고 합니다. 물음에 답하세요.

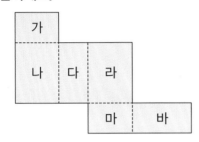

32 전개도를 접었을 때 면 바와 평행한 면을 찾아 써 보세요.

( )

33 전개도를 접었을 때 면 나와 수직인 면을 모두 찾아 써 보세요.

( )

34 오른쪽 직육면체의 전개도를 그린 것입니다. ☐ 안에 알맞은 수를 써넣으세요.

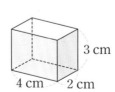

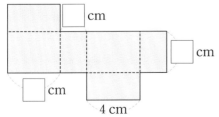

35 오른쪽 직육면체를 보고 전개도를 완성해 보세요.

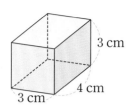

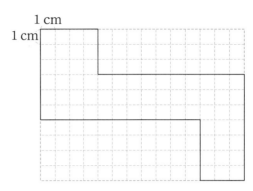

36 직육면체의 겨냥도를 보고 전개도를 그려 보세요.

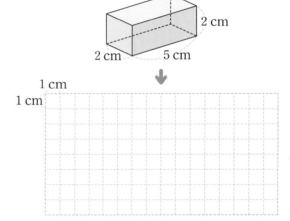

추론력

37 직육면체 모양의 상자를 오른쪽과 같이 끈으로 묶었습니다. 직육면체의 전개도에 끈이 지나가는 자리를 바르게 그려 넣으세요.

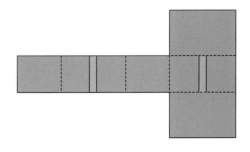

5

직육면체

125

활용 1 | **직육면체의 구성 요소의 수 구하기**

직육면체의 면의 수: 6개
직육면체의 꼭짓점의 수: 8개
직육면체의 모서리의 수: 12개

1-1 직육면체에서 다음을 계산하세요.

> (면의 수)＋(꼭짓점의 수)

(   )

1-2 직육면체에서 다음을 계산하세요.

> (꼭짓점의 수)＋(모서리의 수)

(   )

1-3 직육면체에서 다음을 계산하세요.

> (면의 수)＋(모서리의 수)

(   )

1-4 직육면체에서 ☐ 안에 알맞은 수를 써넣으세요.

> (모서리의 수)
> ＝(면의 수)＋(꼭짓점의 수)－☐

활용 2 | **평행한 면 그리기**

• 직육면체에서 마주 보는 면은 서로 평행합니다.
• 평행한 면은 2개씩 3쌍입니다.

2-1 직육면체에서 색칠한 면과 평행한 면을 그려 보세요.

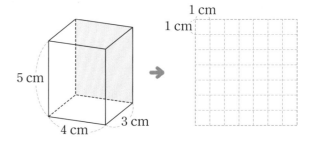

2-2 직육면체에서 색칠한 면과 평행한 면을 그려 보세요.

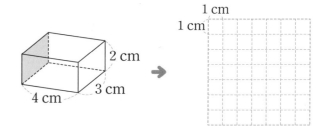

2-3 정육면체에서 색칠한 면과 평행한 면을 그려 보세요.

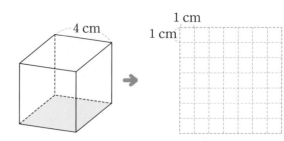

활용 3 정육면체의 한 모서리의 길이 구하기

• 정육면체의 모서리는 모두 12개입니다.
• 정육면체는 모든 모서리의 길이가 같습니다.

3-1 다음은 모든 모서리의 길이의 합이 108 cm인 정육면체입니다. ☐ 안에 알맞은 수를 써넣으세요.

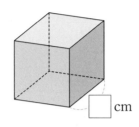

☐ cm

3-2 다음은 모든 모서리의 길이의 합이 96 cm인 정육면체입니다. ☐ 안에 알맞은 수를 써넣으세요.

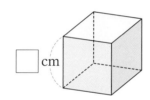

☐ cm

3-3 모든 모서리의 길이의 합이 72 cm인 정육면체가 있습니다. 이 정육면체의 한 모서리의 길이는 몇 cm일까요?

(   )

3-4 모든 모서리의 길이의 합이 84 cm인 정육면체가 있습니다. 이 정육면체의 한 면의 둘레는 몇 cm일까요?

(   )

활용 4 전개도를 보고 모서리의 길이 구하기

• 전개도를 접었을 때 겹치는 선분의 길이는 같습니다.
• 한 면에서 마주 보는 변의 길이는 같습니다.

4-1 전개도를 보고 직육면체의 ☐ 안에 알맞은 수를 써넣으세요.

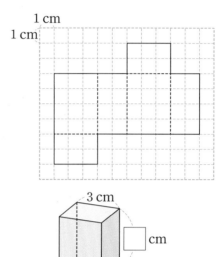

1 cm
1 cm

3 cm
☐ cm
☐ cm

4-2 전개도를 보고 알맞은 직육면체를 찾아 기호를 써 보세요.

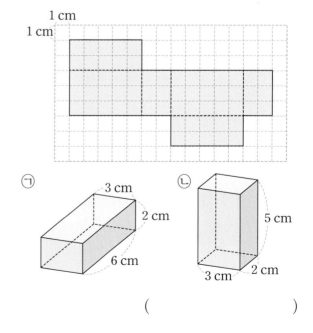

1 cm
1 cm

㉠   3 cm   ㉡
       2 cm   5 cm
  6 cm   3 cm   2 cm

(   )

1 오른쪽 직육면체에 대해 옳게 설명한 것에 모두 ○표 하세요.

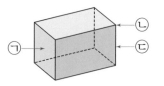

직육면체의 구성 요소를 알아 보아요.

• ㉡은 면과 면이 만나는 선분으로 모서리입니다. ············ (   )
• 직육면체에서 ㉢은 모두 12개입니다. ······················· (   )
• ㉠의 모양은 직사각형입니다. ······························ (   )

추론력

2 현우는 직육면체 모양의 휴지 상자의 겨냥도를 그리려고 합니다. 겨냥도에서 점선으로 나타내야 하는 모서리의 길이의 합은 몇 cm일까요?

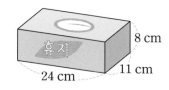

(   )

직육면체의 겨냥도에서 보이는 모서리는 실선으로, 보이지 않는 모서리는 점선으로 나타내요.

3 오른쪽 직육면체에서 면 ㄱㅁㅇㄹ과 수직이 <u>아닌</u> 면은 어느 것일까요? ·············· (   )

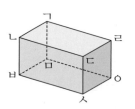

① 면 ㄴㅂㅁㄱ   ② 면 ㅁㅂㅅㅇ
③ 면 ㄷㅅㅇㄹ   ④ 면 ㄴㅂㅅㄷ
⑤ 면 ㄱㄴㄷㄹ

4 직육면체와 정육면체의 차이점을 찾아 기호를 써 보세요.

㉠ 면의 수   ㉡ 꼭짓점의 수
㉢ 모서리의 수   ㉣ 면의 모양

(   )

⚡ 추론력

5 다음 그림은 <u>잘못</u> 그려진 직육면체의 전개도입니다. 면 1개를 옮겨 전개도를 바르게 그려 보세요.

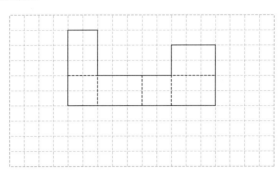

6 한 모서리의 길이가 2 cm인 정육면체의 전개도를 그려 보세요.

1 cm
1 cm

5

직육면체

7 다음 직육면체에서 면 ㄷㅅㅇㄹ과 평행한 면의 네 모서리의 길이의 합은 몇 cm일까요?

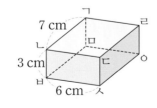

(   )

8 직육면체의 겨냥도를 보고 전개도의 ☐ 안에 알맞은 기호를 써넣으세요.

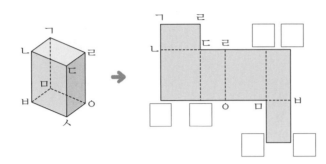

전개도를 접었을 때 만나는 점을 찾아 기호를 써요.

9 ㉠+㉡−㉢의 계산 결과를 구하세요.

> 직육면체에서 면의 수는 ㉠개, 모서리의 수는 ㉡개, 꼭짓점의 수는 ㉢개입니다.

(   )

10 직육면체의 전개도입니다. 선분 ㄴㄹ의 길이는 몇 cm일까요?

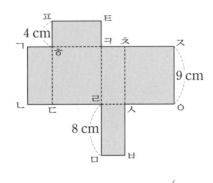

(   )

직육면체의 전개도를 접었을 때 겹치는 선분은 길이가 같아요.

11 정사각형 1개를 더 그려 정육면체의 전개도를 만들려고 합니다. 정육면체의 전개도가 될 수 있는 곳의 기호를 써 보세요.

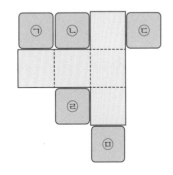

(   )

12 오른쪽 직육면체에서 면 ㄱㄴㄷㄹ과 면 ㄴㅂㅅㄷ에 모두
수직인 면을 모두 찾아 써 보세요.

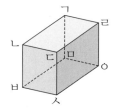

(   )

면 ㄱㄴㄷㄹ과 수직인 면,
면 ㄴㅂㅅㄷ과 수직인 면을
각각 찾은 후, 두 면에 모두
수직인 면을 찾아요.

13 오른쪽 정육면체에서 보이는 모서리의 길이의 합이 36 cm입
니다. 이 정육면체의 한 모서리의 길이는 몇 cm일까요?

(   )

먼저 보이는 모서리가 몇 개
인지부터 세어 보아요.

5

직육면체

14 정육면체의 전개도가 <u>아닌</u> 것을 모두 찾아 기호를 써 보세요.

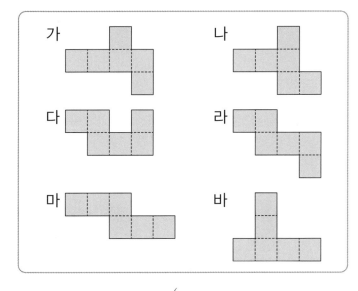

(   )

15 다음 직육면체에서 보이는 모서리의 길이의 합은 몇 cm인지 구하세요.

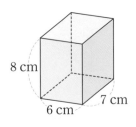

8 cm
6 cm
7 cm

(   )

16 ㉠과 ㉡에 알맞은 수의 합을 구하세요.

- 직육면체는 한 꼭짓점에서 ㉠ 개의 면이 만납니다.
- 직육면체에서 한 면과 수직인 면은 ㉡ 개입니다.

(   )

17 전개도를 접어서 직육면체를 만들려고 합니다. 만든 직육면체의 모든 모서리의 길이의 합은 몇 cm일까요?

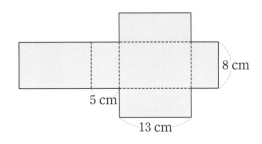

8 cm
5 cm
13 cm

(   )

⚡ 추론력

18 전개도를 접어 정육면체를 만들었을 때 선분 ㄱㅎ과 겹치는 선분을 찾아 써 보세요.

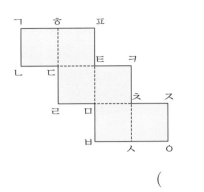

(   )

 ⓢ 솔루션

전개도를 접었을 때 만나는 점을 알아보세요.

19 지안이가 다음 전개도로 정육면체 모양의 주사위를 만들려고 합니다. 빈 곳에 주사위의 눈을 알맞게 그려 넣으세요.

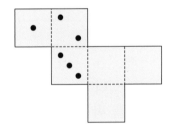

주사위의 마주 보는 면의 눈의 수의 합은 7이야.

지안

마주 보는 면을 찾아서 두 면의 눈의 수의 합이 7이 되도록 주사위의 눈을 그려요.

20 직육면체에서 색칠한 면과 수직인 모든 면에 다음과 같은 직사각형 모양의 종이를 빈틈없이 붙이려고 합니다. 종이의 가로는 적어도 몇 cm가 되어야 할까요?

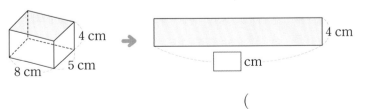

(   )

5

직육면체

133

심화 **1**

전개도에
무늬를
그려야 할 곳
알아보기

다음과 같이 무늬(◉) 3개가 그려져 있는 정육면체를 만들려고 합니다.
전개도에 무늬(◉)를 1개 더 그릴 수 있는 곳을 모두 찾아 기호를 써 보세요.

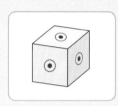 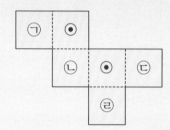

해결 순서 1 무늬(◉)가 그려진 면과 평행한 면에는 무늬(◉)가 그려져 있지 않습니다. 전개도를
보고 무늬를 그릴 수 <u>없는</u> 면을 모두 찾아 기호를 써 보세요.

(   )

해결 순서 2 전개도에 무늬(◉)를 1개 더 그릴 수 있는 곳을 모두 찾아 기호를 써 보세요.

(   )

1-1 다음과 같이 무늬(◆) 3개가 그려져 있는 정육면체를 만들려고 합니다.
전개도에 무늬(◆)를 1개 더 그릴 수 있는 곳을 모두 찾아 기호를 써 보세요.

 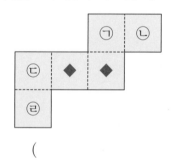

(   )

1-2 다음과 같이 무늬(▣) 3개가 그려져 있는 정육면체를 만들려고 합니다.
전개도에 무늬(▣)를 1개 더 그릴 수 있는 곳을 모두 찾아 기호를 써 보세요.

 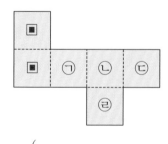

(   )

심화 2

직육면체의 전개도에서 선분의 길이 구하기

직육면체의 전개도입니다. 선분 ㄴㄷ의 길이는 몇 cm일까요?

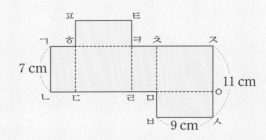

해결 순서 1 전개도를 접었을 때 선분 ㄴㄷ과 겹치는 선분을 찾아 써 보세요.

( )

해결 순서 2 선분 ㄴㄷ의 길이는 몇 cm일까요?

( )

2-1 오른쪽은 직육면체의 전개도입니다. 선분 ㄹㅁ의 길이는 몇 cm일까요?

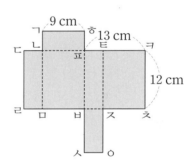

( )

2-2 오른쪽은 직육면체의 전개도입니다. 선분 ㄱㄴ의 길이는 몇 cm일까요?

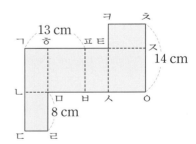

( )

심화 3

직육면체의 모서리의 길이 구하기

오른쪽 직육면체의 모든 모서리의 길이의 합은 68 cm입니다.
□ 안에 알맞은 수를 구하세요.

cm
5 cm 4 cm

해결 순서 1 직육면체에서 길이가 5 cm, 4 cm, □ cm인 모서리는 각각 몇 개인지 차례로 써 보세요.

(   ), (   ), (   )

해결 순서 2 □ 안에 알맞은 수를 구하세요.

(   )

3-1 오른쪽 직육면체의 모든 모서리의 길이의 합은 92 cm입니다.
□ 안에 알맞은 수를 구하세요.

(   )

10 cm
7 cm cm

3-2 다음 정육면체와 직육면체는 모든 모서리의 길이의 합이 서로 같습니다. □ 안에 알맞은 수를 구하세요.

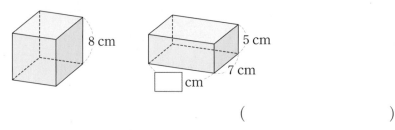

8 cm

5 cm
cm 7 cm

(   )

심화 4
상자를 묶는 데 사용한 끈의 길이 구하기

그림과 같이 끈으로 직육면체 모양의 상자를 각 방향으로 한 바퀴씩 둘러 묶었습니다. 매듭으로 사용한 끈의 길이가 50 cm일 때 상자를 묶는 데 사용한 끈은 모두 몇 cm일까요?

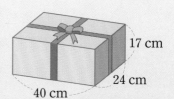

해결 순서 1 끈을 두른 부분은 길이가 40 cm, 24 cm, 17 cm인 부분이 몇 군데인지 차례로 써 보세요.

(   ), (   ), (   )

해결 순서 2 상자를 묶는 데 사용한 끈은 모두 몇 cm일까요?

(   )

4-1 오른쪽 그림과 같이 끈으로 직육면체 모양의 상자를 각 방향으로 한 바퀴씩 둘러 묶었습니다. 매듭으로 사용한 끈의 길이가 45 cm일 때 상자를 묶는 데 사용한 끈은 모두 몇 cm일까요?

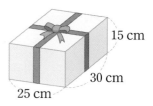

(   )

4-2 길이가 300 cm인 끈으로 오른쪽 그림과 같이 직육면체 모양의 상자를 각 방향으로 한 바퀴씩 둘러 묶었습니다. 매듭으로 사용한 끈의 길이가 25 cm일 때 상자를 묶고 남은 끈은 몇 cm일까요?

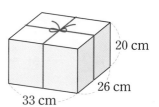

(   )

5

직육면체

심화 5

전개도에 알맞은 정육면체 찾기

다음 그림은 어느 정육면체의 전개도인지 찾아 기호를 써 보세요. (단, 글자의 방향은 생각하지 않습니다.)

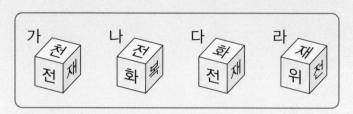

해결 순서 1 전개도를 접었을 때 다음 면과 평행한 면에 쓰여진 글자를 써넣으세요.

해결 순서 2 어느 정육면체의 전개도인지 찾아 기호를 써 보세요.

( )

5-1 다음 그림은 어느 정육면체의 전개도인지 찾아 기호를 써 보세요. (단, 글자의 방향은 생각하지 않습니다.)

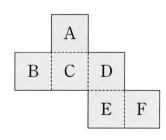

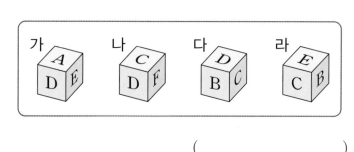

( )

5-2 한 개의 정육면체를 세 방향에서 본 것입니다. 전개도에 알맞게 무늬를 그려 넣으세요.
(단, 무늬의 방향은 생각하지 않습니다.)

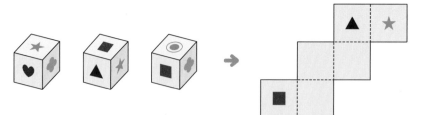

심화 6

전개도에 테이프가 붙여진 자리 그려 넣기

직육면체 모양의 상자에 그림과 같이 테이프를 한 바퀴씩 둘러서 붙였습니다. 이 상자의 전개도에 테이프가 붙여진 자리를 바르게 그려 넣으세요.

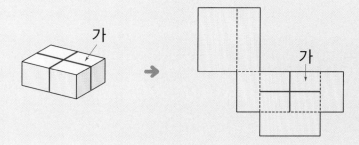

해결 순서 1 면 가와 수직인 네 면에 테이프가 붙여진 자리를 그려 넣으세요.

해결 순서 2 면 가와 평행한 면에 테이프가 붙여진 자리를 그려 넣으세요.

6-1

직육면체 모양의 상자에 그림과 같이 테이프를 한 바퀴씩 둘러서 붙였습니다. 이 상자의 전개도에 테이프가 붙여진 자리를 바르게 그려 넣으세요.

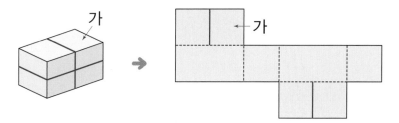

6-2

직육면체 모양의 상자에 그림과 같이 테이프를 붙였습니다. 이 상자의 전개도에 테이프가 붙여진 자리를 바르게 그려 넣으세요.

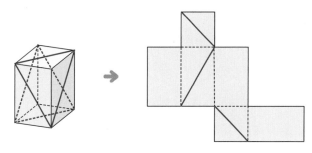

Test 단원 실력 평가

점수 /점

1 직육면체의 각 부분의 이름을 □ 안에 알맞게 써 넣으세요.

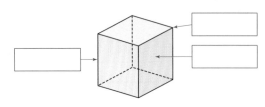

2 직육면체에서 색칠한 면과 평행한 면을 찾아 색 칠해 보세요.

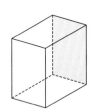

3 정육면체에 대해 옳게 설명한 것을 모두 고르세 요. ·························· ( )

① 면의 크기가 모두 같습니다.
② 정사각형 4개로 둘러싸여 있습니다.
③ 모서리는 모두 8개입니다.
④ 정육면체는 직육면체라고 말할 수 있습니다.
⑤ 꼭짓점은 모두 12개입니다.

4 직육면체를 보고 □ 안에 알맞은 수를 써넣으세요.

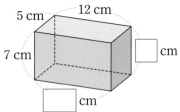

5 직육면체의 겨냥도를 완성해 보세요.

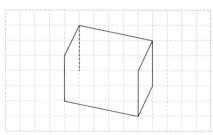

6 꼭짓점 ㄷ에서 만나는 면을 모두 찾아 써 보세요.

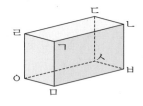

_____

_____

7 오른쪽 직육면체의 겨냥도를 보고 전개도를 그려 보세요.

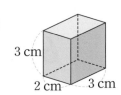

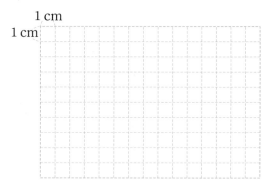

8 정육면체의 전개도가 <u>아닌</u> 것을 찾아 기호를 써 보세요.

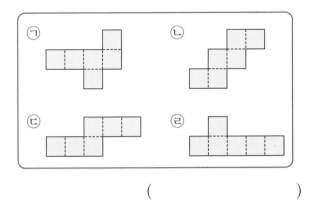

(   )

9 오른쪽 직육면체에서 보이 지 않는 모서리의 길이의 합은 몇 cm일까요?

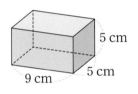

(   )

서술형

10 오른쪽은 한 모서리의 길이가 6 cm인 정육면체 모양의 큐브입 니다. 이 큐브의 모든 모서리의 길 이의 합은 몇 cm인지 풀이 과정 을 쓰고 답을 구하세요.

풀이 _____

_____

_____

_____

_____

답 _____

11 정육면체의 전개도에서 면 가와 평행한 면은 어 느 것일까요?

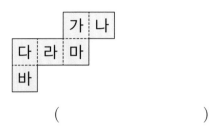

(   )

12 색칠한 면과 평행한 면의 네 모서리의 길이의 합 은 몇 cm일까요?

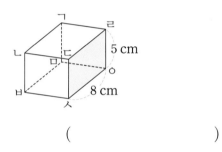

(   )

13 주사위의 마주 보는 면의 눈의 수의 합이 7일 때 전개도의 빈 곳에 주사위의 눈을 알맞게 그려 넣 으세요.

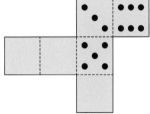

14 직육면체의 전개도에서 선분 ㄱㅈ의 길이는 몇 cm일까요?

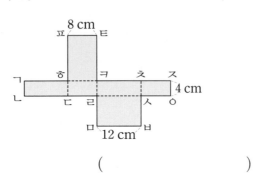

( )

15 오른쪽 직육면체에서 면 ㄱㄴㄷㄹ 과 면 ㄷㅅㅇㄹ에 모두 수직인 면을 모두 찾아 써 보세요.

_____

_____

16 직육면체의 겨냥도를 보고 전개도의 ☐ 안에 알맞은 기호를 써넣으세요.

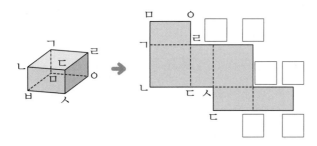

17 오른쪽 정육면체에서 보이는 모서리의 길이의 합이 63 cm입니다. 이 정육면체의 한 모서리의 길이는 몇 cm일까요?

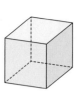

( )

18 직육면체를 위와 옆에서 본 모양을 그린 것입니다. 이 직육면체를 앞에서 본 모양을 그려 보세요.

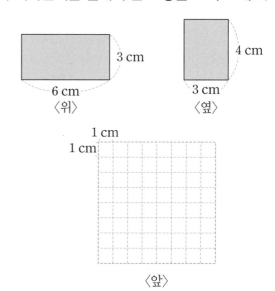

19 직육면체의 세 면에 그림과 같이 선을 그었습니다. 직육면체의 전개도가 오른쪽과 같을 때 선을 바르게 그어 보세요.

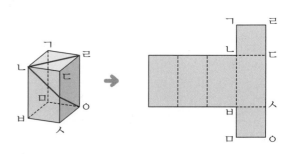

20 오른쪽 주사위의 마주 보는 면의 눈의 수의 합은 7입니다. 면 ㉠에 그릴 수 있는 눈의 수를 모두 써 보세요.

( )

21 직육면체와 정육면체가 있습니다. 두 도형의 모든 모서리의 길이의 합이 서로 같을 때 정육면체의 한 모서리의 길이는 몇 cm인지 풀이 과정을 쓰고 답을 구하세요.

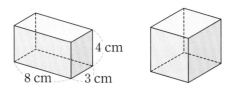

풀이 _____

_____

_____

_____

답 _____

22 전개도를 접어서 만든 직육면체의 모든 모서리의 길이의 합은 몇 cm일까요?

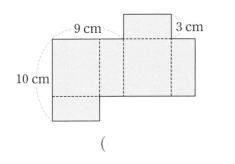

( )

23 오른쪽 직육면체에서 색칠한 면과 수직인 모든 면에 다음과 같은 직사각형 모양의 종이를 빈틈없이 붙이려고 합니다. 종이의 가로는 적어도 몇 cm가 되어야 할까요?

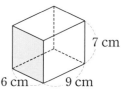

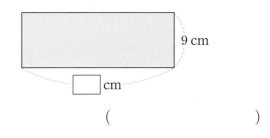

( )

24 직육면체의 모든 모서리의 길이의 합이 96 cm일 때 ☐ 안에 알맞은 수를 써넣으세요.

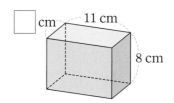

25 정육면체의 전개도를 잘못 그린 것입니다. 색칠한 면만 옮겨 정육면체의 전개도를 다시 그릴 때 그릴 수 있는 방법은 모두 몇 가지일까요?

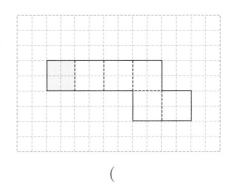

( )

5

직육면체

6 평균과 가능성

이전에 배운 내용 [3-2] 그림그래프, [4-1] 막대그래프, [4-2] 꺾은선그래프

이번에 배울 내용

평균 알아보기	일이 일어날 가능성을 말로 표현하기
⌄	⌄
평균 구하기	일이 일어날 가능성 비교하기
⌄	⌄
평균 이용하기	일이 일어날 가능성을 수로 표현하기

다음에 배울 내용 [6-1] 비와 비율, [6-1] 여러 가지 그래프

이 단원에서 학습할 6가지 심화 유형

교과서 **핵심 노트**

개념 1 평균 알아보기

예 예서네 모둠의 단체 줄넘기 기록을 대표하는 값 구하기

단체 줄넘기 기록

회	1회	2회	3회	4회	5회
기록(번)	3	2	5	4	6

(1) 단체 줄넘기 기록을 ○로 나타낸 다음 ○를 옮겨 기록을 고르게 합니다.

				○
		○		○
○	○	○	○	○
○	○	○	○	○
○	○	○	○	○
○	○	○	○	○
1회	2회	3회	4회	5회

위와 같이 ○를 옮기면 모두 4번으로 고르게 됩니다.

➡ 단체 줄넘기 기록을 대표하는 값: 4번

(2) 예서네 모둠의 단체 줄넘기 기록 3, 2, 5, 4, 6 을 모두 더해 자료의 수 5로 나눈 수 4는 예서네 모둠의 단체 줄넘기 기록을 대표하는 값으로 정할 수 있습니다.

자료는 관찰이나 측정 등을 통해 얻은 값이야.

각 자료의 값을 모두 더하여 자료의 수로 나눈 값을 그 자료를 대표하는 값으로 정할 수 있습니다.
이 값을 **평균**이라고 합니다.

> (평균)
> =(자료의 값을 모두 더한 수)÷(자료의 수)

개념 2 평균 구하기

예 해진이가 투호에 넣은 화살 수의 평균 구하기

넣은 화살 수

회	1회	2회	3회	4회
화살 수(개)	8	11	7	10

1회
2회
3회
4회

종이띠를 모두 이어 붙인 다음 4등분이 되도록 접습니다.

➡ $(8+11+7+10)÷4=9$(개)
따라서 해진이가 투호에 넣은 화살 수의 평균은 9개입니다.

예 TV를 시청한 시간의 평균 구하기

TV 시청 시간

이름	은수	준호	예은	민주
시청 시간(분)	50	60	70	60

방법 1 자료의 값을 고르게 하기
TV 시청 시간의 평균을 60으로 예상하여 70에서 50으로 10을 주면 모두 60으로 고르게 됩니다.
따라서 TV 시청 시간의 평균은 60분입니다.

방법 2 자료의 값을 모두 더해 자료의 수로 나누기
$$(평균)=(50+60+70+60)÷4$$
$$=240÷4$$
$$=60(분)$$

6
평균과 가능성

145

개념 3 평균 이용하기

1. 평균 비교하기

예 멀리 던지기 기록의 평균이 가장 높은 사람을 대표
선수로 뽑기

민정이의 멀리 던지기 기록

회	1회	2회	3회
기록(m)	22	26	24

현재의 멀리 던지기 기록

회	1회	2회	3회	4회
기록(m)	24	18	24	22

규민이의 멀리 던지기 기록

회	1회	2회	3회
기록(m)	20	25	30

보람이의 멀리 던지기 기록

회	1회	2회	3회	4회
기록(m)	20	23	22	27

(1) 네 사람의 멀리 던지기 기록의 평균을 각각 구합
니다.

민정: $(22+26+24)\div3=72\div3$
$=24\,(\text{m})$

현재: $(24+18+24+22)\div4=88\div4$
$=22\,(\text{m})$

규민: $(20+25+30)\div3=75\div3$
$=25\,(\text{m})$

보람: $(20+23+22+27)\div4=92\div4$
$=23\,(\text{m})$

(2) 멀리 던지기 기록의 평균을 비교하여 대표 선수
를 알아봅니다.

➡ $25>24>23>22$이므로 멀리 던지기 기록
의 평균이 가장 높은 사람은 규민입니다.
따라서 규민이를 멀리 던지기 대표 선수로
뽑아야 합니다.

2. 평균을 이용하여 모르는 자료의 값 구하기

(평균)=(자료의 값을 모두 더한 수)÷(자료의 수)
➡ (자료의 값을 모두 더한 수)
   =(평균)×(자료의 수)

(모르는 자료의 값)
=(자료의 값을 모두 더한 수)
   −(아는 자료의 값을 모두 더한 수)

예 민준이네 모둠과 진주네 모둠이 한 달 동안 읽은 책
수의 평균이 같을 때, 민준이가 읽은 책 수 구하기

민준이네 모둠이 읽은 책 수

이름	민준	지아	승훈	희수
책 수(권)		11	7	8

진주네 모둠이 읽은 책 수

이름	진주	재민	은아	규철	동빈
책 수(권)	9	7	10	11	8

(1) 진주네 모둠이 읽은 책 수의 평균을 구합니다.
$(9+7+10+11+8)\div5=45\div5$
$=9(\text{권})$

(2) 민준이네 모둠이 한 달 동안 읽은 책 수를 구합
니다.
민준이네 모둠이 읽은 책 수의 평균은 진주네
모둠이 읽은 책 수의 평균과 같은 9권입니다.
➡ (민준이네 모둠이 한 달 동안 읽은 책 수)
   =(평균)×(민준이네 모둠의 사람 수)
   $=9\times4=36(\text{권})$

(3) 민준이가 읽은 책 수를 구합니다.
(민준이가 읽은 책 수)
=(민준이네 모둠이 한 달 동안 읽은 책 수)
   −(지아, 승훈, 희수가 읽은 책 수)
$=36-(11+7+8)$
$=36-26=10(\text{권})$

개념 4 일이 일어날 가능성을 말로 표현하기

1. 일이 일어날 가능성과 관련된 말 알아보기

동전을 던지면 그림 면이 나올 거야.

오늘 저녁에 해가 서쪽으로 질 거야.

8월이 끝나면 1월이 될 거야.

 : 동전은 그림 면 아니면 숫자 면이므로 그림 면이 나올 가능성은 반반입니다.

 : 저녁에 해가 서쪽으로 지는 것은 확실한 일입니다.

 : 8월이 끝나고 1월이 되는 것은 불가능한 일입니다.

↓

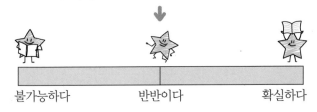

불가능하다   반반이다   확실하다

2. 가능성과 가능성의 정도 알아보기

• **가능성**: 어떠한 상황에서 특정한 일이 일어나길 기대할 수 있는 정도

• 가능성의 정도: **불가능하다, ~아닐 것 같다, 반반이다, ~일 것 같다, 확실하다** 등으로 표현할 수 있습니다.

◉ • 1월 다음 달이 12월일 가능성은 불가능합니다.

• 동전 4개를 던졌을 때 모두 숫자 면이 나올 것 같지는 않습니다.

• 주사위 1개를 굴릴 때 주사위 눈의 수가 짝수가 나올 가능성은 반반입니다.

• 주사위 1개를 굴리면 주사위 눈의 수가 2 이상으로 나올 것 같습니다.

• 계산기에 ' 1 + 1 = '을 눌렀을 때 2가 나올 가능성은 확실합니다.

개념 5 일이 일어날 가능성 비교하기

◉ 8장의 수 카드 중 1장을 뽑을 때의 가능성 비교하기

1 2 3 4 5 6 7 8

㉠ 짝수가 나올 거야. → 2, 4, 6, 8

㉡ 2보다 작은 수가 나올 거야. → 1

㉢ 9 이상의 수가 나올 거야. → 없습니다.

㉣ 8 이하의 수가 나올 거야. → 1, 2, 3, 4, 5, 6, 7, 8

㉤ 6 이하의 수가 나올 거야. → 1, 2, 3, 4, 5, 6

← 일이 일어날 가능성이 낮습니다.   일이 일어날 가능성이 높습니다. →

~아닐 것 같다	~일 것 같다

불가능하다   반반이다   확실하다

㉢   ㉡   ㉠   ㉤   ㉣

➜ 일이 일어날 가능성이 높은 것부터 순서대로 기호를 쓰면 ㉣, ㉤, ㉠, ㉡, ㉢입니다.

개념 6 일이 일어날 가능성을 수로 표현하기

일이 일어날 가능성이

'**불가능하다**'이면 **0**, '**반반이다**'이면 $\frac{1}{2}$,

'**확실하다**'이면 **1**로 표현할 수 있습니다.

◉ 주머니에서 공 1개를 꺼낼 때, 꺼낸 공이 검은색일 가능성을 수로 표현하기

➜ 불가능하다 ➜ **0**

➜ 반반이다 ➜ $\frac{1}{2}$

➜ 확실하다 ➜ **1**

1 평균 알아보기

자료의 값을 모두 더해 자료의 수로 나눈 값을 그 자료를 대표하는 값으로 정할 수 있습니다.
이 값을 평균이라고 합니다.

[1~3] 현주네 모둠의 윗몸 말아 올리기 기록을 나타낸 표입니다. 물음에 답하세요.

윗몸 말아 올리기 기록

이름	현주	성아	규성	재용	혜성
기록(번)	23	24	27	22	24

1 현주네 모둠의 윗몸 말아 올리기 기록을 대표하는 값을 몇 번이라고 말할 수 있나요?

꼭 단위까지 따라 쓰세요.

(　　　　 번)

2 한 학생당 윗몸 말아 올리기 기록을 정하는 올바른 방법을 찾아 기호를 써 보세요.

> ㉠ 기록 23, 24, 27, 22, 24 중 가장 작은 수인 22로 정합니다.
> ㉡ 기록 23, 24, 27, 22, 24를 고르게 하면 24, 24, 24, 24, 24가 되므로 24로 정합니다.
> ㉢ 기록 23, 24, 27, 22, 24 중 가장 큰 수인 27로 정합니다.

(　　　　)

3 현주네 모둠의 윗몸 말아 올리기 기록의 평균은 몇 번일까요?

(　　　　 번)

2 평균 구하기

방법 1 평균을 예상하고 예상한 평균에 맞춰 자료의 값을 고르게 하여 평균을 구합니다.

방법 2 자료의 값을 모두 더해 자료의 수로 나누어 평균을 구합니다.

[4~5] 희민이의 공 던지기 기록을 나타낸 표입니다. 물음에 답하세요.

공 던지기 기록

회	1회	2회	3회	4회
기록(m)	10	15	14	17

4 공 던지기 기록을 막대그래프로 나타내고, 막대의 높이를 고르게 해 보세요.

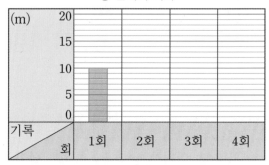

5 공 던지기 기록의 평균은 몇 m일까요?

(　　　　 m)

6 네 사람이 가지고 있는 모형 수의 평균은 몇 개일까요?

(　　　　 개)

[7~9] 용찬이네 모둠의 제기차기 기록을 나타낸 표입니다. 물음에 답하세요.

제기차기 기록

이름	용찬	승환	예원	지은	세현
기록(개)	7	5	3	4	6

7 제기차기 기록을 나타낸 표를 보고 제기차기 기록만큼 ○를 그려 나타냈습니다. ○의 수가 고르게 되도록 옮겨 나타내고 제기차기 기록의 평균을 구하세요.

(개   )

8 수를 짝 지어 제기차기 기록의 평균을 구하려고 합니다. □ 안에 알맞은 수를 써넣으세요.

평균을 □개로 예상한 후 5, (7, □), (4, □) 으로 수를 짝 지어 자료의 값을 고르게 하여 구한 용찬이네 모둠의 제기차기 기록의 평균은 □개입니다.

9 용찬이네 모둠의 제기차기 기록의 평균을 식으로 나타내어 구하세요.

식 _____

답 _____ 개

10 시은이의 줄넘기 기록을 나타낸 표입니다. 시은이의 줄넘기 기록의 평균을 두 가지 방법으로 구하세요.

시은이의 줄넘기 기록

회	1회	2회	3회	4회
기록(번)	94	98	92	96

[11~12] 승찬이가 5일 동안 읽은 독서량을 나타낸 표입니다. 물음에 답하세요.

승찬이의 독서량

요일	월	화	수	목	금
독서량(쪽)	45	50	52	47	41

11 승찬이가 5일 동안 읽은 독서량의 평균은 몇 쪽인지 구하세요.

(쪽   )

창의·융합

12 승찬이가 월요일부터 토요일까지 읽은 독서량의 평균이 **11**에서 구한 독서량의 평균보다 많으려면 토요일의 독서량은 몇 쪽보다 많아야 하는지 구하세요.

(쪽   )

6

평균과 가능성

149

3 평균 이용하기

평균을 비교하여 문제를 해결하거나 평균을 이용하여 모르는 자료의 값을 구할 수 있습니다.

13 민서는 6월 한 달 동안 팔굽혀펴기를 하루 평균 24번씩 매일 하였습니다. 민서는 6월 한 달 동안 팔굽혀펴기를 모두 몇 번 했는지 구하세요.

(1) 6월은 모두 며칠일까요?

꼭 단위까지 따라 쓰세요.

(　　　일 　)

(2) 민서는 6월 한 달 동안 팔굽혀펴기를 모두 몇 번 했나요?

(　　　번 　)

14 국어, 수학, 과학 세 과목의 점수가 조건을 만족할 때, 세 과목의 점수의 평균은 몇 점인지 구하세요.

조건
• 국어 점수와 수학 점수의 평균은 84점입니다.
• 과학 점수는 90점입니다.

(1) 국어 점수와 수학 점수의 합은 몇 점일까요?

(　　　점 　)

(2) 세 과목의 점수의 합은 몇 점일까요?

(　　　점 　)

(3) 세 과목의 점수의 평균은 몇 점일까요?

(　　　점 　)

15 초롱이와 하늘이의 100 m 달리기 기록을 나타낸 표입니다. 두 사람의 100 m 달리기 기록의 평균은 같습니다. 물음에 답하세요.

초롱이의 100 m 달리기 기록

회	1회	2회	3회	4회
기록(초)	18	16	15	19

하늘이의 100 m 달리기 기록

회	1회	2회	3회	4회	5회
기록(초)	17	18		16	18

(1) 초롱이의 100 m 달리기 기록의 평균은 몇 초일까요?

(　　　초 　)

(2) 하늘이의 100 m 달리기 기록의 평균은 몇 초일까요?

(　　　초 　)

(3) 하늘이의 100 m 달리기 3회 기록은 몇 초일까요?

(　　　초 　)

16 반별로 일주일 동안 읽은 책 수를 나타낸 표입니다. 1인당 읽은 책 수가 더 많은 반은 어느 반일까요?

일주일 동안 읽은 책 수

반	1반	2반
학생 수(명)	24	22
읽은 책 수(권)	192	154

(　　　　　　)

4 일이 일어날 가능성을 말로 표현하기

일이 일어날 가능성의 정도를 불가능하다, ~아닐 것 같다, 반반이다, ~일 것 같다, 확실하다 등으로 표현할 수 있습니다.

17 일이 일어날 가능성을 생각하여 보기 에서 알맞게 표현한 말을 찾아 기호를 써 보세요.

보기
㉠ 불가능하다 ㉡ ~아닐 것 같다
㉢ 반반이다 ㉣ ~일 것 같다
㉤ 확실하다

일	가능성
동전 1개를 던지면 그림 면이 나올 것입니다.	

18 서준이가 말한 일이 일어날 가능성을 말로 표현해 보세요.

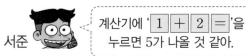

서준 — 계산기에 '1 + 2 ='을 누르면 5가 나올 것 같아.

가능성 계산기에 '1 + 2 ='을 눌렀을 때 5가

나올 가능성은

🖉 서술형

19 일이 일어날 가능성이 다음과 같이 나타날 수 있는 상황을 주변에서 찾아 써 보세요.

확실하다

상황 _____

5 일이 일어날 가능성 비교하기

일이 일어날 가능성을 판단하여 비교할 수 있습니다.

20 승준이네 모둠 친구들이 말하는 일이 일어날 가능성을 판단하여 □ 안에 알맞은 이름을 써넣으세요.

승준: 오늘은 금요일이니까 내일은 토요일일 거야.
예서: 주사위 1개를 굴리면 주사위 눈의 수가 6이 나올 거야.
은혁: 내일 아침에 해가 안 뜰 것 같아.

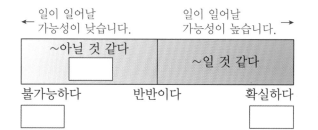

← 일이 일어날 가능성이 낮습니다.   일이 일어날 가능성이 높습니다. →

~아닐 것 같다	~일 것 같다
[ ]	

불가능하다   반반이다   확실하다
[ ]   [ ]

[21~22] 다음을 읽고 물음에 답하세요.

㉠ 토요일 다음 날은 월요일일 것입니다.
㉡ 은행에서 뽑은 대기 번호표의 번호는 홀수일 것입니다.
㉢ 지금 오전 9시이니까 1시간 후에는 오전 10시가 될 것입니다.

21 일이 일어날 가능성이 가장 높은 것을 찾아 기호를 써 보세요.

( )

22 일이 일어날 가능성이 가장 낮은 것을 찾아 기호를 써 보세요.

( )

[23~24] 빨간색, 파란색, 초록색으로 이루어진 회전판 과 회전판을 90번 돌려 화살이 멈춘 횟수를 나타낸 표입니다. 일이 일어날 가능성이 가장 비슷한 회전 판을 보기 에서 찾아 기호를 써 보세요.

보기
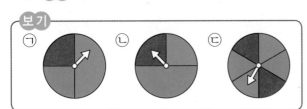

23

색깔	빨간색	파란색	초록색
횟수(회)	23	46	21

( )

24

색깔	빨간색	파란색	초록색
횟수(회)	29	31	30

( )

창의·융합

25 조건 에 알맞은 회전판이 되도록 오른쪽에 색칠해 보세요.

조건
• 화살이 노란색에 멈출 가능성이 가장 높습 니다.
• 화살이 보라색에 멈출 가능성은 초록색에 멈출 가능성과 같습니다.

6 일이 일어날 가능성을 수로 표현하기

일이 일어날 가능성이 '불가능하다'이면 **0**, '반반이다' 이면 $\frac{1}{2}$, '확실하다'이면 **1**로 표현할 수 있습니다.

[26~27] 오른쪽 회전판을 돌리고 있습 니다. 일이 일어날 가능성이 '불가능 하다'이면 0, '반반이다'이면 $\frac{1}{2}$, '확 실하다'이면 1로 표현할 때 물음에 답하세요.

26 화살이 빨간색에 멈출 가능성에 ↓로 나타내 보세요.

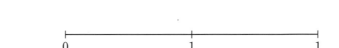

27 화살이 파란색에 멈출 가능성에 ↓로 나타내 보세요.

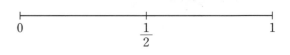

28 주사위 1개를 굴릴 때 주사위 눈의 수가 짝수가 나 올 가능성을 말과 수로 표현해 보세요.

말 _____

수 _____

활용 1 평균과 비교하기

- 평균을 구합니다.
- 평균과 비교하여 자료의 값이 평균보다 높은지, 낮은지 비교해 봅니다.

1-1 은영이와 친구들의 수학 점수를 나타낸 표입니다. 은영이의 수학 점수는 은영이와 친구들이 받은 점수의 평균보다 높을까요, 낮을까요?

수학 점수

이름	은영	지수	동하	예린	승우
점수(점)	89	86	90	92	83

( )

1-2 진하네 모둠 학생들의 키를 나타낸 표입니다. 진하네 모둠에서 키가 평균보다 큰 학생을 모두 찾아 이름을 써 보세요.

진하네 모둠의 키

이름	진하	은진	정원	민규	재호
키(cm)	120	123	118	130	134

( )

1-3 지난주 영주네 교실의 요일별 실내 최고 온도를 나타낸 표입니다. 실내 최고 온도가 평균보다 낮은 요일을 모두 찾아 써 보세요.

요일별 실내 최고 온도

요일	월	화	수	목	금
온도(℃)	18	20	23	19	15

( )

활용 2 공 꺼내기

[공 한 개를 꺼낼 때]
- 흰색 공일 가능성은 '불가능하다'입니다. ➡ 0
- 검은색 공일 가능성은 '확실하다'입니다. ➡ 1

2-1 주머니 안에 흰색 공 2개, 검은색 공 2개가 들어 있습니다. 주머니에서 공 한 개를 꺼낼 때, 꺼낸 공이 검은색 공일 가능성을 말로 표현해 보세요.

( )

2-2 빨간색 공만 5개 들어 있는 주머니에서 공 한 개를 꺼낼 때, 빨간색 공이 나올 가능성을 0부터 1까지의 수 중에서 어떤 수로 표현할 수 있나요?

( )

2-3 상자 안에 노란색 공 1개, 초록색 공 1개, 보라색 공 1개가 들어 있습니다. 상자에서 공 한 개를 꺼낼 때, 꺼낸 공이 흰색 공일 가능성을 0부터 1까지의 수 중에서 어떤 수로 표현할 수 있나요?

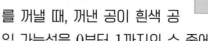

( )

6

평균과 가능성

153

[1~2] 도현이네 반에서 만두를 만들었습니다. 만든 만두 수의 평균이 가장 많은 모둠에게 상품을 주려고 합니다. 모둠별 학생 수와 만든 만두 수의 합을 나타낸 표를 보고 물음에 답하세요.

모둠별 학생 수와 만든 만두 수의 합

모둠	1모둠	2모둠	3모둠
모둠 학생 수(명)	8	6	9
만든 만두 수의 합(개)	48	42	45

1 모둠별 만든 만두 수의 평균을 구하세요.

모둠	1모둠	2모둠	3모둠
만든 만두 수의 평균(개)			

2 상품을 받을 모둠은 어느 모둠일까요?

(   )

3 다음 8장의 카드 중 한 장을 뽑을 때 ★를 뽑을 가능성을 0부터 1까지의 수로 표현해 보세요.

(   )

 솔루션

 만든 만두 수를 모둠 학생 수로 나누어 평균을 구해요.

일이 일어날 가능성을 0, $\frac{1}{2}$, 1의 수로 표현할 수 있어요.

정답과 해설 **44**쪽

4 봉지 안에 딸기 맛 사탕 1개, 포도 맛 사탕 1개가 들어 있습니다. 봉지 안에서 사탕을 한 개 꺼낼 때, 꺼낸 사탕이 포도 맛일 가능성에 ↓로 나타내 보세요.

S 솔루션

일이 일어날 가능성이 '확실하다'는 1로, '불가능하다'는 0으로, '반반이다'는 $\frac{1}{2}$로 표현해요.

5 어느 과일 농장에서 과일 음료를 4주 동안 하루에 평균 60병씩 생산했습니다. 이 과일 음료를 한 병에 450원씩 받고 모두 팔았다면 과일 음료를 판 돈은 모두 얼마일까요?

(   )

6

평균과 가능성

155

 추론력

6 회전판을 돌렸을 때 화살이 초록색에 멈출 가능성을 찾아 선으로 이어 보세요.

전체에서 초록색이 차지하는 부분의 넓이를 알아보아요.

| 확실 하다 | ~일 것 같다 | 불가능 하다 | 반반 이다 | ~아닐 것 같다 |

7 다음 수 카드 8장을 뒤집어 놓은 후 한 장을 뽑을 때, 뽑은 카드의 수가 홀수일 가능성과 회전판의 화살이 파란색에 멈출 가능성이 같도록 회전판에 파란색을 색칠해 보세요.

8장의 수 카드 중 뽑은 카드의 수가 홀수일 가능성부터 알아보아요.

8 미현이의 월별 수학 점수를 나타낸 표입니다. 8월부터 12월까지 미현이의 수학 점수의 평균이 91점이라면 12월에 받은 수학 점수는 몇 점일까요?

월별 수학 점수

월	8월	9월	10월	11월	12월
점수(점)	85	96	88	96	

( )

수학 점수의 평균을 이용하여 8월부터 12월까지 미현이의 수학 점수의 합계를 알 수 있어요.

9 일이 일어날 가능성이 가장 높은 것을 찾아 기호를 써 보세요.

> ㉠ 흰색 바둑돌 3개와 검은색 바둑돌 1개가 들어 있는 주머니에서 바둑돌을 한 개 꺼낼 때, 꺼낸 바둑돌은 흰색일 것입니다.
> ㉡ 동전 1개를 던질 때 나온 면은 숫자 면일 것입니다.
> ㉢ 1, 2, 3, 4가 쓰여진 수 카드가 1장씩 들어 있는 주머니에서 카드 1장을 꺼낼 때, 꺼낸 카드의 수는 3일 것입니다.

( )

일이 일어날 가능성이 높은 것부터 순서대로 말로 표현하면 '확실하다', '~일 것 같다', '반반이다', '~아닐 것 같다', '불가능하다'예요.

정답과 해설 **44**쪽

10 푸름 공원에 6일 동안 다녀간 방문자 수를 나타낸 표입니다. 이 공원에서는 6일 동안 방문자 수의 평균보다 방문자가 많았던 요일에 안전 요원을 배정하려고 합니다. 안전 요원이 배정되어야 하는 요일을 모두 써 보세요.

요일별 방문자 수

요일	월	화	수	목	금	토
방문자 수(명)	113	90	101	83	128	97

( )

방문자 수의 평균을 알아본 후, 방문자 수가 평균보다 많은 요일을 찾아보아요.

11 탁구 동아리 회원의 나이를 나타낸 표입니다. 회원 한 명이 새로 들어와서 나이의 평균이 한 살 늘어났습니다. 새로 들어온 회원의 나이는 몇 살일까요?

탁구 동아리 회원의 나이

회원	현아	진우	재민	효민
나이(살)	14	18	15	13

( )

회원이 4명일 때와 5명일 때의 평균 나이를 알아보아요.

6

평균과 가능성

157

12 준영이의 줄넘기 기록을 알아보았습니다. 1회부터 3회까지의 줄넘기 기록의 평균은 28번이고 4회까지의 줄넘기 기록의 평균은 30번입니다. 준영이의 4회 줄넘기 기록은 몇 번인지 구하세요.

( )

심화 1
수들의 평균 구하기

다음 수들의 평균을 구하세요.

> 1부터 20까지의 짝수

해결 순서 1 1부터 20까지의 짝수를 모두 써 보세요.

( )

해결 순서 2 1 에서 구한 수들의 평균을 구하세요.

( )

1-1 다음 수들의 평균을 구하세요.

> 50부터 70까지의 홀수

( )

1-2 다음 수들의 평균을 구하세요.

> 15부터 30까지의 짝수

( )

심화 2
평균과 자료의 값의 차 구하기

마을별 자전거 이용자 수를 나타낸 표입니다. 자전거 이용자 수가 가장 적은 마을의 자전거 이용자 수는 평균보다 몇 명 더 적은지 구하세요.

마을별 자전거 이용자 수

마을	가	나	다	라
이용자 수(명)	210	173	180	205

해결 순서 1 자전거 이용자 수가 가장 적은 마을을 찾아 기호를 써 보세요.

( )

해결 순서 2 자전거 이용자 수의 평균을 구하세요.

( )

해결 순서 3 자전거 이용자 수가 가장 적은 마을의 자전거 이용자 수는 평균보다 몇 명 더 적을까요?

( )

2-1 마을별 감자 생산량을 나타낸 표입니다. 감자 생산량이 가장 적은 마을의 감자 생산량은 평균보다 몇 kg 더 적은지 구하세요.

마을별 감자 생산량

마을	가	나	다	라	마
생산량(kg)	430	390	510	360	410

( )

2-2 선정이네 모둠 학생들이 줄넘기를 한 기록을 나타낸 표입니다. 한 학생당 줄넘기 기록의 평균이 86번일 때 기록이 가장 좋은 학생의 기록은 평균보다 몇 번 더 많은지 구하세요.

줄넘기 기록

이름	선정	재민	기수	민아	명진
기록(번)	78	88	82		90

( )

심화 3

자료의 수를 이용하여 평균 구하기

영주네 학교에서 5학년 학생들이 그림을 그린 타일로 벽을 꾸미려고 합니다. 벽을 꾸미려면 타일 840장이 필요합니다. 학생 한 명당 그려야 하는 타일 수의 평균은 몇 장인지 구하세요.

5학년 반별 학생 수

반	1	2	3	4	5	6	7
학생 수(명)	19	23	18	21	18	22	19

해결 순서 **1** 영주네 학교 5학년 학생 수는 모두 몇 명일까요?

( )

해결 순서 **2** 학생 한 명당 그려야 하는 타일 수의 평균은 몇 장일까요?

( )

3-1 민서네 학교에서 각 반에 나누어 줄 꿀떡을 3600개 준비하였습니다. 한 반당 나누어 주어야 하는 꿀떡 수의 평균은 몇 개일까요?

학년별 반 수

학년	1	2	3	4	5	6
반 수(개)	5	4	4	5	6	6

( )

3-2 어느 회사에서 만든 청소기 5400대를 각 대리점에 보내려고 합니다. 지역별 평균 대리점 수가 24개일 때 한 대리점당 보내야 하는 청소기 수의 평균은 몇 대일까요?

지역별 대리점 수

지역	가	나	다	라	마
대리점 수(개)	25	21		29	18

( )

심화 4
자료 값의 합을 구하여 평균 구하기

경민이네 반 남학생 10명의 100 m 달리기 기록의 평균은 18초이고 여학생 10명의 100 m 달리기 기록의 평균은 20초입니다. 경민이네 반 전체 학생들의 100 m 달리기 기록의 평균은 몇 초인지 구하세요.

해결 순서 1 경민이네 반 남학생 10명의 100 m 달리기 기록의 합은 몇 초일까요?

( )

해결 순서 2 경민이네 반 여학생 10명의 100 m 달리기 기록의 합은 몇 초일까요?

( )

해결 순서 3 경민이네 반 전체 학생들의 100 m 달리기 기록의 평균은 몇 초일까요?

( )

6

평균과 가능성

4-1 다음을 보고 지민이네 반 전체 학생들의 몸무게의 평균은 몇 kg인지 구하세요.

- 지민이네 반 남학생 9명의 몸무게의 평균은 45 kg입니다.
- 지민이네 반 여학생 6명의 몸무게의 평균은 40 kg입니다.

( )

161

4-2 준호네 반 가 모둠은 6명이고, 가 모둠과 나 모둠은 모두 10명입니다. 가 모둠과 나 모둠의 타자 수의 평균은 302타이고 가 모둠의 타자 수의 평균이 300타일 때, 나 모둠의 타자 수의 평균은 몇 타일까요?

( )

심화 5
일이 일어날 가능성 비교하기

주사위 1개를 굴릴 때 일이 일어날 가능성이 높은 순서대로 기호를 써 보세요.

> ㉠ 주사위 눈의 수가 4의 배수로 나올 것입니다.
> ㉡ 주사위 눈의 수가 6 이하로 나올 것입니다.
> ㉢ 주사위 눈의 수가 12의 약수로 나올 것입니다.

해결 순서 1 일이 일어날 가능성을 각각 말로 표현해 보세요.

㉠ (   )

㉡ (   )

㉢ (   )

해결 순서 2 일이 일어날 가능성이 높은 순서대로 기호를 써 보세요.

(   )

5-1 11부터 20까지의 자연수가 쓰인 수 카드가 한 장씩 있습니다. 이 중에서 수 카드 1장을 뽑을 때 일이 일어날 가능성이 높은 순서대로 기호를 써 보세요.

> ㉠ 수 카드의 수가 25의 약수로 나올 것입니다.
> ㉡ 수 카드의 수가 2의 배수로 나올 것입니다.
> ㉢ 수 카드의 수가 11 이상 20 이하로 나올 것입니다.

(   )

다음과 같은 제비뽑기 상자에서 <u>제비</u> 1장을 뽑을 때 → 여럿 가운데 하나를 고르게 하여 미리 적어 놓은 것에 따라 승부나 차례를 결정하는 방법 또는 그것에 쓰는 종이나 물건

5-2 다음과 같은 제비뽑기 상자에서 제비 1장을 뽑을 때 당첨 제비를 뽑을 가능성이 높은 상자부터 차례로 기호를 써 보세요.

상자	㉠	㉡	㉢	㉣
전체 제비 수(장)	10	5	15	5
당첨 제비 수(장)	10	1	0	4

(   )

심화 6
일이 일어날 가능성을 수로 표현하기

⊙+ⓒ의 값을 구하세요.

- 4장의 수 카드 2 , 4 , 6 , 8 중 한 장을 뽑을 때 8 이하의 수가 나올 가능성을 수로 표현하면 ⊙입니다.
- 흰색 바둑돌 2개와 검은색 바둑돌 2개가 들어 있는 주머니에서 바둑돌 한 개를 꺼낼 때, 꺼낸 바둑돌이 흰색일 가능성을 수로 표현하면 ⓒ입니다.

해결 순서 1 ⊙, ⓒ에 알맞은 수를 각각 구하세요.

⊙ (   ), ⓒ (   )

해결 순서 2 ⊙+ⓒ의 값을 구하세요.

(   )

6-1

⊙+ⓒ+ⓒ의 값을 구하세요.

- 동전 1개를 던질 때 그림 면이 나올 가능성을 수로 표현하면 ⊙입니다.
- ○× 문제에서 ×라고 답했을 때 정답을 맞혔을 가능성을 수로 표현하면 ⓒ입니다.
- 당첨 제비만 6장 들어 있는 상자에서 제비 1장을 뽑을 때 당첨 제비가 아닐 가능성을 수로 표현하면 ⓒ입니다.

(   )

6-2

⊙+ⓒ-ⓒ의 값을 구하세요.

- 회전판 가를 돌릴 때 화살이 빨간색에 멈출 가능성을 수로 표현하면 ⊙입니다.
- 회전판 나를 돌릴 때 화살이 파란색에 멈출 가능성을 수로 표현하면 ⓒ입니다.
- 회전판 다를 돌릴 때 화살이 초록색에 멈출 가능성을 수로 표현하면 ⓒ입니다.

가   나   다

(   )

점수

/점

1 다음 수들의 평균을 구하세요.

25 18 52 49

(평균)＝(25＋18＋ ☐ ＋ ☐)÷ ☐

＝ ☐

[2~3] 민경이의 공 던지기 기록을 나타낸 표입니다. 물음에 답하세요.

공 던지기 기록

회	1회	2회	3회	4회	5회
기록(m)	26	30	29	23	32

2 민경이의 공 던지기 기록의 평균은 몇 m인지 구하세요.

( )

3 평균보다 낮은 기록을 던진 것은 모두 몇 번인지 구하세요.

( )

4 어느 주스 가게에서 월요일부터 토요일까지 사용한 키위 수를 조사하여 나타낸 표입니다. 이 가게에서 하루에 사용한 키위 수의 평균은 몇 개인지 구하세요.

하루에 사용한 키위 수

요일	월	화	수	목	금	토
키위 수 (개)	33	46	54	42	60	47

( )

[5~6] 일이 일어날 가능성을 보기 에서 찾아 기호를 써 보세요.

보기

㉠ 확실하다   ㉡ ~일 것 같다

㉢ 반반이다   ㉣ ~아닐 것 같다

㉤ 불가능하다

5 동전 1개를 던지면 숫자 면이 나올 것입니다.

( )

6 주사위 1개를 굴릴 때 나온 눈의 수가 5보다 클 것입니다.

( )

7 건우가 말한 일이 일어날 가능성을 말로 표현해 보세요.

건우

나는 ○× 문제를 풀고 있는데 ○라고 답했어. 정답을 맞혔을까?

( )

[8~10] 수정이네 모둠의 활동별 기록을 보고 물음에 답하세요.

수정이네 모둠의 활동별 기록

이름＼활동	다트	제기차기	높이뛰기
수정	22점	5개	65 cm
하나	25점	11개	72 cm
민준	21점		69 cm
지훈	24점	7개	66 cm

8 수정이네 모둠의 다트 기록의 평균은 몇 점일까요?

( )

9 수정이네 모둠의 제기차기 기록의 평균은 9개입니다. 민준이의 제기차기 기록은 몇 개일까요?

( )

10 수정이네 모둠에 친구 한 명이 새로 더 들어왔습니다. 새로 들어온 친구의 높이뛰기 기록은 73 cm입니다. 새로 들어온 친구를 포함한 수정이네 모둠의 높이뛰기 기록의 평균은 몇 cm일까요?

( )

11 다음 5장의 카드 중 1장을 뽑을 때 △를 뽑을 가능성을 수로 표현해 보세요.

( )

12 눈의 수가 다음과 같은 주사위 1개를 굴릴 때 나온 눈의 수가 7보다 작은 수일 가능성을 수로 표현해 보세요.

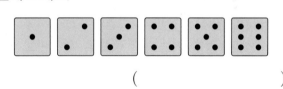

( )

13 경민이와 하나가 노란색과 초록색을 사용하여 회전판을 만들었습니다. 화살이 초록색에 멈출 가능성이 더 높은 회전판을 만든 사람의 이름을 써 보세요.

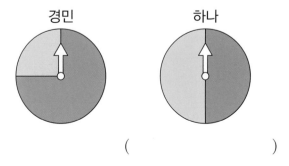

경민   하나

( )

14 6일 동안 은채의 독서 시간을 나타낸 표입니다. 독서 시간이 가장 적은 요일은 평균 독서 시간보다 몇 분 더 적은지 구하세요.

은채의 독서 시간

요일	월	화	수	목	금	토
시간(분)	45	50	45	55	35	40

( )

15 사탕 6개가 들어 있는 주머니에서 손에 잡히는 대로 사탕을 꺼냈습니다. 꺼낸 사탕의 수가 짝수일 가능성과 회전판의 화살이 파란색에 멈출 가능성이 같도록 회전판에 파란색을 색칠해 보세요.

6
평균과 가능성

서술형

16 수현이와 희수의 100 m 달리기 기록을 나타낸 것입니다. 기록의 평균이 더 좋은 사람은 누구인지 풀이 과정을 쓰고 답을 구하세요.

수현 21초 18초 19초 18초

희수 19초 21초 23초 17초

[풀이] _____

_____

_____

_____

답 _____

17 일이 일어날 가능성이 높은 것부터 순서대로 기호를 써 보세요.

> ㉠ 내년 우리 반 담임선생님은 여자 선생님일 것입니다.
> ㉡ 흰색 공 4개가 들어 있는 주머니에서 공 1개를 꺼낼 때, 꺼낸 공이 검은색일 것입니다.
> ㉢ 내일은 해가 동쪽에서 뜰 것입니다.

( )

18 소희네 반 학생들이 먹은 딸기 수를 나타낸 표입니다. 한 학생당 먹은 딸기 수가 가장 많은 모둠은 어느 모둠일까요?

모둠 친구 수와 먹은 딸기 수

모둠	1모둠	2모둠	3모둠	4모둠
모둠 친구 수(명)	4	5	5	6
먹은 딸기 수(개)	28	25	30	24

( )

19 봉지 안에 사과 맛 사탕이 5개, 포도 맛 사탕이 8개 들어 있습니다. 그중 포도 맛 사탕 3개를 꺼내 먹었습니다. 먹고 남은 사탕 중에서 1개를 꺼낼 때 꺼낸 사탕이 사과 맛일 가능성을 말과 수로 차례로 표현해 보세요.

( ), ( )

20 활쏘기 체험을 하였습니다. 영규네 모둠 4명 점수의 평균은 36점이고 소희네 모둠 6명 점수의 평균은 41점입니다. 영규네 모둠과 소희네 모둠 전체 점수의 평균은 몇 점인지 구하세요.

(   )

21 준희네 모둠의 제자리멀리뛰기 기록을 나타낸 표입니다. 준희네 모둠의 평균이 171 cm일 때 기록이 가장 좋은 학생은 누구인지 이름을 써 보세요.

준희네 모둠의 제자리멀리뛰기 기록

이름	준희	혁민	유신	범수	세희	석호
기록(cm)	172	166	173	171		170

(   )

서술형
22 민주는 일주일 중에서 3일 동안은 매일 1시간 50분씩, 4일 동안은 매일 1시간 15분씩 공부하였습니다. 민주가 하루에 공부한 시간의 평균은 몇 시간 몇 분인지 풀이 과정을 쓰고 답을 구하세요.

풀이 _____

_____

_____

_____

답 _____

23 단체 줄넘기 대회에서 준결승에 올라가려면 6회 기록의 평균이 24번 이상이어야 합니다. 다음은 예라네 모둠의 단체 줄넘기 기록입니다. 준결승에 올라가려면 6회 때 적어도 몇 번을 넘어야 하는지 구하세요.

15번   28번   24번   20번   29번   ☐번

(   )

24 상자에 바둑돌이 4개 들어 있습니다. 상자에서 바둑돌을 한 개 꺼낼 때 흰색 바둑돌일 가능성을 수로 표현하면 $\frac{1}{2}$입니다. 상자에 들어 있는 흰색 바둑돌은 몇 개인지 구하세요.

(   )

25 가, 나, 다 세 마을의 지난해와 올해 사과 생산량을 나타낸 표입니다. 올해 태풍으로 사과 생산량이 감소하여 올해 평균 생산량은 지난해 평균 생산량보다 700 kg 줄었습니다. 올해 다 마을의 사과 생산량은 지난해보다 몇 kg 줄었는지 구하세요.

지난해 마을별 사과 생산량

마을	가	나	다
생산량(kg)	3200	3000	2200

올해 마을별 사과 생산량

마을	가	나	다
생산량(kg)	2500	2000	

(   )

6 평균과 가능성

167

배움으로 행복한 내일을 꿈꾸는
천재교육 커뮤니티 안내 . . .

 교재 안내부터 구매까지 한 번에!
천재교육 홈페이지

자사가 발행하는 참고서, 교과서에 대한 소개는 물론
도서 구매도 할 수 있습니다. 회원에게 지급되는 별을 모아
다양한 상품 응모에도 도전해 보세요!

 다양한 교육 꿀팁에 깜짝 이벤트는 덤!
천재교육 인스타그램

천재교육의 새롭고 중요한 소식을 가장 먼저 접하고 싶다면?
천재교육 인스타그램 팔로우가 필수!
깜짝 이벤트도 수시로 진행되니 놓치지 마세요!

 수업이 편리해지는
천재교육 ACA 사이트

오직 선생님만을 위한, 천재교육 모든 교재에 대한 정보가 담긴
아카 사이트에서는 다양한 수업자료 및 부가 자료는 물론
시험 출제에 필요한 문제도 다운로드하실 수 있습니다.

https://aca.chunjae.co.kr

 천재교육을 사랑하는 샘들의 모임
천사샘

학원 강사, 공부방 선생님이시라면 누구나 가입할 수 있는 천사샘!
교재 개발 및 평가를 통해 교재 검토진으로 참여할 수 있는 기회는 물론
다양한 교사용 교재 증정 이벤트가 선생님을 기다립니다.

 아이와 함께 성장하는 학부모들의 모임공간
튠맘 학습연구소

튠맘 학습연구소는 초·중등 학부모를 대상으로 다양한 이벤트와 함께
교재 리뷰 및 학습 정보를 제공하는 네이버 카페입니다.
초등학생, 중학생 자녀를 둔 학부모님이라면 튠맘 학습연구소로 오세요!

수학리더 응용·심화

해법

응용·심화

리더가 되기 위한
공부 비법

응용 심화서
실력·응용 문제
+ 문제 해결력 완성

5-2

천재교육

해법전략
포인트 3가지

▶ 혼자서도 이해할 수 있는 친절한 문제 풀이

▶ 참고, 주의 등 자세한 풀이 제시

▶ 다른 풀이를 제시하여 다양한 방법으로 문제 풀이 가능

1 수의 범위와 어림하기

1 (1) 24, 27, 25.8 (2) 11.5, 24, 18, 20
2 재호, 승규, 보람
3 지민, 수경, 보람, 예슬
4 (1)

(2)

5 15
6 33, 15.2, 21, 15에 △표 / 5.9, 7, 1.5에 □표
7 3명
8 (1) 27, 33에 ○표
  (2) 18.7, 25.6, 15.8에 △표
9 96점, 100점, 92점   **10** 희주, 정아
11 (1)

(2)

12 10   **13** 3명
14 2명   **15** 32, 34, 36에 ○표
16

17 ㉠, ㉣   **18** 용장급
19 상진   **20** 12장

---

1 (1) 24와 같거나 큰 수를 찾으면 24, 27, 25.8입니다.
(2) 24와 같거나 작은 수를 찾으면 11.5, 24, 18, 20입니다.

2 135와 같거나 큰 수를 찾으면 140, 135.2, 135입니다.
➡ 재호, 승규, 보람

3 135와 같거나 작은 수를 찾으면 129.6, 134, 135, 132.8입니다. ➡ 지민, 수경, 보람, 예슬

4 (1) 6에는 ●으로 나타내고 6의 오른쪽으로 선을 긋습니다.
(2) 18에는 ●으로 나타내고 18의 왼쪽으로 선을 긋습니다.

5 5 이하인 자연수는 5, 4, 3, 2, 1이므로
5+4+3+2+1=15입니다.

6 15 이상인 수는 15와 같거나 큰 수입니다.
➡ 33, 15.2, 21, 15
7 이하인 수는 7과 같거나 작은 수입니다.
➡ 5.9, 7, 1.5

7 40과 같거나 큰 수를 찾으면 56, 40, 42이므로 진수, 유진, 민규가 다독상을 받을 수 있습니다.
➡ 3명

8 (1) 26보다 큰 수를 찾아봅니다.
➡ 27, 33
(2) 26보다 작은 수를 찾아봅니다.
➡ 18.7, 25.6, 15.8

9 88보다 큰 수를 찾으면 96, 100, 92입니다.

10 88보다 작은 수를 찾으면 80, 76입니다.
➡ 희주, 정아

11 (1) 30에는 ○으로 나타내고 30의 오른쪽으로 선을 긋습니다.
(2) 15에는 ○으로 나타내고 15의 왼쪽으로 선을 긋습니다.

12 9 초과인 자연수는 9보다 큰 수이므로 10, 11, 12, …이고 이 중에서 가장 작은 수는 10입니다.

13 18보다 작은 수는 17, 14, 15입니다. ➡ 3명

14 키가 145 cm 초과인 사람만 놀이 기구를 탈 수 있으므로 145보다 큰 수를 찾으면 151.0, 145.3입니다. 따라서 놀이 기구를 탈 수 있는 사람은 현욱, 동원입니다.
➡ 2명

15 31 초과 36 이하인 수는 31보다 크고 36과 같거나 작은 수입니다. ➡ 32, 34, 36

16 13에는 ●으로, 19에는 ○으로 나타내고 13과 19 사이에 선을 긋습니다.

17 ㉠ 54와 같거나 크고 56보다 작은 수의 범위이므로 54가 포함됩니다.
㉣ 50과 같거나 크고 54와 같거나 작은 수의 범위이므로 54가 포함됩니다.

18 현빈이의 몸무게는 52 kg이므로 50 kg 초과 55 kg 이하인 범위에 속합니다.
따라서 현빈이가 속한 체급은 용장급입니다.

19 55 kg 초과 60 kg 이하인 범위에 속한 학생은 몸무게가 60 kg인 상진입니다.

20 빈 병 10개는 10개 이상 15개 미만인 범위에 속합니다.
따라서 수민이가 받을 칭찬 붙임딱지 수는 12장입니다.

참고
• 10 미만인 수: 10보다 작은 수이므로 10은 포함되지 않습니다.
• 10 이상인 수: 10과 같거나 큰 수이므로 10은 포함됩니다.

11쪽 **1**단계 기본 유형 연습

1-1 〔5만 ─ 10만 ─ 15만 ─ 20만 (원)〕
1-2 〔80 90 100 110 120 130 140 150 (cm)〕
1-3 〔5 15 25 35 45 55 65 75 85 95(세)〕
64세
2-1 9등
2-2 7000원
2-3 1.6 kg

1-1 사은품으로 프라이팬을 받았으므로 결제 금액의 범위는 10만 원 초과 15만 원 이하입니다.

1-2 꼬마자동차를 탈 수 없는 어린이의 키의 범위는 100 cm 미만과 140 cm 초과이므로 꼬마자동차를 탈 수 있는 어린이의 키의 범위는 100 cm 이상 140 cm 이하입니다.

1-3 입장료를 내지 않는 나이의 범위는 5세 미만과 65세 이상이므로 입장료를 내야 하는 나이의 범위는 5세 이상 65세 미만입니다. 따라서 입장료를 내야 하는 나이 중 가장 많은 나이는 64세입니다.

2-1 기록이 14초 이상 16초 미만인 학생들 중 15초인 학생 1명을 제외하고 나머지가 15초 초과라면 3등이 되고, 나머지가 15초 미만이라면 9등이 됩니다.
따라서 기록이 15초인 학생은 최소 9등이 됩니다.

2-2 45세인 엄마의 입장료는 19세 이상 65세 미만에 속하므로 5000원, 12세인 혜정이의 입장료는 6세 이상 13세 미만에 속하므로 2000원입니다. 따라서 두 사람의 입장료는 모두 5000＋2000＝7000(원)입니다.

2-3 페더급으로 출전하려면 몸무게가 36 kg 초과 39 kg 이하여야 합니다. 서진이의 몸무게가 40.6 kg이므로 최소 40.6－39＝1.6 (kg)을 줄여야 합니다.

12~14쪽 **2**단계 실력 유형 연습

1 〔1 m 2 m 3 m 4 m 5 m 6 m 7 m 8 m〕
2 4개　　　　　　**3** 5명
4 2명　　　　　　**5** 6
6 서울, 강릉 / 대전, 전주 / 대구, 포항
7 지원, 도현　　　**8** ㉢
9 초과, 이하　　　**10** 5명
11 31, 32, 33
12 찬우, 지현, 세경

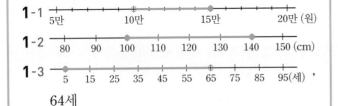

1 터널을 통과할 수 있는 차량의 높이는 3.5 m보다 낮아야 합니다.

2 21과 같거나 크고 47과 같거나 작은 수를 찾으면 47, 36, 21.4, 33.9입니다.
→ 4개

3 18과 같거나 큰 수를 찾아야 하므로 78, 43, 42, 37, 18입니다.
따라서 투표할 수 있는 사람은 할머니, 아버지, 어머니, 삼촌, 언니로 모두 5명입니다.

4 30 m 미만인 학생: 수현(27.6 m), 철호(24 m), 경민(18.5 m), 진석(26 m), 빈우(29.3 m) → 5명
30 m 초과인 학생: 주영(33 m), 수빈(38.2 m), 현주(31.5 m) → 3명
따라서 공 던지기 기록이 30 m 미만인 학생은 30 m 초과인 학생보다 5－3＝2(명) 더 많습니다.

5 1부터 시작하여 자연수 5개이므로 1, 2, 3, 4, 5입니다. 1, 2, 3, 4, 5를 포함하는 수의 범위는 5 이하인 자연수 또는 6 미만인 자연수입니다.
따라서 ▲＝6입니다.

6 31 °C 초과 33 °C 이하: 서울(33 °C), 강릉(32 °C)
33 °C 초과 35 °C 이하: 대전(34 °C), 전주(35 °C)
35 °C 초과: 대구(39 °C), 포항(35.5 °C)

> **참고**
> ● 초과 ▲ 이하인 수: ●보다 크고 ▲와 같거나 작은 수

7 90점과 같거나 높은 점수를 받은 학생은 한영, 아린, 수정, 재민이므로 참가할 수 없는 학생은 지원, 도현입니다.

> **다른 풀이**
> 대회에 참가할 수 없는 점수의 범위는 90점 미만이므로 지원, 도현입니다.

8 ㉠ 30 이상 40 미만인 자연수: 30, 31, 32, 33, 34, 35, 36, 37, 38, 39 ➡ 10개
㉡ 30 초과 40 이하인 자연수: 31, 32, 33, 34, 35, 36, 37, 38, 39, 40 ➡ 10개
㉢ 30 이상 40 이하인 자연수: 30, 31, 32, 33, 34, 35, 36, 37, 38, 39, 40 ➡ 11개
㉣ 30 초과 40 미만인 자연수: 31, 32, 33, 34, 35, 36, 37, 38, 39 ➡ 9개

9 11, 12, 13, 14, 15, 16은 10보다 크고 16과 같거나 작은 수이므로 10 초과 16 이하인 자연수입니다.

10 35명을 초과할 수 없으므로 35명까지 탈 수 있습니다.
따라서 최대 35−30=5(명) 더 탈 수 있습니다.

11 ・27 이상 34 미만인 자연수: 27, 28, 29, 30, 31, 32, 33
・30 초과 37 이하인 자연수: 31, 32, 33, 34, 35, 36, 37
➡ 두 수의 범위에 공통으로 속하는 자연수는 31, 32, 33입니다.

12 우편 요금이 430원일 때의 우편 무게의 범위는 5 g 초과 25 g 이하입니다.
우편의 무게가 5 g 초과 25 g 이하인 학생은 찬우, 지현, 세경입니다.

1

수	십의 자리	백의 자리	천의 자리
4721	4730	4800	5000
7698	7700	7700	8000

2 (1) 81.7 (2) 5.3   **3** (왼쪽부터) 280, <, 300
4 4625, 4699에 ○표

5

수	십의 자리	백의 자리	천의 자리
2345	2340	2300	2000
7856	7850	7800	7000

6 (1) 15.6 (2) 3.1   **7** (왼쪽부터) 300, <, 310
8 ㉡

9

수	백의 자리	천의 자리
6847	6800	7000
7452	7500	7000

10 [수직선 150 ↓ 160(개)], 약 160개
11 5 cm   **12** 3.5
13 4265, 4273
14 (1) 51800명 (2) 50000명
15 ①   **16** 5, 6, 7, 8, 9
17 (1) 올림 (2) 38번   **18** 버림에 ○표, 5400
19 176, 163, 154   **20** 13000원
21 23개   **22** 20, 150, 280
23 예 올림하여 천의 자리까지 나타내었습니다. /
예 반올림하여 천의 자리까지 나타내었습니다.

1 4721 ➡ 4730, 4721 ➡ 4800, 4721 ➡ 5000
올립니다.   올립니다.   올립니다.
7698 ➡ 7700, 7698 ➡ 7700, 7698 ➡ 8000
올립니다.   올립니다.   올립니다.

2 올림하여 소수 첫째 자리까지 나타내려면 소수 첫째 자리의 아래 수를 올립니다.
(1) 81.62 ➡ 81.7   (2) 5.239 ➡ 5.3
올립니다.   올립니다.

3 ・276을 올림하여 십의 자리까지 나타내기 위하여 십의 자리 아래 수 6을 10으로 보면 280이 됩니다.
・219를 올림하여 백의 자리까지 나타내기 위하여 백의 자리 아래 수 19를 100으로 보면 300이 됩니다.
➡ 280 < 300

4 올림하여 백의 자리까지 나타내면 다음과 같습니다.
4590 ➡ 4600, 4705 ➡ 4800, 4625 ➡ 4700,
4780 ➡ 4800, 4699 ➡ 4700

5 2345 ➡ 2340, 2345 ➡ 2300, 2345 ➡ 2000
　└➡ 버립니다.　└➡ 버립니다.　└➡ 버립니다.
7856 ➡ 7850, 7856 ➡ 7800, 7856 ➡ 7000
　└➡ 버립니다.　└➡ 버립니다.　└➡ 버립니다.

6 (1) 15.69 ➡ 15.6　(2) 3.127 ➡ 3.1

7 ・348을 버림하여 백의 자리까지 나타내기 위하여 백의 자리 아래 수 48을 0으로 보면 300이 됩니다.
・312를 버림하여 십의 자리까지 나타내기 위하여 십의 자리 아래 수 2를 0으로 보면 310이 됩니다.
　➡ 300 < 310

8 천의 자리의 아래 수를 버립니다.
　㉠ 2116 ➡ 2000　　㉡ 3500 ➡ 3000
　㉢ 2980 ➡ 2000　　㉣ 2000 ➡ 2000

9 ・6847을 반올림하여 백의 자리까지 나타내면 십의 자리 숫자가 4이므로 버림하여 6800, 반올림하여 천의 자리까지 나타내면 백의 자리 숫자가 8이므로 올림하여 7000이 됩니다.
・7452를 반올림하여 백의 자리까지 나타내면 십의 자리 숫자가 5이므로 올림하여 7500, 반올림하여 천의 자리까지 나타내면 백의 자리 숫자가 4이므로 버림하여 7000이 됩니다.

10 158은 150보다 160에 가까우므로 약 160개입니다.

11 열쇠의 실제 길이는 5.2 cm이므로 반올림하여 일의 자리까지 나타내면 소수 첫째 자리 숫자가 2이므로 버림하여 5 cm가 됩니다.

12 3.547을 반올림하여 소수 첫째 자리까지 나타내면 소수 둘째 자리 숫자가 4이므로 버림하여 3.5가 됩니다.

13 반올림하여 십의 자리까지 나타내기 위하여 일의 자리 숫자가 0, 1, 2, 3, 4이면 버리고, 5, 6, 7, 8, 9이면 올립니다.
4170 ➡ 4170, 4264 ➡ 4260, 4265 ➡ 4270,
4273 ➡ 4270, 4279 ➡ 4280

14 (1) 51842를 반올림하여 백의 자리까지 나타내면 십의 자리 숫자가 4이므로 버림하여 51800이 됩니다.
(2) 49164를 반올림하여 만의 자리까지 나타내면 천의 자리 숫자가 9이므로 올림하여 50000이 됩니다.

15 반올림하여 천의 자리까지 나타내기 위하여 백의 자리 숫자가 0, 1, 2, 3, 4이면 버리고, 5, 6, 7, 8, 9이면 올립니다.
　① 2634 ➡ 3000　　② 1849 ➡ 2000
　③ 1723 ➡ 2000　　④ 2458 ➡ 2000
　⑤ 2190 ➡ 2000
➡ 반올림하여 천의 자리까지 나타낸 수가 나머지와 다른 것은 ①입니다.

16 825□의 십의 자리 숫자가 5인데 반올림하여 6이 되었으므로 일의 자리에서 올림한 것을 알 수 있습니다. 즉, 일의 자리 숫자가 5, 6, 7, 8, 9 중 하나여야 합니다.

> 825□의 일의 자리 숫자가 0, 1, 2, 3, 4 중 하나라면 반올림하여 십의 자리까지 나타낸 수는 일의 자리에서 버림하게 되어 82500이 됩니다.

17 (1) 케이블카는 한 번에 최대 10명까지 탈 수 있으므로 374명을 올림하여 380명이라고 생각합니다.
(2) 최소 38번은 운행해야 합니다.

18 지우개가 100개가 안 되면 상자에 담아 포장할 수 없으므로 버림으로 어림해야 합니다.
5490개를 한 상자에 100개씩 담으면 54상자에 담고 90개가 남습니다.
따라서 포장한 지우개는 5400개입니다.

> 포장하고 남은 지우개 90개는 100개가 안 되므로 상자에 담아 포장할 수 없습니다.

19 반올림하여 일의 자리까지 나타내기 위하여 소수 첫째 자리 숫자가 0, 1, 2, 3, 4이면 버리고, 5, 6, 7, 8, 9이면 올립니다.

20 현욱이가 산 과잣값과 빵값은 모두
8500 + 3900 = 12400(원)입니다.
따라서 12400원을 1000원짜리 지폐로만 낸다면 최소 13000원을 내고, 600원을 거스름돈으로 받게 됩니다.

21 10 cm보다 짧은 끈으로는 리본을 만들 수 없으므로 버림해야 합니다. 리본을 만드는 데 사용할 수 있는 끈의 길이는 230 cm이므로 리본을 최대 23개까지 만들 수 있습니다.

22 10장씩 묶어서 팔고 있으므로 필요한 색종이 수를 올림하여 십의 자리까지 나타낸 수만큼 사야 합니다.

23 〔평가 기준〕
어떤 어림의 방법으로 어느 자리까지 나타내었는지 바르게 썼으면 정답입니다.

18쪽 1단계 기본 ➕ 유형 연습

3-1 1, 8	**3**-2 4, 7
3-3 5, 9	**4**-1 390
4-2 810	**4**-3 2500

3-1 □□59에서 십의 자리 숫자가 5이므로 올려서 1900이 됩니다.
따라서 □□59는 1859입니다.

3-2 버림하여 십의 자리까지 나타내면 3470이 되는 자연수는 3470부터 3479까지입니다.
따라서 3□□1은 3471입니다.

3-3 올림하여 백의 자리까지 나타내면 6000이 되는 자연수는 5901부터 6000까지입니다.
따라서 □□89는 5989입니다.

4-1 400보다 크면서 400에 가장 가까운 수: 423
400과 423의 차: 423−400=23
400보다 작으면서 400에 가장 가까운 수: 394
400과 394의 차: 400−394=6
따라서 만들 수 있는 세 자리 수 중 400에 가장 가까운 수는 394이고 이 수를 버림하여 십의 자리까지 나타내면 390입니다.

4-2 800보다 크면서 800에 가장 가까운 수: 805
800과 805의 차: 805−800=5
800보다 작으면서 800에 가장 가까운 수: 785
800과 785의 차: 800−785=15
따라서 만들 수 있는 세 자리 수 중 800에 가장 가까운 수는 805이고 이 수를 반올림하여 십의 자리까지 나타내면 810입니다.

4-3 2500보다 크면서 2500에 가장 가까운 수: 2614
2500과 2614의 차: 2614−2500=114
2500보다 작으면서 2500에 가장 가까운 수: 2461
2500과 2461의 차: 2500−2461=39
따라서 2500에 가장 가까운 수는 2461이고 이 수를 반올림하여 백의 자리까지 나타내면 2500입니다.

19~21쪽 2단계 실력 유형 연습

1 수	올림하여 십의 자리까지	버림하여 백의 자리까지	반올림하여 천의 자리까지
1359	1360	1300	1000
54783	54790	54700	55000

2 440	**3** 재영, 지호
4 5400개	**5** 7개
6 3999	**7** 6415
8 ㉢	**9** 87000
10 37064, 78472	**11** 8장
12 4	

1 〈올림하여 십의 자리까지 나타내기〉
• 1359 ➡ 1360
• 54783 ➡ 54790
〈버림하여 백의 자리까지 나타내기〉
• 1359 ➡ 1300
• 54783 ➡ 54700
〈반올림하여 천의 자리까지 나타내기〉
• 1359 ➡ 1000
• 54783 ➡ 55000

2 올림하여 천의 자리까지 나타내면 8000이 되고, 반올림하여 십의 자리까지 나타내면 일의 자리 숫자가 4이므로 버림하여 7560이 됩니다.
따라서 어림한 두 수의 차는 8000−7560=440입니다.

3 재영, 지호는 모두 올림의 방법으로 어림해야 하고, 인수는 반올림의 방법, 도현이는 버림의 방법으로 어림해야 합니다.

4 5460을 버림하여 백의 자리까지 나타내면 팔 수 있는 사탕은 5400개입니다.

한 상자에 100개씩 담아 팔고 있으므로 백의 자리 아래 수를 버림합니다.

5 10 m인 수도관 6개로 60 m까지 설치할 수 있습니다. 그러나 5 m가 더 필요하기 때문에 수도관은 최소 7개 필요합니다.

6 버림하여 백의 자리까지 나타내면 3900이 되는 자연수는 39□□입니다. □□에는 00부터 99까지의 수가 들어갈 수 있으므로 가장 큰 자연수는 3999입니다.

7 올림하여 백의 자리까지 나타내면 6500이 되는 자연수는 6401부터 6500까지입니다.
따라서 비밀번호는 6415입니다.

8 반올림하여 십의 자리까지 나타낸 수 160은 일의 자리에서 올림하거나 버림하여 만들 수 있습니다. 일의 자리 숫자가 0, 1, 2, 3, 4이면 버리고, 5, 6, 7, 8, 9이면 올려서 나타내므로 155 이상 165 미만이어야 합니다.

9 만들 수 있는 가장 큰 다섯 자리 수는 87310입니다.
87310 ➡ 87000

10 수를 올림, 반올림하여 각각 백의 자리까지 나타내므로 십의 자리 숫자가 5, 6, 7, 8, 9인 수는 올림하여 나타낸 수와 반올림하여 나타낸 수가 같습니다.
• 37064 ➡ 올림: 37100, 반올림: 37100
• 78472 ➡ 올림: 78500, 반올림: 78500

> **참고**
> • 15209 ➡ 올림: 15300, 반올림: 15200
> • 61325 ➡ 올림: 61400, 반올림: 61300

11 10원짜리 동전 128개: 1280원
100원짜리 동전 69개: 6900원
➡ 1280+6900=8180(원)
8180원은 1000원짜리 지폐로 최대 8장까지 바꿀 수 있습니다.

12 버림하기 전의 자연수는 30부터 39까지의 수 중의 하나입니다. 이 중에서 8의 배수를 찾으면 32이므로 처음 유찬이가 생각한 자연수에 8을 곱하면 32가 나와야 합니다.
➡ 유찬이가 처음에 생각한 자연수는 32÷8=4입니다.

> **참고**
> 답이 맞았는지 확인해 봅니다.
> ① 유찬이가 처음에 생각한 자연수: 4
> ② 8을 곱하기: 4×8=32
> ③ 32를 버림하여 십의 자리까지 나타내면 30이 맞습니다.

22~27쪽 ## 3단계 심화 유형 연습

심화 1 **1** 43, 44, 45, 46, 47, 48, 49, 50, 51, 52
2 43, 50, 51, 52 **3** 4개
1-1 4개 **1-2** 3개
심화 2 **1** 40명 **2** 50명
3 41명 이상 50명 이하
2-1 136명 이상 180명 이하
2-2 720병
심화 3 **1** 2499 **2** 1500 **3** 3999
3-1 2999 **3-2** 12901
3-3 9개
심화 4 **1** 올림 **2** 46묶음 **3** 36800원
4-1 8000원 **4-2** 405000원
4-3 750000원
심화 5 **1** 15 초과인 수 **2** 23 미만인 수
3 15 초과 23 미만인 수
5-1 14 초과 22 미만인 수
5-2 29 초과 35 미만인 수
심화 6 **1** 2400명, 1700명
2 2400명 이상 2499명 이하
3 1700명 이상 1799명 이하
4 799명
6-1 601명 **6-2** 9999명

심화 1 **1** 43과 같거나 크고 52와 같거나 작은 자연수는 43, 44, 45, 46, 47, 48, 49, 50, 51, 52입니다.
2 **1**에서 구한 수 중에서 십의 자리 숫자가 일의 자리 숫자보다 큰 수는 43, 50, 51, 52입니다.
3 조건을 모두 만족하는 수는 43, 50, 51, 52이므로 4개입니다.

1-1 30 초과 60 미만인 자연수는 30보다 크고 60보다 작은 수이므로 31, 32, 33, ..., 58, 59입니다.
이 중에서 6의 배수인 수는 36, 42, 48, 54이므로 4개입니다.

1-2 56 초과 100 이하인 자연수는 56보다 크고 100과 같거나 작은 수이므로 57, 58, 59, ..., 99, 100입니다.
2와 7의 공배수는 2와 7의 최소공배수인 14의 배수이므로 이 중에서 14의 배수는 70, 84, 98로 3개입니다.

심화 2 **1** 10×4=40(명) **2** 10×5=50(명)
3 우진이네 동네 어린이는 40명보다는 많고 50명과 같거나 적으므로 41명 이상 50명 이하입니다.

2-1 버스 3대에는 $45 \times 3 = 135$(명)까지 탈 수 있고, 버스 4대에는 $45 \times 4 = 180$(명)까지 탈 수 있습니다.
따라서 하은이네 학교 5학년 학생은 135명보다는 많고 180명과 같거나 적으므로 136명 이상 180명 이하입니다.

2-2 건우네 학교 5학년 학생은 $40 \times 5 = 200$(명)보다는 많고 $40 \times 6 = 240$(명)과 같거나 적습니다.
→ 201명 이상 240명 이하
따라서 학생 수를 최대일 때인 240명으로 생각해야 하므로 준비해야 하는 생수는 $240 \times 3 = 720$(병)입니다.

심화 3 **1** 가장 큰 수는 백의 자리에서 버림한 경우입니다. 백의 자리에서 버림했을 경우 천의 자리 숫자는 2이고 백의 자리 숫자는 0, 1, 2, 3, 4여야 하므로 가장 큰 수는 2499입니다.
2 가장 작은 수는 백의 자리에서 올림한 경우입니다. 백의 자리에서 올림했을 경우 천의 자리 숫자는 1이고 백의 자리 숫자는 5, 6, 7, 8, 9여야 하므로 가장 작은 수는 1500입니다.
3 두 수의 합: $2499 + 1500 = 3999$

3-1 반올림하여 백의 자리까지 나타내어 1500이 될 수 있는 수의 범위는 1450 이상 1550 미만인 수입니다.
따라서 가장 큰 자연수는 1549이고, 가장 작은 자연수는 1450입니다.
→ 두 수의 합: $1549 + 1450 = 2999$

3-2 올림하여 백의 자리까지 나타내어 6500이 될 수 있는 수의 범위는 6400 초과 6500 이하인 수입니다.
따라서 가장 큰 자연수는 6500이고, 가장 작은 자연수는 6401입니다.
→ 두 수의 합: $6500 + 6401 = 12901$

3-3 • 버림하여 십의 자리까지 나타내어 580이 될 수 있는 자연수는 580, 581, 582, ..., 588, 589입니다.
• 올림하여 십의 자리까지 나타내어 590이 될 수 있는 자연수는 581, 582, 583, ..., 589, 590입니다.
따라서 두 가지 조건을 모두 만족하는 자연수는 581부터 589까지의 자연수로 모두 9개입니다.

심화 4 **1** 구슬을 모자라지 않게 사야 하므로 올림해야 합니다.
2 453을 올림하여 십의 자리까지 나타내면 460입니다.
따라서 구슬은 최소 460개 사야 하므로 최소 46묶음을 사야 합니다.

3 구슬을 사는 데 필요한 돈은 최소 $800 \times 46 = 36800$(원)입니다.

4-1 색종이를 모자라지 않게 사야 하므로 올림해야 합니다.
100장씩 3상자를 사면 67장이 모자라므로 한 상자를 더 사야 합니다.
따라서 최소 4상자를 사야 하므로 필요한 돈은 최소 $2000 \times 4 = 8000$(원)입니다.

4-2 공책을 모자라지 않게 사야 하므로 올림해야 합니다.
100권씩 8상자를 사면 26권이 모자라므로 한 상자를 더 사야 합니다.
따라서 최소 9상자를 사야 하므로 필요한 돈은 최소 $45000 \times 9 = 405000$(원)입니다.

4-3 귤이 100개가 안 되면 상자에 담아 팔 수 없으므로 버림해야 합니다.
2546개를 한 상자에 100개씩 담으면 25상자가 되고 46개가 남습니다.
따라서 귤을 팔아서 벌 수 있는 돈은 최대 $30000 \times 25 = 750000$(원)입니다.

심화 5 **1** $\square + 15 = 30$이라 하면 $\square = 30 - 15 = 15$이므로 $\square > 15$입니다. 따라서 $\square$ 안에 들어갈 수 있는 수의 범위는 15 초과인 수입니다.
2 $\square + 10 = 33$이라 하면 $\square = 33 - 10 = 23$이므로 $\square < 23$입니다. 따라서 $\square$ 안에 들어갈 수 있는 수의 범위는 23 미만인 수입니다.
3 $\square$ 안에 공통으로 들어갈 수 있는 수의 범위는 15 초과 23 미만인 수입니다.

5-1 • $28 + \square = 42$라 하면 $\square = 42 - 28 = 14$이므로 $\square > 14$입니다. → 14 초과인 수
• $\square + 17 = 39$라 하면 $\square = 39 - 17 = 22$이므로 $\square < 22$입니다. → 22 미만인 수
따라서 $\square$ 안에 공통으로 들어갈 수 있는 수의 범위는 14 초과 22 미만인 수입니다.

5-2 • $\square - 12 = 17$이라 하면 $\square = 17 + 12 = 29$이므로 $\square > 29$입니다. → 29 초과인 수
• $35 + \square = 70$이라 하면 $\square = 70 - 35 = 35$이므로 $\square < 35$입니다. → 35 미만인 수
따라서 $\square$ 안에 공통으로 들어갈 수 있는 수의 범위는 29 초과 35 미만인 수입니다.

심화 6 **1** 가로 눈금 한 칸의 크기는 100명이므로 가 지역은 2400명, 나 지역은 1700명을 나타냅니다.

2 버림하여 백의 자리까지 나타내었으므로 실제 초등학생 수는 2400명 이상 2499명 이하입니다.

3 버림하여 백의 자리까지 나타내었으므로 실제 초등학생 수는 1700명 이상 1799명 이하입니다.

4 실제 초등학생 수의 차가 가장 크려면 가 지역의 최대 초등학생 수에서 나 지역의 최소 초등학생 수를 빼야 합니다.
가 지역의 실제 초등학생 수는 최대 2499명, 나 지역의 실제 초등학생 수는 최소 1700명이므로 실제 초등학생 수의 차는 최대 2499-1700=799(명)입니다.

6-1 실제 초등학생 수의 차가 가장 작으려면 가 지역의 최소 초등학생 수에서 나 지역의 최대 초등학생 수를 빼야 합니다. 가 지역의 실제 초등학생 수는 최소 2400명, 나 지역의 실제 초등학생 수는 최대 1799명이므로 실제 초등학생 수의 차는 최소 2400-1799=601(명)입니다.

6-2 라 도시의 인구 20000명이 가장 많고, 다 도시의 인구 11000명이 가장 적습니다. 실제 인구의 차가 가장 크려면 라 도시의 최대 인구에서 다 도시의 최소 인구를 빼야 합니다. 실제 인구의 범위가 라 도시는 19500명 이상 20499명 이하이고, 다 도시는 10500명 이상 11499명 이하입니다.
따라서 인구가 가장 많은 도시와 가장 적은 도시의 실제 인구의 차는 최대 20499-10500=9999(명)입니다.

28~31쪽 Test 단원 실력 평가

1 28권, 32권   **2** 상철, 유리
3 ⑤   **4** 3개
5 4   **6** 69800, 69700, 69700
7 올림   **8** 27개
9 0, 1, 2, 3, 4
10 예 **1** 서준이의 나이는 13세 이상 19세 미만의 범위에 속하므로 요금은 1100원입니다.
2 지안이의 나이는 7세 이상 13세 미만의 범위에 속하므로 요금은 800원입니다.
3 따라서 내야 할 요금은 모두 1100+800=1900(원)입니다.
답 1900원

11 4명
12 130000, 140000, 170000, 100000
13 =   **14** 48
15 975400
16

17 라면
18 예 **1** 색 테이프가 100 cm보다 짧으면 물건을 포장할 수 없으므로 버림해야 합니다.
2 색 테이프 3584 cm를 버림하여 백의 자리까지 나타내면 3500 cm이므로 물건을 최대 35개까지 포장할 수 있습니다.
답 35개

19 13 cm 이상 20 cm 이하
20 55 이상 65 미만인 수
21 7000원   **22** 232장, 850원
23 3명   **24** 57000원
25 39564

1 지영이가 가지고 있는 동화책의 수는 37권이므로 37보다 작은 수를 찾습니다.

2 가지고 있는 동화책의 수가 37권보다 적은 학생은 상철, 유리입니다.

3 24 이상 28 미만인 수는 24와 같거나 크고 28보다 작은 수이므로 수의 범위에 포함되는 자연수는 24, 25, 26, 27입니다.

4 18보다 작은 수는 9, 13.5, 17.5로 모두 3개입니다.

5 가장 큰 수: 21, 가장 작은 수: 17
➡ 21-17=4

6 올림: 69745 ➡ 69800
버림: 69745 ➡ 69700
반올림: 69745 ➡ 69700

7 5학년 학생이 모두 앉아야 하므로 올림해야 합니다.

8 261명은 26개의 긴 의자에 10명씩 앉으면 1명이 앉지 못하므로 긴 의자는 최소 27개가 필요합니다.
다른 풀이
261을 올림하여 십의 자리까지 나타내면 270이므로 긴 의자는 최소 270÷10=27(개)가 필요합니다.

9 28□05를 반올림하여 천의 자리까지 나타낸 수가 28000이 되려면 천의 자리 아래 수를 버림해야 합니다.
따라서 백의 자리 숫자는 0, 1, 2, 3, 4 중의 하나입니다.

10

채점 기준		
❶ 서준이의 나이가 속한 범위를 찾아 요금을 구함.	2점	
❷ 지안이의 나이가 속한 범위를 찾아 요금을 구함.	1점	4점
❸ 두 사람이 내야 할 요금을 계산함.	1점	

11 80점 초과 90점 이하인 범위에 속하는 점수는 82점, 89점, 88점, 81점이므로 지은우, 이진영, 조승우, 심성호입니다. ➡ 4명

12 가 도시: 126013 ➡ 130000
나 도시: 144580 ➡ 140000
다 도시: 171320 ➡ 170000
라 도시: 97238 ➡ 100000

13 599를 반올림하여 십의 자리까지 나타낸 수:
599 ➡ 600
589를 반올림하여 백의 자리까지 나타낸 수:
589 ➡ 600

14 ㉠보다 크고 54와 같거나 작은 수의 범위에 속하는 자연수는 6개이므로 54, 53, 52, 51, 50, 49입니다.
따라서 ㉠에 알맞은 자연수는 48입니다.

15 수 카드로 만들 수 있는 가장 큰 여섯 자리 수는 975310입니다. 이 수를 올림하여 백의 자리까지 나타내면 975400이 됩니다.

16 반올림하여 십의 자리까지 나타내면 370이 되는 수는 365 이상 375 미만인 수입니다.

17 $50000 - 47000 = 3000$(원)이고 50000원을 초과해야 하므로 가장 적은 돈을 들여 사은품을 받으려면 3000원보다 비싼 물건 중 가장 저렴한 라면을 구매해야 합니다.

18

채점 기준		
❶ 올림, 버림, 반올림 중 어떤 방법으로 어림해야 하는지 서술함.	2점	4점
❷ 물건을 몇 개까지 포장할 수 있는지 구함.	2점	

19 (둘레가 65 cm일 때 정오각형의 한 변의 길이)
$= 65 \div 5 = 13$ (cm)
(둘레가 100 cm일 때 정오각형의 한 변의 길이)
$= 100 \div 5 = 20$ (cm)
한 변의 길이의 범위는 13 cm 이상 20 cm 이하입니다.

20 ★을 반올림하여 십의 자리까지 나타낸 수를 □라 할 때 39를 반올림하여 십의 자리까지 나타낸 수가 40이므로 □ + 40 = 100, □ = 60입니다.
따라서 반올림하여 십의 자리까지 나타낸 수가 60이 되는 수의 범위는 55 이상 65 미만인 수입니다.

21 140분 = 2시간 20분이고 2시간 20분은 1시간에서 1시간 20분(= 80분)이 지난 시간이므로 기본 요금과 80분의 추가 요금을 내야 합니다.
➡ (이용 요금) $= 3000 + 500 \times 8$
$= 7000$(원)

22 모금액은
$230000 + 1000 + 1800 + 50 = 232850$(원)입니다.
따라서 232850원에서 850원은 1000원짜리 지폐로 바꿀 수 없으므로 1000원짜리 지폐로 최대 232장까지 바꿀 수 있고, 남는 금액은 850원입니다.

23 엘리베이터에 타고 있는 사람들의 몸무게의 합을 구하면 $80 \times 2 + 60 \times 3 = 340$ (kg)이므로 더 탈 수 있는 몸무게의 합은 $500 - 340 = 160$ (kg)보다 작아야 합니다. $40 \times 4 = 160$ (kg)이므로 4명까지는 탈 수 없고 최대 3명까지 탈 수 있습니다.

24 • 할머니의 나이는 65세 이상인 범위에 속하므로 할머니의 요금은 일반 요금의 반인 7000원입니다.
• 아버지와 어머니의 나이는 19세 이상 65세 미만인 범위에 속하므로 아버지와 어머니의 요금은 각각 14000원씩입니다.
• 언니와 혜원이의 나이는 4세 이상 19세 미만인 범위에 속하므로 언니와 혜원이의 요금은 각각 11000원씩입니다.
➡ (내야 할 요금)
$= 7000 + 14000 \times 2 + 11000 \times 2 = 57000$(원)

25 • 각 자리 숫자가 서로 다른 다섯 자리 수입니다.
➡ □□□□□
• 30000 초과 40000 미만인 수입니다.
➡ 3□□□□
• 천의 자리 숫자는 가장 큰 한 자리 수입니다.
➡ 39□□□
• 백의 자리 숫자는 5 이상 6 미만인 수입니다.
➡ 395□□
• 십의 자리 숫자는 5 초과 7 미만인 수입니다.
➡ 3956□
• 일의 자리 숫자는 4 이상 6 이하인 수입니다.
➡ 39564

주의
일의 자리 숫자는 4 이상 6 이하이므로 4, 5, 6 중 하나입니다. 그런데 각 자리의 숫자가 서로 달라야 하므로 일의 자리 숫자는 4만 가능합니다.

정답과 해설

2 분수의 곱셈

36~41쪽 1단계 기본 유형 연습

1 $\dfrac{7}{20} \times 15 = \dfrac{7 \times 15}{20} = \dfrac{\overset{21}{\cancel{105}}}{\underset{4}{\cancel{20}}} = \dfrac{21}{4} = 5\dfrac{1}{4}$

2 $3\dfrac{1}{3}$ **3** $\dfrac{1}{6} \times 24 = 4$, 4개

4 예 $1\dfrac{5}{6} \times 4 = \dfrac{11}{\underset{3}{\cancel{6}}} \times \overset{2}{\cancel{4}} = \dfrac{22}{3} = 7\dfrac{1}{3}$

5 $4\dfrac{2}{5}$ **6** ⑤

7 예 $1\dfrac{2}{9} \times 7 = (1 \times 7) + \left(\dfrac{2}{9} \times 7\right)$
$= 7 + \dfrac{14}{9} = 7 + 1\dfrac{5}{9} = 8\dfrac{5}{9}$

8 ✕ (연결선)

9 $5\dfrac{3}{8} \times 4 = 21\dfrac{1}{2}$, $21\dfrac{1}{2}$ cm

10 $13\dfrac{3}{4}$ L

11 (위에서부터) 6, $2\dfrac{2}{5}$

12 >   **13** 21장

14 $2 \times 5\dfrac{1}{3} = (2 \times 5) + \left(2 \times \dfrac{1}{3}\right)$
$= 10 + \dfrac{2}{3} = 10\dfrac{2}{3}$

15 $12\dfrac{2}{3}$, $19\dfrac{3}{5}$

16 예 $4 \times 1\dfrac{3}{14} = \overset{2}{\cancel{4}} \times \dfrac{17}{\underset{7}{\cancel{14}}} = \dfrac{34}{7} = 4\dfrac{6}{7}$

17 (○) (   )   **18** ㉠, ㉡, ㉢

19 $29\dfrac{2}{5}$ cm²   **20** 76 kg

21 $\dfrac{1}{70}$ **22** $\dfrac{1}{16}$ m²

23 >   **24** (   ) (○) (   )

25 $\dfrac{1}{2}$ L   **26** $\dfrac{1}{2} \times \dfrac{3}{4} = \dfrac{3}{8}$, $\dfrac{3}{8}$

27 3, 2(또는 2, 3)

28 $3\dfrac{3}{4} \times 2\dfrac{4}{5} = \dfrac{15}{\underset{2}{\cancel{4}}} \times \dfrac{\overset{7}{\cancel{14}}}{\underset{1}{\cancel{5}}} = \dfrac{21}{2} = 10\dfrac{1}{2}$

29 $4\dfrac{1}{5}$ **30** ✕ (연결선)

31 $3\dfrac{3}{4}$ cm²   **32** ㉠

33 $3\dfrac{3}{4}$ **34** $13\dfrac{4}{5}$

35 $1\dfrac{5}{6} \times 7 = \dfrac{11}{6} \times \dfrac{7}{1} = \dfrac{77}{6} = 12\dfrac{5}{6}$

36 ✕ (연결선)   **37** (1) $9\dfrac{3}{8}$ (2) $\dfrac{2}{5}$

38 $\dfrac{1}{15}$ **39** ㉠

40 $\dfrac{1}{15}$ **41** 3명

---

2 $\dfrac{5}{\underset{3}{\cancel{12}}} \times \overset{2}{\cancel{8}} = \dfrac{5 \times 2}{3} = \dfrac{10}{3} = 3\dfrac{1}{3}$

4 대분수를 가분수로 나타내 계산하는 방법입니다.

> **주의**
> 약분할 때는 반드시 대분수를 가분수로 나타낸 후에 약분을 해야 합니다.
> $1\dfrac{5}{\underset{3}{\cancel{6}}} \times \overset{2}{\cancel{4}}(\times)$

8 $2\dfrac{1}{4} \times 6 = \dfrac{9}{\underset{2}{\cancel{4}}} \times \overset{3}{\cancel{6}} = \dfrac{27}{2} = 13\dfrac{1}{2}$

$1\dfrac{2}{15} \times 5 = \dfrac{17}{\underset{3}{\cancel{15}}} \times \overset{1}{\cancel{5}} = \dfrac{17}{3} = 5\dfrac{2}{3}$

9 정사각형은 네 변의 길이가 모두 같으므로 둘레는 한 변의 길이의 4배입니다.
➡ (정사각형의 둘레)
$= 5\dfrac{3}{8} \times 4 = \dfrac{43}{\underset{2}{\cancel{8}}} \times \overset{1}{\cancel{4}} = \dfrac{43}{3} = 21\dfrac{1}{2}$ (cm)

10 $2\dfrac{3}{4} \times 5 = \dfrac{11}{4} \times 5 = \dfrac{55}{4} = 13\dfrac{3}{4}$ (L)

11 $\overset{3}{\cancel{9}} \times \dfrac{2}{\cancel{3}} = 6$, $\overset{3}{\cancel{9}} \times \dfrac{4}{\underset{5}{\cancel{15}}} = \dfrac{12}{5} = 2\dfrac{2}{5}$

12 $12 \times \dfrac{7}{10} = \dfrac{\overset{6}{\cancel{12}} \times 7}{\underset{5}{\cancel{10}}} = \dfrac{42}{5} = 8\dfrac{2}{5}$

$10 \times \dfrac{3}{4} = \dfrac{\overset{5}{\cancel{10}} \times 3}{\underset{2}{\cancel{4}}} = \dfrac{15}{2} = 7\dfrac{1}{2}$

➡ $8\dfrac{2}{5} > 7\dfrac{1}{2}$

13 $45 \times \dfrac{7}{15} = \dfrac{\overset{3}{\cancel{45}} \times 7}{\underset{1}{\cancel{15}}} = 21$(장)

15 $8 \times 1\dfrac{7}{12} = \overset{2}{\cancel{8}} \times \dfrac{19}{\underset{3}{\cancel{12}}} = \dfrac{38}{3} = 12\dfrac{2}{3}$

$8 \times 2\dfrac{9}{20} = \overset{2}{\cancel{8}} \times \dfrac{49}{\underset{5}{\cancel{20}}} = \dfrac{98}{5} = 19\dfrac{3}{5}$

17 $24 \times 1\dfrac{9}{16} = \overset{3}{\cancel{24}} \times \dfrac{25}{\underset{2}{\cancel{16}}} = \dfrac{75}{2} = 37\dfrac{1}{2}$

$27 \times 1\dfrac{5}{18} = \overset{3}{\cancel{27}} \times \dfrac{23}{\underset{2}{\cancel{18}}} = \dfrac{69}{2} = 34\dfrac{1}{2}$

➡ $37\dfrac{1}{2} > 34\dfrac{1}{2}$

18 ㉠ $3 \times 2\dfrac{1}{4} = 3 \times \dfrac{9}{4} = \dfrac{27}{4} = 6\dfrac{3}{4}$

㉡ $\overset{5}{\cancel{65}} \times \dfrac{2}{\underset{1}{\cancel{13}}} = 10$

㉢ $12 \times 2\dfrac{2}{9} = \overset{4}{\cancel{12}} \times \dfrac{20}{\underset{3}{\cancel{9}}} = \dfrac{80}{3} = 26\dfrac{2}{3}$

➡ $6\dfrac{3}{4} < 10 < 26\dfrac{2}{3}$이므로 계산 결과가 작은 순서대로 기호를 쓰면 ㉠, ㉡, ㉢입니다.

19 (직사각형의 넓이)=(가로)×(세로)

$= 9 \times 3\dfrac{4}{15} = \overset{3}{\cancel{9}} \times \dfrac{49}{\underset{5}{\cancel{15}}}$

$= \dfrac{147}{5} = 29\dfrac{2}{5}$ (cm²)

20 (아버지의 몸무게)$= 32 \times 2\dfrac{3}{8} = \overset{4}{\cancel{32}} \times \dfrac{19}{\underset{1}{\cancel{8}}}$

$= 76$ (kg)

21 단위분수는 분모가 작을수록 큰 수입니다.

가장 큰 수: $\dfrac{1}{7}$, 가장 작은 수: $\dfrac{1}{10}$

➡ $\dfrac{1}{7} \times \dfrac{1}{10} = \dfrac{1}{7 \times 10} = \dfrac{1}{70}$

23 곱하는 수가 1보다 작으면 계산 결과는 원래의 수보다 작습니다.

➡ $\dfrac{3}{4} \times \dfrac{1}{5}$ 은 $\dfrac{3}{4}$ 보다 작습니다.

24 $\dfrac{\overset{1}{\cancel{13}}}{\underset{2}{\cancel{14}}} \times \dfrac{\overset{1}{\cancel{7}}}{\cancel{52}} = \dfrac{1}{8}$, $\dfrac{\overset{1}{\cancel{3}}}{8} \times \dfrac{1}{\underset{2}{\cancel{6}}} = \dfrac{1}{16}$, $\dfrac{\overset{2}{\cancel{38}}}{\underset{3}{\cancel{51}}} \times \dfrac{\overset{1}{\cancel{17}}}{\underset{1}{\cancel{19}}} = \dfrac{2}{3}$

➡ $\dfrac{2}{3} > \dfrac{1}{8} > \dfrac{1}{16}$ 이므로 계산 결과가 가장 작은 것은 $\dfrac{3}{8} \times \dfrac{1}{6}$ 입니다.

25 $\dfrac{4}{5} \times \dfrac{5}{8} = \dfrac{4 \times \overset{1}{\cancel{5}}}{\underset{1}{\cancel{5}} \times \underset{2}{\cancel{8}}} = \dfrac{1}{2}$ (L)

27 $\dfrac{1}{\square} \times \dfrac{1}{\square}$ 에서 분모에 작은 수가 들어갈수록 계산 결과가 커집니다. 따라서 2장의 카드를 사용하여 계산 결과가 가장 큰 곱셈을 만들려면 수 카드 3과 2를 사용해야 합니다.

29 $3\dfrac{4}{15} \times 1\dfrac{2}{7} = \dfrac{\overset{7}{\cancel{49}}}{\underset{5}{\cancel{15}}} \times \dfrac{\overset{3}{\cancel{9}}}{\underset{1}{\cancel{7}}} = \dfrac{21}{5} = 4\dfrac{1}{5}$

30 $2\dfrac{2}{9} \times 4\dfrac{1}{5} = \dfrac{\overset{4}{\cancel{20}}}{\underset{3}{\cancel{9}}} \times \dfrac{\overset{7}{\cancel{21}}}{\underset{1}{\cancel{5}}} = \dfrac{28}{3} = 9\dfrac{1}{3}$,

$3\dfrac{4}{7} \times 3\dfrac{4}{15} = \dfrac{\overset{5}{\cancel{25}}}{\underset{1}{\cancel{7}}} \times \dfrac{\overset{7}{\cancel{49}}}{\underset{3}{\cancel{15}}} = \dfrac{35}{3} = 11\dfrac{2}{3}$

31 (평행사변형의 넓이)=(밑변의 길이)×(높이)

$= 2\dfrac{5}{8} \times 1\dfrac{3}{7} = \dfrac{\overset{3}{\cancel{21}}}{\underset{4}{\cancel{8}}} \times \dfrac{\overset{5}{\cancel{10}}}{\underset{1}{\cancel{7}}}$

$= \dfrac{15}{4} = 3\dfrac{3}{4}$ (cm²)

32 ㉠ $2\dfrac{7}{10}$ ㉡ $3\dfrac{1}{3}$ ㉢ $3\dfrac{1}{3}$

33 가장 큰 분수: $3\dfrac{1}{8}$, 가장 작은 분수: $1\dfrac{1}{5}$

➡ $3\dfrac{1}{8} \times 1\dfrac{1}{5} = \dfrac{\overset{5}{\cancel{25}}}{8} \times \dfrac{\overset{3}{\cancel{6}}}{\underset{1}{\cancel{5}}} = \dfrac{15}{4} = 3\dfrac{3}{4}$

34 만들 수 있는 가장 큰 대분수는 $5\dfrac{3}{4}$입니다.

➡ $5\dfrac{3}{4} \times 2\dfrac{2}{5} = \dfrac{23}{\underset{1}{\cancel{4}}} \times \dfrac{\overset{3}{\cancel{12}}}{5} = \dfrac{69}{5} = 13\dfrac{4}{5}$

36 (자연수)는 $\dfrac{(\text{자연수})}{1}$로 나타낼 수 있고, 곱셈은 순서를 바꾸어 곱해도 계산 결과는 같습니다.

38 $\dfrac{\overset{2}{\cancel{8}}}{\underset{3}{\cancel{21}}} \times \dfrac{7}{\underset{\underset{1}{3}}{\cancel{12}}} \times \dfrac{\overset{1}{\cancel{3}}}{\underset{5}{\cancel{10}}} = \dfrac{1}{15}$

39 ㉠ $\dfrac{4}{5} \times 1\dfrac{5}{8} \times \dfrac{5}{12} = \dfrac{\cancel{4}}{\underset{1}{\cancel{5}}} \times \dfrac{13}{\underset{2}{\cancel{8}}} \times \dfrac{\cancel{5}}{12} = \dfrac{13}{24}$

㉡ $1\dfrac{7}{9} \times \dfrac{1}{6} \times \dfrac{3}{8} = \dfrac{\overset{2}{\cancel{16}}}{\underset{3}{\cancel{9}}} \times \dfrac{1}{\underset{3}{\cancel{6}}} \times \dfrac{\overset{1}{\cancel{3}}}{\underset{1}{\cancel{8}}} = \dfrac{1}{9}$

➡ $\dfrac{13}{24} > \dfrac{1}{9}$이므로 계산 결과가 더 큰 것은 ㉠입니다.

40 $\dfrac{\overset{1}{\cancel{3}}}{\underset{\underset{1}{4}}{\cancel{8}}} \times \dfrac{\overset{1}{\cancel{2}}}{5} \times \dfrac{\overset{1}{\cancel{4}}}{\underset{3}{\cancel{9}}} = \dfrac{1}{15}$

41 $24 \times \dfrac{5}{8} \times \dfrac{1}{5} = \dfrac{24}{1} \times \dfrac{\cancel{5}}{\underset{1}{\cancel{8}}} \times \dfrac{1}{\underset{1}{\cancel{5}}} = 3(\text{명})$

42~43쪽 1단계 기본 ➕ 유형 연습

1-1 ㉠, ㉣ **1-2** ( )(○)(○)

1-3 ㉡

2-1 18 **2-2** $\dfrac{4}{7}$ **2-3** 2970

3-1 $\dfrac{1}{216}$ **3-2** $5\dfrac{1}{3}$ **3-3** $28\dfrac{1}{2}$

4-1 $44\dfrac{3}{4}$ cm² **4-2** $32\dfrac{1}{10}$ cm² **4-3** $7\dfrac{3}{5}$ cm²

1-1 대분수는 1보다 큰 수이므로 5에 대분수를 곱하면 계산 결과는 5보다 큽니다.

1-2 $\dfrac{7}{15}$에 1보다 작은 수를 곱한 것을 모두 찾습니다.

1-3 $\dfrac{5}{6}$에 1보다 큰 수를 곱하면 $\dfrac{5}{6}$보다 커지고, 1보다 작은 수를 곱하면 $\dfrac{5}{6}$보다 작아집니다.

㉠ $\dfrac{5}{6} \times \dfrac{\overset{1}{\cancel{3}}}{\underset{2}{\cancel{4}}} \times \dfrac{\overset{1}{\cancel{2}}}{\underset{3}{\cancel{9}}} = \dfrac{5}{6} \times \dfrac{1}{6}$

㉡ $\dfrac{5}{6} \times 1\dfrac{1}{8} \times 2\dfrac{2}{5} = \dfrac{5}{6} \times \dfrac{9}{\underset{2}{\cancel{8}}} \times \dfrac{\overset{3}{\cancel{12}}}{5} = \dfrac{5}{6} \times \dfrac{27}{10}$

➡ ㉠은 $\dfrac{5}{6}$보다 작고 ㉡은 $\dfrac{5}{6}$보다 크므로 ㉠ < ㉡입니다.

2-1 (어떤 수) $= \overset{4}{\cancel{32}} \times \dfrac{7}{\underset{1}{\cancel{8}}} = 28$

➡ $\left(\text{어떤 수의 } \dfrac{9}{14}\right) = \overset{2}{\cancel{28}} \times \dfrac{9}{\underset{1}{\cancel{14}}} = 18$

2-2 (어떤 수) $= \overset{4}{\cancel{8}} \times \dfrac{3}{\underset{5}{\cancel{10}}} = \dfrac{12}{5} = 2\dfrac{2}{5}$

➡ $\left(\text{어떤 수의 } \dfrac{5}{21}\right) = 2\dfrac{2}{5} \times \dfrac{5}{21} = \dfrac{\overset{4}{\cancel{12}}}{\underset{1}{\cancel{5}}} \times \dfrac{\overset{1}{\cancel{5}}}{\underset{7}{\cancel{21}}} = \dfrac{4}{7}$

2-3 (어떤 수) $= 20 \times 2\dfrac{1}{4} = \overset{5}{\cancel{20}} \times \dfrac{9}{\underset{1}{\cancel{4}}} = 45$

㉠ $\overset{9}{\cancel{45}} \times \dfrac{11}{\underset{4}{\cancel{20}}} = \dfrac{99}{4} = 24\dfrac{3}{4}$

㉡ $45 \times 2\dfrac{2}{3} = \overset{15}{\cancel{45}} \times \dfrac{8}{\underset{1}{\cancel{3}}} = 120$

➡ ㉠ × ㉡ $= 24\dfrac{3}{4} \times 120 = \dfrac{99}{\underset{1}{\cancel{4}}} \times \overset{30}{\cancel{120}} = 2970$

3-1 어떤 수를 □라 하면

□ $+ \dfrac{1}{9} = \dfrac{11}{72}$, □ $= \dfrac{11}{72} - \dfrac{1}{9}$, □ $= \dfrac{1}{24}$입니다.

따라서 바르게 계산하면 $\dfrac{1}{24} \times \dfrac{1}{9} = \dfrac{1}{216}$입니다.

3-2 어떤 수를 □라 하면

$$\square - 1\frac{1}{3} = 2\frac{2}{3}, \ \square = 2\frac{2}{3} + 1\frac{1}{3} = 3\frac{3}{3} = 4$$입니다.

따라서 바르게 계산하면 $4 \times 1\frac{1}{3} = 4 \times \frac{4}{3} = \frac{16}{3} = 5\frac{1}{3}$

입니다.

3-3 어떤 수를 □라 하면

$$\square - 3\frac{4}{5} = 3\frac{7}{10}, \ \square = 3\frac{7}{10} + 3\frac{4}{5} = 7\frac{1}{2}$$입니다.

따라서 바르게 계산하면

$$7\frac{1}{2} \times 3\frac{4}{5} = \frac{\overset{3}{15}}{2} \times \frac{19}{\underset{1}{5}} = \frac{57}{2} = 28\frac{1}{2}$$입니다.

4-1 색칠한 부분의 가로는 $\left(12\frac{1}{5} - 3\frac{1}{4}\right)$ cm, 세로는 5 cm

입니다.

➡ (색칠한 부분의 넓이)

$$= \left(12\frac{1}{5} - 3\frac{1}{4}\right) \times 5 = 8\frac{19}{20} \times 5 = 44\frac{3}{4} \ (\text{cm}^2)$$

4-2 색칠한 부분의 가로는 12 cm,

세로는 $\left(5\frac{3}{8} - 2\frac{7}{10}\right)$ cm입니다.

➡ (색칠한 부분의 넓이)

$$= 12 \times \left(5\frac{3}{8} - 2\frac{7}{10}\right) = 12 \times 2\frac{27}{40}$$

$$= 32\frac{1}{10} \ (\text{cm}^2)$$

4-3 색칠한 두 부분을 붙이면 가로가 $2\frac{2}{5}$ cm,

세로가 $5\frac{1}{12} - 1\frac{11}{12} = 3\frac{1}{6}$ (cm)인 직사각형이 됩니다.

➡ (색칠한 부분의 넓이)

$$= 2\frac{2}{5} \times 3\frac{1}{6} = \frac{\overset{2}{12}}{5} \times \frac{19}{\underset{1}{6}} = \frac{38}{5} = 7\frac{3}{5} \ (\text{cm}^2)$$

44~49쪽 **2**단계 실력 유형 연습

1 ㉡

2

3 1 L

---

4 예 자연수 9를 분자에만 곱해야 하는데 분모에도 곱했습니다.

5 ( ) (○)

6 방법1 예 $2\frac{7}{9} \times 12 = \frac{25}{\underset{3}{9}} \times \overset{4}{12} = \frac{100}{3} = 33\frac{1}{3}$

방법2 예 $2\frac{7}{9} \times 12 = (2 \times 12) + \left(\frac{7}{\underset{3}{9}} \times \overset{4}{12}\right)$

$$= 24 + \frac{28}{3} = 24 + 9\frac{1}{3}$$

$$= 33\frac{1}{3}$$

7 162 cm

8 지호, 5

9 ㉡ /

예 $6 \times 3\frac{1}{5} = (6 \times 3) + \left(6 \times \frac{1}{5}\right) = 18 + \frac{6}{5}$

$$= 18 + 1\frac{1}{5} = 19\frac{1}{5}$$

10 $\frac{1}{20}$ **11** $7\frac{1}{2}$ kg

12 23   **13** 건우

14 $78 \times \frac{9}{13} = 54, \ 54$ cm

15 예 기름이 $\frac{5}{6}$ L씩 들어 있는 병이 4개 있습니다.

기름은 모두 몇 L일까요? /

예 $\frac{5}{6} \times 4 = \frac{5 \times 4}{6} = \frac{\overset{10}{20}}{\underset{3}{6}} = \frac{10}{3} = 3\frac{1}{3}$ (L)

답 예 $3\frac{1}{3}$ L

16 민규, 5장   **17** 현우

18 예 운동을 좋아하는 학생 중 $\frac{1}{3}$은 야구를 좋아합니다. 도연이네 반 학생 중 야구를 좋아하는 학생은 반 전체 학생의 얼마일까요?

답 예 $\frac{4}{15}$

19 6, 7, 8, 9   **20** 세형, $\frac{2}{25}$ L

21 $6\frac{3}{5}$ cm^2 **22** $\frac{1}{6}$

1 ㉠ $2\dfrac{5}{6} \times 3 = \dfrac{17}{\underset{2}{6}} \times \overset{1}{3} = \dfrac{17}{2} = 8\dfrac{1}{2}$

　㉡ $8 \times 1\dfrac{1}{10} = \overset{4}{8} \times \dfrac{11}{\underset{5}{10}} = \dfrac{44}{5} = 8\dfrac{4}{5}$

　➡ ㉠ $8\dfrac{1}{2}\left(=8\dfrac{5}{10}\right) <$ ㉡ $8\dfrac{4}{5}\left(=8\dfrac{8}{10}\right)$

2 $\dfrac{\overset{1}{2}}{9} \times \dfrac{5}{\underset{4}{8}} = \dfrac{5}{36}$, $\dfrac{4}{7} \times \dfrac{14}{15} = \dfrac{8}{15}$, $\dfrac{\overset{3}{9}}{11} \times \dfrac{2}{\underset{1}{3}} = \dfrac{6}{11}$

3 $\dfrac{1}{\underset{1}{5}} \times \overset{1}{5} = 1$ (L)

4
자연수 9를 분자에만 곱해야 한다고 썼으면 정답입니다.

5 $\dfrac{\overset{1}{3}}{4} \times \dfrac{8}{\underset{3}{9}} \times \dfrac{\overset{5}{15}}{\underset{2}{16}} = \dfrac{5}{8}$

　$\dfrac{6}{7} \times \dfrac{1}{2} \times 4\dfrac{2}{3} = \dfrac{6}{7} \times \dfrac{1}{2} \times \dfrac{14}{3} = 2$

6 대분수를 가분수로 나타내 계산하거나 대분수를 자연수와 진분수의 합으로 바꾸어 계산합니다.

7 (방석의 둘레)$= 40\dfrac{1}{2} \times 4 = \dfrac{81}{\underset{1}{2}} \times \overset{2}{4} = 162$ (cm)

8 나연: $1\dfrac{4}{5} \times 3\dfrac{1}{3} = \dfrac{9}{5} \times \dfrac{10}{3} = 6$

　지호: $4\dfrac{1}{2} \times 1\dfrac{1}{9} = \dfrac{9}{2} \times \dfrac{10}{9} = 5$

9 ㉡ $3\dfrac{1}{5} = 3 + \dfrac{1}{5}$과 같이 자연수와 진분수의 합으로 바꾸어 계산합니다.

10 $\dfrac{1}{4} \times \dfrac{1}{5} = \dfrac{1}{20}$

11 (사용한 찹쌀의 양)$= 1\dfrac{3}{7} \times 5\dfrac{1}{4} = \dfrac{\overset{5}{10}}{\underset{1}{7}} \times \dfrac{\overset{3}{21}}{\underset{2}{4}}$

　$= \dfrac{15}{2} = 7\dfrac{1}{2}$ (kg)

12 $6 \times 3\dfrac{8}{9} = \overset{2}{6} \times \dfrac{35}{\underset{3}{9}} = \dfrac{2 \times 35}{3} = \dfrac{70}{3} = 23\dfrac{1}{3}$이므로

　$23\dfrac{1}{3} > \square$입니다.

　따라서 $\square$ 안에 들어갈 수 있는 자연수 중 가장 큰 수는 23입니다.

13 • 은우: 1 L = 1000 mL이므로 1000 mL의 $\dfrac{1}{5}$은

　$\overset{200}{1000} \times \dfrac{1}{\underset{1}{5}} = 200$ (mL)입니다.

　• 건우: 1시간 = 60분이므로 60분의 $\dfrac{3}{4}$은

　$\overset{15}{60} \times \dfrac{3}{\underset{1}{4}} = 45$(분)입니다.

　• 소윤: 1 m = 100 cm이므로 100 cm의 $\dfrac{1}{2}$은

　$\overset{50}{100} \times \dfrac{1}{\underset{1}{2}} = 50$ (cm)입니다.

15
곱셈에 알맞은 문제를 만들고, 풀이와 답을 썼으면 정답입니다.

16 세영: $\overset{4}{28} \times \dfrac{5}{\underset{1}{7}} = 20$(장), 민규: $\overset{5}{30} \times \dfrac{5}{\underset{1}{6}} = 25$(장)

　➡ 민규가 $25 - 20 = 5$(장) 더 많이 사용했습니다.

17 준서: $4\dfrac{1}{3} \times 4\dfrac{1}{3} = 18\dfrac{7}{9}$ (cm²) ⎤
　　　　　　　　　　　　　　　　　　　➡ $18\dfrac{7}{9} < 20\dfrac{1}{8}$
　현우: $5\dfrac{1}{4} \times 3\dfrac{5}{6} = 20\dfrac{1}{8}$ (cm²) ⎦

18
곱셈에 알맞은 문제를 완성하고, 답을 썼으면 정답입니다.

19 $\dfrac{1}{8} \times \dfrac{1}{\square} = \dfrac{1}{8 \times \square} < \dfrac{1}{45}$이므로 $8 \times \square > 45$입니다.

　➡ $\square$ 안에 들어갈 수 있는 수는 6, 7, 8, 9입니다.

20 승기: $1\dfrac{3}{5}\times\dfrac{1}{4}=\dfrac{\overset{2}{\cancel{8}}}{5}\times\dfrac{1}{\cancel{4}_{1}}=\dfrac{2}{5}$ (L)

세형: $1\dfrac{3}{5}\times\dfrac{3}{10}=\dfrac{\overset{4}{\cancel{8}}}{5}\times\dfrac{3}{\cancel{10}_{5}}=\dfrac{12}{25}$ (L)

➡ $\dfrac{12}{25}-\dfrac{2}{5}=\dfrac{12}{25}-\dfrac{10}{25}=\dfrac{2}{25}$ (L)이므로 세형이가

승기보다 $\dfrac{2}{25}$ L 더 많이 마셨습니다.

21 (색칠한 부분의 넓이)

$=$(직사각형의 넓이)$\times\dfrac{1}{4}$

$=5\dfrac{1}{2}\times4\dfrac{4}{5}\times\dfrac{1}{4}=\dfrac{11}{2}\times\dfrac{\overset{\overset{3}{\cancel{6}}}{\cancel{24}}}{5}\times\dfrac{1}{\cancel{4}_{1}}$

$=\dfrac{33}{5}=6\dfrac{3}{5}$ (cm²)

22 어제 읽고 난 나머지는 전체의 $1-\dfrac{3}{8}=\dfrac{5}{8}$입니다.

오늘 읽은 책의 양은 책 전체의

$\dfrac{\overset{1}{\cancel{5}}}{\cancel{8}_{2}}\times\dfrac{\overset{1}{\cancel{4}}}{\cancel{15}_{3}}=\dfrac{1}{6}$입니다.

50~55쪽 **3**단계 **심화 유형 연습**

심화 1 ① $2\dfrac{1}{2}$ ② 2개

1-1 8개 **1-2** 3개 **1-3** 3개

심화 2 ① $\dfrac{1}{4}$시간 ② 19 km

2-1 30 km **2-2** 9 L

심화 3 ① $2\times\dfrac{4}{5}=1\dfrac{3}{5}$, $1\dfrac{3}{5}$ m

② $2\times\dfrac{4}{5}\times\dfrac{4}{5}=1\dfrac{7}{25}$

$\left(\text{또는}1\dfrac{3}{5}\times\dfrac{4}{5}=1\dfrac{7}{25}\right)$, $1\dfrac{7}{25}$ m

3-1 $4\dfrac{1}{2}$ m **3-2** $1\dfrac{5}{24}$ m

심화 4 ① $6\dfrac{2}{5}$, $2\dfrac{5}{6}$ ② $18\dfrac{2}{15}$

4-1 $32\dfrac{13}{15}$ **4-2** $\dfrac{15}{56}$ **4-3** $\dfrac{5}{72}$

심화 5 ① 18장 ② 9장 ③ 27장

5-1 108개 **5-2** 120 kg

심화 6 ① $\dfrac{1}{12}$, $\dfrac{1}{24}$ ② $\dfrac{1}{8}$ ③ 8일

6-1 12일 **6-2** $\dfrac{13}{40}$

심화 1 ① $1\dfrac{1}{4}\times2=\dfrac{5}{\cancel{4}}\times\overset{1}{\cancel{2}}=\dfrac{5}{2}=2\dfrac{1}{2}$

② $2\dfrac{1}{2}>\square$이므로 $\square$ 안에 들어갈 수 있는 자연수는

1, 2로 모두 2개입니다.

1-1 $2\dfrac{5}{8}\times3\dfrac{1}{3}=\dfrac{\overset{7}{\cancel{21}}}{\cancel{8}_{4}}\times\dfrac{\overset{5}{\cancel{10}}}{\cancel{3}_{1}}=\dfrac{35}{4}=8\dfrac{3}{4}$이므로

$8\dfrac{3}{4}>\square$입니다.

따라서 $\square$ 안에 들어갈 수 있는 자연수는 1, 2, 3, 4,

5, 6, 7, 8로 모두 8개입니다.

1-2 $4\dfrac{1}{4}\times1\dfrac{3}{5}=\dfrac{17}{\cancel{4}}\times\dfrac{\overset{2}{\cancel{8}}}{5}=\dfrac{34}{5}=6\dfrac{4}{5}$이므로

$6\dfrac{4}{5}<\square$입니다.

따라서 1부터 9까지의 자연수 중 $\square$ 안에 들어갈 수 있는 수는 7, 8, 9로 모두 3개입니다.

1-3 $3\times4\dfrac{2}{5}=3\times\dfrac{22}{5}=\dfrac{66}{5}=13\dfrac{1}{5}$

$6\times2\dfrac{3}{4}=\overset{3}{\cancel{6}}\times\dfrac{11}{\cancel{4}_{2}}=\dfrac{33}{2}=16\dfrac{1}{2}$

➡ $13\dfrac{1}{5}<\square<16\dfrac{1}{2}$이므로 $\square$ 안에 들어갈 수 있는 자연수는 14, 15, 16으로 모두 3개입니다.

심화 2 ① 빠르기가 한 시간 기준이므로 15분을 시간으로

나타내면 15분$=\dfrac{15}{60}$시간$=\dfrac{1}{4}$시간입니다.

② (15분 동안 갈 수 있는 거리)$=\overset{19}{\cancel{76}}\times\dfrac{1}{\cancel{4}_{1}}=19$ (km)

정답과 해설

2-1 40분을 시간으로 나타내면

$40분=\dfrac{40}{60}$시간$=\dfrac{2}{3}$시간입니다.

→ (40분 동안 갈 수 있는 거리)$=\overset{15}{45}\times\dfrac{2}{\underset{1}{3}}=30$ (km)

2-2 3분 36초$=3\dfrac{36}{60}$분$=3\dfrac{3}{5}$분

→ (3분 36초 동안 나오는 물의 양)

$=2\dfrac{1}{2}\times3\dfrac{3}{5}=\dfrac{\overset{1}{5}}{\underset{1}{2}}\times\dfrac{\overset{9}{18}}{\underset{1}{5}}=9$ (L)

심화 3 ❶ $2\times\dfrac{4}{5}=\dfrac{2\times4}{5}=\dfrac{8}{5}=1\dfrac{3}{5}$ (m)

❷ $2\times\dfrac{4}{5}\times\dfrac{4}{5}=\dfrac{2\times4\times4}{5\times5}=\dfrac{32}{25}=1\dfrac{7}{25}$ (m)

3-1 $8\times\dfrac{3}{4}\times\dfrac{3}{4}=\dfrac{8\times3\times3}{4\times4}=\dfrac{\overset{9}{72}}{\underset{2}{16}}=\dfrac{9}{2}=4\dfrac{1}{2}$ (m)

3-2 $10\dfrac{7}{8}\times\dfrac{1}{3}\times\dfrac{1}{3}=\dfrac{\overset{29}{87}}{8}\times\dfrac{1}{\underset{1}{3}}\times\dfrac{1}{3}=\dfrac{29}{24}=1\dfrac{5}{24}$ (m)

심화 4 ❶ 만들 수 있는 가장 큰 대분수: $6\dfrac{2}{5}$

만들 수 있는 가장 작은 대분수: $2\dfrac{5}{6}$

❷ $6\dfrac{2}{5}\times2\dfrac{5}{6}=\dfrac{32}{5}\times\dfrac{\overset{16}{...}17}{\underset{3}{6}}=\dfrac{272}{15}=18\dfrac{2}{15}$

4-1 만들 수 있는 가장 큰 대분수: $6\dfrac{4}{5}$

만들 수 있는 가장 작은 대분수: $4\dfrac{5}{6}$

→ $6\dfrac{4}{5}\times4\dfrac{5}{6}=\dfrac{34}{5}\times\dfrac{\overset{17}{29}}{\underset{3}{6}}=\dfrac{493}{15}=32\dfrac{13}{15}$

4-2 분수는 분모가 클수록, 분자가 작을수록 계산 결과가
작아지므로 두 진분수의 곱이 가장 작은 값은

$\dfrac{3\times5}{7\times8}=\dfrac{15}{56}$입니다.

4-3 분수는 분모가 클수록, 분자가 작을수록 계산 결과가
작아지므로 세 진분수의 곱이 가장 작은 값은

$\dfrac{1\quad1}{\underset{2}{\overset{}{6}}\times\underset{}{3}\times5}{\times8\times9}=\dfrac{5}{72}$입니다.

심화 5 ❶ $\overset{18}{54}\times\dfrac{1}{\underset{1}{3}}=18$(장)

❷ (어제 사용하고 남은 색종이 수)
$=54-18=36$(장)

(오늘 사용한 색종이 수)$=\overset{9}{36}\times\dfrac{1}{\underset{1}{4}}=9$(장)

다른 풀이

어제 사용하고 남은 색종이는 전체의 $1-\dfrac{1}{3}=\dfrac{2}{3}$이므로 오늘

사용한 색종이 수는 $\overset{\overset{9}{18}}{54}\times\dfrac{2}{\underset{1}{3}}\times\dfrac{1}{\underset{1}{\underset{}{4}}}=9$(장)입니다.

❸ $18+9=27$(장)

5-1 (동생에게 준 구슬의 수)$=\overset{12}{120}\times\dfrac{7}{\underset{1}{10}}=84$(개)

(동생에게 주고 남은 구슬의 수)
$=120-84=36$(개)

(친구에게 준 구슬의 수)$=\overset{12}{36}\times\dfrac{2}{\underset{1}{3}}=24$(개)

→ (동생과 친구에게 준 구슬의 수)
$=84+24=108$(개)

5-2 (사 온 밀가루의 무게)$=80\times4=320$ (kg)
(오전에 사용한 밀가루의 무게)

$=\overset{64}{320}\times\dfrac{2}{\underset{1}{5}}=128$ (kg)

(오후에 사용한 밀가루의 무게)

$=(320-128)\times\dfrac{3}{8}=\overset{24}{192}\times\dfrac{3}{\underset{1}{8}}=72$ (kg)

→ (남은 밀가루의 무게)$=320-128-72$
$\qquad\qquad\qquad\qquad\quad=120$ (kg)

심화 6 ❶ 다희: $\dfrac{1}{3}\times\dfrac{1}{4}=\dfrac{1}{12}$, 민재: $\dfrac{1}{2}\times\dfrac{1}{12}=\dfrac{1}{24}$

❷ 두 사람이 함께 하루에 하는 일의 양은

$\dfrac{1}{12}+\dfrac{1}{24}=\dfrac{1}{8}$입니다.

❸ 두 사람이 함께 하루에 $\dfrac{1}{8}$씩 8일 동안 일하면 전체

1이 되므로 8일 만에 끝마칠 수 있습니다.

정답과 해설

6-1 하루에 하는 일의 양은 지유가 전체의 $\frac{1}{4} \times \frac{1}{5} = \frac{1}{20}$이고 수영이가 전체의 $\frac{1}{3} \times \frac{1}{10} = \frac{1}{30}$입니다.

따라서 두 사람이 함께 하루에 하는 일의 양은 $\frac{1}{20} + \frac{1}{30} = \frac{1}{12}$이므로 두 사람이 함께 일을 하면 12일 만에 끝마칠 수 있습니다.

6-2 하루에 하는 일의 양은 정연이가 전체의 $\frac{1}{8}$이고, 진우가 전체의 $\frac{1}{10}$입니다.

두 사람이 함께 3일 동안 한 일은 전체의 $\left(\frac{1}{8} + \frac{1}{10}\right) \times 3 = \frac{9}{40} \times 3 = \frac{27}{40}$입니다.

따라서 남은 일은 전체의 $1 - \frac{27}{40} = \frac{13}{40}$입니다.

56~59쪽 Test 단원 실력 평가

1 ④

2 $3\frac{15}{16}$

3 ( ) ( ) (○)

4 $\frac{2}{3}$ cm

5 $\frac{25}{36}$

6 <

7 $\frac{6}{11}$ L

8 $\frac{1}{6}$ m

9 $12\frac{11}{20}$

10 지영, $14\frac{2}{3}$

11 방법 1 예 $6 \times 1\frac{5}{18} = \overset{1}{\cancel{6}} \times \frac{23}{\underset{3}{\cancel{18}}} = \frac{23}{3} = 7\frac{2}{3}$

방법 2 예 $6 \times 1\frac{5}{18} = (6 \times 1) + \left(\overset{1}{\cancel{6}} \times \frac{5}{\underset{3}{\cancel{18}}}\right)$
$= 6 + \frac{5}{3} = 6 + 1\frac{2}{3} = 7\frac{2}{3}$

12 2개

13 예 ❶ 1시간 35분 $= 1\frac{35}{60}$시간 $= 1\frac{7}{12}$시간

❷ 지웅이가 1시간 35분 동안 걸은 거리는
$3 \times 1\frac{7}{12} = \overset{1}{\cancel{3}} \times \frac{19}{\underset{4}{\cancel{12}}} = \frac{19}{4} = 4\frac{3}{4}$ (km)입니다.

답 $4\frac{3}{4}$ km

14 $2\frac{55}{96}$

15 $3\frac{1}{9}$ cm²

16 예 ❶ 수빈이가 오늘 읽은 양은 책 전체의
$\left(1 - \frac{1}{2}\right) \times \frac{1}{5} = \frac{1}{2} \times \frac{1}{5} = \frac{1}{10}$입니다.

❷ 따라서 수빈이가 오늘 읽은 양은
$200 \times \frac{1}{10} = 20$(쪽)입니다. 답 20쪽

17 6 cm²

18 ④

19 $\frac{2}{63}$

20 3380 cm²

21 $\frac{4}{3}$, $\frac{5}{2}$

22 17100원

23 12 m²

24 7800000명(780만 명)

25 168권

---

1 $\underset{①}{\frac{2}{7} + \frac{2}{7} + \frac{2}{7} + \frac{2}{7} + \frac{2}{7}} = \underset{②}{\frac{2}{7} \times 5} = \underset{③}{\frac{2 \times 5}{7}} = \frac{10}{7} = \underset{⑤}{1\frac{3}{7}}$

2 $3\frac{3}{8} \times 1\frac{1}{6} = \frac{27}{8} \times \frac{7}{\underset{2}{\cancel{6}}}^{9} = \frac{63}{16} = 3\frac{15}{16}$

3 $\frac{3}{7}$에 1보다 큰 수를 곱한 것을 찾습니다.

5 $4\frac{1}{6} \times \frac{5}{9} \times \frac{3}{10} = \frac{25}{6} \times \frac{\overset{1}{\cancel{5}}}{\underset{3}{\cancel{9}}} \times \frac{\overset{1}{\cancel{3}}}{\underset{2}{\cancel{10}}} = \frac{25}{36}$

8 색칠하지 않은 부분은 전체의 $\frac{2}{9}$입니다.

➡ (색칠하지 않은 부분의 길이) $= \frac{\overset{1}{\cancel{3}}}{\underset{2}{\cancel{4}}} \times \frac{\overset{1}{\cancel{2}}}{\underset{3}{\cancel{9}}} = \frac{1}{6}$ (m)

9 ㉠ $\frac{1}{4}$, ㉡ $12\frac{4}{5}$

➡ $12\frac{4}{5} - \frac{1}{4} = 12\frac{16}{20} - \frac{5}{20} = 12\frac{11}{20}$

10 지영: $2\frac{4}{9} \times 6 = \frac{22}{\underset{3}{\cancel{9}}} \times \overset{2}{\cancel{6}} = \frac{44}{3} = 14\frac{2}{3}$

12 $1\frac{1}{8} \times 2\frac{2}{3} = \frac{\overset{3}{\cancel{9}}}{\underset{1}{\cancel{8}}} \times \frac{\overset{1}{\cancel{8}}}{\underset{1}{\cancel{3}}} = 3$이므로 $3 > \square$입니다.

따라서 $\square$ 안에 들어갈 수 있는 자연수는 1, 2로 모두 2개입니다.

정답과 해설

13

14 어떤 수를 □라 하면

$$\square + 1\frac{5}{8} = 3\frac{5}{24}, \quad \square = 3\frac{5}{24} - 1\frac{5}{8} = 1\frac{7}{12}$$ 입니다.

따라서 바르게 계산한 값은

$$1\frac{7}{12} \times 1\frac{5}{8} = \frac{19}{12} \times \frac{13}{8} = \frac{247}{96} = 2\frac{55}{96}$$ 입니다.

15 (가로)$= 2\frac{2}{3} \times \frac{7}{16} = \frac{\overset{1}{\cancel{8}}}{3} \times \frac{7}{\underset{2}{\cancel{16}}} = \frac{7}{6} = 1\frac{1}{6}$ (cm)

(붙임딱지의 넓이)$= 1\frac{1}{6} \times 2\frac{2}{3} = \frac{7}{\underset{3}{\cancel{6}}} \times \frac{\overset{4}{\cancel{8}}}{3} = \frac{28}{9}$

$$= 3\frac{1}{9}$$ (cm²)

16

17 (다른 한 대각선의 길이)

$$= 1\frac{1}{3} \times 2 = \frac{4}{3} \times 2 = \frac{8}{3} = 2\frac{2}{3}$$ (cm)

(마름모의 넓이)

$$= 4\frac{1}{2} \times 2\frac{2}{3} \div 2 = \frac{\overset{3}{\cancel{9}}}{\underset{1}{\cancel{2}}} \times \frac{\overset{4}{\cancel{8}}}{\underset{1}{\cancel{3}}} \div 2 = 12 \div 2 = 6$$ (cm²)

18 19에 1보다 작은 수(진분수)를 곱하면 계산 결과는 19보다 작아집니다. 어떤 수가 될 수 있는 수는 1보다 작은 수이므로 ④ $\frac{23}{50}$입니다.

19 분모가 클수록, 분자가 작을수록 계산 결과가 작아집니다. ➡ $\dfrac{1 \times \overset{1}{\cancel{3}} \times \overset{2}{\cancel{4}}}{\underset{3}{\cancel{9}} \times 7 \times \underset{3}{\cancel{6}}} = \dfrac{2}{63}$

20 (타일 한 장의 넓이)

$$= 6\frac{1}{2} \times 6\frac{1}{2} = \frac{13}{2} \times \frac{13}{2} = \frac{169}{4} = 42\frac{1}{4}$$ (cm²)

(타일을 이어 붙인 벽의 넓이)

$$= 42\frac{1}{4} \times 80 = \frac{169}{\underset{1}{\cancel{4}}} \times \overset{20}{\cancel{80}} = 3380$$ (cm²)

21 어떤 분수와 곱해서 1이 되게 하는 수는 어떤 분수의 분모와 분자를 서로 바꾼 분수입니다.

$$\frac{\overset{1}{\cancel{3}}}{\underset{1}{\cancel{4}}} \times \frac{\overset{1}{\cancel{4}}}{\underset{1}{\cancel{3}}} = 1, \quad \frac{\overset{1}{\cancel{2}}}{\underset{1}{\cancel{5}}} \times \frac{\overset{1}{\cancel{5}}}{\underset{1}{\cancel{2}}} = 1$$

22 (어른 2명의 할인 기간 입장료)

$$= \overset{1600}{\cancel{8000}} \times \frac{3}{\underset{1}{\cancel{5}}} \times 2 = 9600$$ (원)

(어린이 2명의 할인 기간 입장료)

$$= \overset{1250}{\cancel{5000}} \times \frac{3}{\underset{1}{\cancel{4}}} \times 2 = 7500$$ (원)

➡ $9600 + 7500 = 17100$(원)

23 (밭의 넓이)$= 6 \times 5 = 30$ (m²)

콩을 심고 남은 부분은 전체의 $1 - \frac{1}{5} = \frac{4}{5}$이고

콩, 감자를 심고 남은 부분은 전체의

$$\frac{4}{5} \times \left(1 - \frac{1}{4}\right) = \frac{4}{5} \times \frac{3}{4}$$ 이므로

콩, 감자, 당근을 심고 남은 부분은 전체의

$$\frac{4}{5} \times \frac{3}{4} \times \left(1 - \frac{1}{3}\right) = \frac{4}{5} \times \frac{3}{4} \times \frac{2}{3}$$ 입니다.

따라서 아무것도 심지 않은 부분의 넓이는

$$\overset{6}{\cancel{30}} \times \frac{\overset{1}{\cancel{4}}}{\underset{1}{\cancel{5}}} \times \frac{\overset{1}{\cancel{3}}}{\underset{1}{\cancel{4}}} \times \frac{2}{\underset{1}{\cancel{3}}} = 12$$ (m²)입니다.

24 한양에 살았던 인구는 전체의 $\frac{1}{80}$이고 한양 이외의 지역에 살았던 인구는 전체의 $1 - \frac{1}{80} = \frac{79}{80}$입니다.

따라서 한양에 살았던 인구와 한양 이외의 지역에 살았던 인구의 차는 전체의 $\frac{79}{80} - \frac{1}{80} = \frac{78}{80} = \frac{39}{40}$이므로

$$\overset{200000}{\cancel{8000000}} \times \frac{39}{\underset{1}{\cancel{40}}} = 7800000$$ (명)입니다.

25 둘째 날 팔고 남은 공책은 처음에 있던 공책의

$$\left(1 - \frac{5}{6}\right) \times \left(1 - \frac{1}{4}\right) = \frac{1}{6} \times \frac{\overset{1}{\cancel{3}}}{\underset{2}{\cancel{4}}} = \frac{1}{8}$$ 입니다.

따라서 21권은 처음에 있던 공책의 $\frac{1}{8}$이므로 처음에 있던 공책은 $21 \times 8 = 168$(권)입니다.

3 합동과 대칭

64~69쪽 **1단계** **기본 유형 연습**

1 바

2 2쌍

3 ㉣

4 나

5 예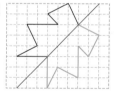

6 라

7 ②, ④

8 (1) 점 ㄹ, 점 ㄴ (2) 변 ㄹㄴ, 변 ㄹㄷ
(3) 각 ㄹㄴㄷ, 각 ㄴㄱㄷ

9 5 cm

10 (왼쪽에서부터) 6, 70, 4

11 4 cm, 80°

12 95°

13 가, 나, 라

14 (1) ㅂ (2) ㅅㅇ (3) ㅂㄹㄷ

15 (1)

 (2)

16 (위에서부터) 80, 6

17 14 cm

18 6개

19 ㉡, ㉣, ㉠

20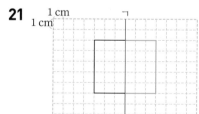

21
1 cm
1 cm
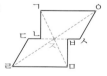

22 22 cm

23 30 cm²

24 130

25 BIKE

26 다, 마, 바

27 (1)

(2) 점 ㅁ, 변 ㅅㅇ, 각 ㄴㄱㅇ

28 (1) 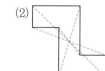 (2)

29 70°

30 16 cm

31 100

32 28 cm

33 현수

34 (1) 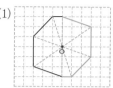 (2)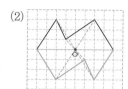

35
1 cm
1 cm

36 32 cm²

37 36 cm

38 Z

---

1 도형 가와 모양과 크기가 같아서 포개었을 때 완전히 겹치는 도형은 바입니다.

2 서로 합동인 도형은 가와 바, 다와 라이므로 모두 2쌍입니다.

3 점선을 따라 잘랐을 때 만들어진 두 도형의 모양과 크기가 같은 것은 ㉣입니다.

4 도형 가, 다, 라는 모양과 크기가 같고, 도형 나는 모양과 크기가 나머지 셋과 다릅니다.

5 주어진 도형과 포개었을 때 완전히 겹치는 도형을 그립니다.

6 모양과 크기가 같아서 포개었을 때 완전히 겹치는 모양의 타일을 찾으면 라입니다.

> **참고**
> 합동인 도형은 포개었을 때 남거나 모자란 부분이 없어야 합니다.
> ➡ 타일을 붙였을 때 타일 가는 남고, 타일 나는 모자랍니다.

7 두 사각형을 포개었을 때 완전히 겹치는 변을 모두 찾습니다.
➡ 변 ㄱㄴ과 변 ㅇㅅ, 변 ㄴㄷ과 변 ㅅㅂ,
변 ㄹㄷ과 변 ㅁㅂ, 변 ㄱㄹ과 변 ㅇㅁ

9 변 ㄹㅁ의 대응변은 변 ㄱㄷ입니다.
➡ (변 ㄹㅁ)=(변 ㄱㄷ)=5 cm

정답과 해설

10

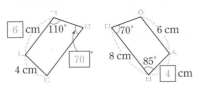

(변 ㄱㄴ)=(변 ㅇㅅ)=6 cm,

(변 ㅅㅂ)=(변 ㄴㄷ)=4 cm,

(각 ㄱㄹㄷ)=(각 ㅇㅁㅂ)=70°

11 변 ㅁㅇ의 대응변은 변 ㄹㄱ이므로

(변 ㅁㅇ)=(변 ㄹㄱ)=4 cm입니다.

각 ㄱㄴㄷ의 대응각은 각 ㅇㅅㅂ이므로

(각 ㄱㄴㄷ)=(각 ㅇㅅㅂ)=80°입니다.

12 (각 ㄹㅂㅁ)=(각 ㄷㄱㄴ)=55°

삼각형의 세 각의 크기의 합은 180°이므로

(각 ㄹㅁㅂ)=180°−30°−55°=95°입니다.

13

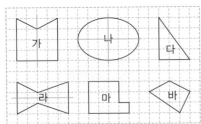

한 직선을 따라 접었을 때 완전히 겹치는 도형을 찾으면

가, 나, 라입니다.

15 한 직선을 따라 접었을 때 완전히 겹치는지 생각하며

대칭축을 그립니다.

16

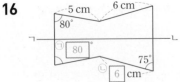

선대칭도형에서 각각의 대응각의 크기와 대응변의 길이는

서로 같으므로 ㉠=80°, ㉡=6 cm입니다.

17 (선분 ㅁㄹ)=(선분 ㄷㄹ)=7 cm이므로

(선분 ㄷㅁ)=7+7=14 (cm)입니다.

18 도형을 완전히 겹치도록 접었을 때 접

은 직선을 그려 보면 모두 6개입니다.

19 각 점에서 대칭축에 수선을 긋고 대칭축까지의 길이와

같도록 대응점을 표시한 후 각 대응점을 차례로 이어

선대칭도형을 완성합니다.

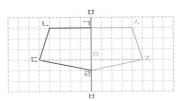

20

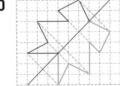

22 완성한 선대칭도형은 가로가 6 cm, 세로가 5 cm인

직사각형입니다.

따라서 둘레는 (6+5)×2=22 (cm)입니다.

다른 풀이

선대칭도형에서 각각의 대응변의 길이가 서로 같으므로 길이가

같은 변이 2개씩 있습니다.

(선대칭도형의 둘레)=3×2+5×2+3×2

=6+10+6=22 (cm)

23 완성한 선대칭도형은 가로가 6 cm, 세로가 5 cm인

직사각형입니다.

따라서 넓이는 6×5=30 (cm²)입니다.

24

25 BIKE

26

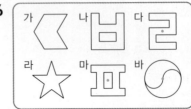

어떤 점을 중심으로 180° 돌렸을 때 처음 도형과 완전

히 겹치는 도형을 찾으면 다, 마, 바입니다.

27 (1) 대칭의 중심은 대응점끼리 이은 선분들이 만나는 점

입니다.

(2) 점 ㅈ을 중심으로 180° 돌렸을 때 완전히 겹치는 점,

변, 각을 각각 찾습니다.

28 대응점끼리 이은 선분들이 만나는 점을 찾아 표시합니다.

> **참고**
> 점대칭도형에서 대칭의 중심은 도형의 모양에 상관없이 항상 1개입니다.

29 각 ㅂㄱㄴ의 대응각은 각 ㄷㄹㅁ이므로
(각 ㅂㄱㄴ)=(각 ㄷㄹㅁ)=70°입니다.

30 (선분 ㅁㅈ)=(선분 ㄱㅈ)=8 cm이므로
(선분 ㄱㅁ)=8+8=16 (cm)입니다.

31 (각 ㄱㄴㄷ)=(각 ㄷㄹㄱ)=80°이고
(각 ㄴㄱㄹ)=(각 ㄹㄷㄴ)입니다.
사각형의 네 각의 크기의 합은 360°이므로
□°=(360°−80°−80°)÷2=100°입니다.

> **주의**
> 평행사변형은 점대칭도형으로 마주 보는 각이 서로 대응각이 됩니다. 평행사변형을 선대칭도형으로 생각하여 □ 안의 수를 80이라고 쓰지 않도록 주의합니다.

32 점대칭도형에서 각각의 대응변의 길이는 서로 같으므로 6 cm, 3 cm, 5 cm인 변이 각각 2개씩 있습니다.
➡ (점대칭도형의 둘레)=(6+3+5)×2=28 (cm)

33 진영이는 선대칭도형이 되도록 그렸고, 현수는 점대칭도형이 되도록 그렸습니다.

34 각 점에서 대칭의 중심을 지나는 직선을 긋고 이 직선에 각 점에서 대칭의 중심까지의 길이와 같도록 대응점을 찾아 표시한 후 각 대응점을 차례로 이어 점대칭도형을 완성합니다.

36 점대칭도형을 완성하면 밑변의 길이가 8 cm이고, 높이가 4 cm인 평행사변형이 됩니다.
➡ (완성한 점대칭도형의 넓이)
   =8×4=32 (cm²)

37
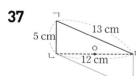
➡ (점대칭도형의 둘레)
   =(5+13)×2
   =36 (cm)

> **참고**
> 완성한 점대칭도형은 평행사변형입니다. 평행사변형은 마주 보는 변의 길이가 각각 같습니다.

38

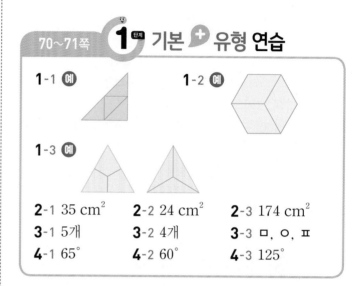

1-1 잘린 네 조각을 뒤집거나 돌려서 포개었을 때 남거나 모자라는 부분이 없이 완전히 겹쳐지면 네 조각은 합동입니다.

1-2 잘린 세 조각을 뒤집거나 돌려서 포개었을 때 남거나 모자라는 부분이 없이 완전히 겹쳐지면 세 조각은 합동입니다.

1-3 잘린 세 조각을 뒤집거나 돌려서 포개었을 때 남거나 모자라는 부분이 없이 완전히 겹쳐지면 세 조각은 합동입니다.

2-1 (변 ㄱㄹ)=(변 ㅇㅅ)=5 cm
(직사각형 ㄱㄴㄷㄹ의 넓이)=5×7=35 (cm²)

2-2 (변 ㄹㅂ)=(변 ㄱㄴ)=6 cm
(삼각형 ㄹㅁㅂ의 넓이)=6×8÷2=24 (cm²)

2-3 (변 ㄹㄷ)=(변 ㅁㅂ)=12 cm,
(변 ㄴㄷ)=(변 ㅅㅂ)=19 cm
(사다리꼴 ㄱㄴㄷㄹ의 넓이)=(10+19)×12÷2
                                    =174 (cm²)

3-1 선대칭도형인 알파벳: A, H, E, M, D ➡ 5개

3-2 점대칭도형인 알파벳: Z, I, H, N ➡ 4개

3-3 선대칭도형인 자음: ㅁ, ㅂ, ㅅ, ㅇ, ㅈ, ㅍ, ㅎ
점대칭도형인 자음: ㄹ, ㅁ, ㅇ, ㅍ
선대칭도형도 되고 점대칭도형도 되는 자음은 ㅁ, ㅇ, ㅍ입니다.

4-1 점대칭도형에서 대응각의 크기는 서로 같으므로
(각 ㄴㄱㅂ)=(각 ㅁㄹㄷ)=35°입니다.
따라서 삼각형 ㄱㄴㄷ에서 세 각의 크기의 합은 180°
이므로 (각 ㄴㄷㅂ)=180°-80°-35°=65°입니다.

4-2 직선을 이루는 각은 180°이므로
(각 ㅁㄴㄷ)=180°-60°=120°이고,
대응각의 크기는 서로 같으므로
(각 ㅁㄱㄹ)=(각 ㅁㄴㄷ)=120°입니다.
(각 ㄴㄷㅂ)=(각 ㄱㄹㅂ)이고 사각형 ㄱㄴㄷㄹ에서
네 각의 크기의 합은 360°이므로
㉠=(360°-120°-120°)÷2=60°입니다.

> **다른 풀이**
> 직선을 이루는 각은 180°이므로
> (각 ㅁㄴㄷ)=180°-60°=120°이고,
> 대응각의 크기는 서로 같으므로
> (각 ㅁㄱㄹ)=(각 ㅁㄴㄷ)=120°입니다.
> 사각형 ㄱㅁㅂㄹ에서 네 각의 크기의 합은 360°이므로
> ㉠=360°-120°-90°-90°=60°입니다.

4-3 직선을 이루는 각은 180°이므로
(각 ㄱㄴㄷ)=180°-95°=85°이고,
대응각의 크기는 서로 같으므로
(각 ㄱㄹㄷ)=(각 ㄱㄴㄷ)=85°입니다.
삼각형 ㄱㄹㄷ에서 세 각의 크기의 합은 180°이므로
(각 ㄷㄱㄹ)=180°-85°-40°=55°입니다.
따라서 (각 ㅁㄱㄹ)=180°-55°=125°입니다.

72~77쪽 **2**단계 실력 유형 연습

1 나와 아, 다와 마
2 예
3 100°
4 18 cm
5 4 cm
6 10 cm
7 (1) ㉠, ㉡, ㉢, ㉧ (2) ㉠, ㉣, ㉦, ㉧
(3) ㉠, ㉧
8 53 m
9 ㉣
10 3쌍
11 ㉣, ㉠, ㉡, ㉢
12 10 cm, 52°
13 65°
14 48 cm
15 4 cm

---

16 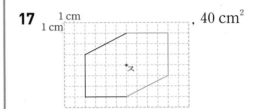 , 34 cm²

17 , 40 cm²

18 ③   **19** 60°
20 20 cm   **21** 130°

1 모양과 크기가 같아서 포개었을 때 완전히 겹치는 두
도형을 찾습니다.

2 잘린 네 도형을 포개었을 때 완전히 겹치도록 선을 긋
습니다.

> **다른 풀이**
> 오른쪽과 같이 서로 합동인 직사각형 2개를 만들
> 고 각각의 직사각형에 대각선을 그어 서로 합동
> 인 삼각형 4개를 만들 수도 있습니다.

3 (각 ㄱㄹㄷ)=360°-120°-90°-50°=100°,
(각 ㅇㅁㅂ)=(각 ㄱㄹㄷ)=100°

> **참고**
> 사각형의 네 각의 크기의 합은 360°입니다.

4 (변 ㅁㅇ)=(변 ㄹㄱ)=6 cm,
(변 ㅂㅅ)=(변 ㄷㄴ)=3 cm
따라서 사각형 ㅁㅂㅅㅇ의 둘레는
5+3+4+6=18 (cm)입니다.

5 서로 합동인 두 삼각형에서 각각의 대응변의 길이는 서
로 같으므로
(변 ㄴㅁ)=(변 ㄹㄷ)=6 cm,
(변 ㄴㄹ)=(변 ㄱㄴ)=10 cm입니다.
➡ (선분 ㄹㅁ)=10-6=4 (cm)

6 (변 ㄱㄴ)=(변 ㅇㅅ)=12 cm,
(변 ㄹㄷ)=47-(8+12+17)=10 (cm)
➡ (변 ㅁㅂ)=(변 ㄹㄷ)=10 cm

7 (1) 선대칭도형:

(2) 점대칭도형: ㉠ H ㉢ N ㉘ ㄹ ㉛ ○ ⊙

8 삼각형 ㄱㄴㅁ과 삼각형 ㄹㄹㄷ은 서로 합동이므로 변 ㄱㄴ과 변 ㄹㄹ, 변 ㄹㄷ과 변 ㄱㅁ의 길이는 각각 같습니다.
→ (변 ㄱㄴ)=(변 ㄹㅁ)=12 m,
(변 ㄹㄷ)=(변 ㄱㅁ)=5 m
울타리를 (5+12)×2+19=53 (m) 쳐야 합니다.

9 ㉘ 대칭축은 6개입니다.

10 서로 합동인 삼각형은 삼각형 ㄱㄴㄷ과 삼각형 ㄹㄷㄴ, 삼각형 ㄱㄹㅁ과 삼각형 ㄹㄱㅁㄷ, 삼각형 ㄱㄴㄹ과 삼각형 ㄹㄷㄱ이므로 모두 3쌍입니다.

11

㉠ ㉡ ㉢ ㉣

대칭축의 수: ㉠ 4개 ㉡ 2개 ㉢ 1개 ㉣ 5개

12 대칭의 중심은 대응점끼리 이은 선분을 둘로 똑같이 나누므로 (선분 ㄴㅇ)=20÷2=10 (cm)입니다.
점대칭도형에서 대응각의 크기는 서로 같고 사각형의 네 각의 크기의 합은 360°이므로
(각 ㄱㄴㄷ)=(각 ㄷㄹㄱ)
= (360°−128°−128°)÷2
= 52°입니다.

13 각 ㄱㄷㄹ의 대응각이 각 ㄱㄷㄴ이므로
(각 ㄱㄷㄹ)=(각 ㄱㄷㄴ)=75°입니다.
따라서 삼각형 ㄱㄷㄹ에서
□=180°−75°−40°=65°입니다.

참고
삼각형의 세 각의 크기의 합은 180°입니다.

14 도형의 둘레는
12×2+5×2+7×2=24+10+14=48 (cm)
입니다.

15 변 ㄱㅂ과 변 ㄹㄷ은 대응변으로 그 길이가 같습니다. 또, 선분 ㅇㅂ과 선분 ㅇㄷ도 그 길이가 같으므로 선분 ㄷㅂ의 길이는 8 cm입니다.
따라서 (변 ㄱㅂ)=(변 ㄹㄷ)=12−8=4 (cm)입니다.

16 직선 ㄱㄴ을 대칭축으로 하는 선대칭도형의 넓이는 넓이가 1 cm²인 모눈 34칸의 넓이와 같으므로 34 cm²입니다.

17 완성한 점대칭도형은 윗변의 길이가 4 cm, 아랫변의 길이가 6 cm, 높이가 4 cm인 사다리꼴 2개의 넓이와 같습니다.
→ (점대칭도형의 넓이)=(4+6)×4÷2×2
= 40 (cm²)

18 ①  → 합동입니다.

②  → 합동입니다.

③  → 합동이 아닙니다.

④ → 합동입니다.

⑤ → 합동입니다.

19 점대칭도형에서 각각의 대응각의 크기가 서로 같으므로 (각 ㄴㄷㄹ)=(각 ㅁㅂㄱ)=30°입니다.
따라서 삼각형의 세 각의 크기의 합은 180°이므로
(각 ㄴㅁㄹ)=180°−30°−90°=60°입니다.

20 각각의 대응점에서 대칭의 중심까지의 거리가 서로 같으므로 (선분 ㅈㄹ)=(선분 ㅈㅇ)=2 cm입니다.
(선분 ㄷㄹ)=12−2−2=8 (cm)
(선분 ㅅㅇ)=(선분 ㄷㄹ)=8 cm이므로
(선분 ㄷㅅ)=12+8=20 (cm)입니다.

21 두 삼각형은 서로 합동이므로
(각 ㄴㄱㄷ)=(각 ㄷㄹㄴ)=65°입니다.
삼각형 ㄱㄴㄷ에서
(각 ㄱㄷㄴ)=180°−65°−90°=25°이고,
(각 ㄹㄴㄷ)=(각 ㄱㄷㄴ)=25°입니다.
따라서 삼각형 ㅁㄴㄷ에서
(각 ㄴㅁㄷ)=180°−25°−25°=130°입니다.

78~83쪽 **3** 단계 **심화 유형 연습**

심화 1 **1** ㄹ, 15 / ㅂ, 8
   2 25 cm   **3** 375 cm^2
1-1 128 cm^2 **1**-2 432 cm^2
심화 2 **1** 101, 111, 181, 808, 818, 888
   2 818, 888   **3** 2개
2-1 4개
2-2 6009, 6699, 6889, 6969
심화 3 **1** 변 ㄹㅁ, 변 ㅅㅇ, 변 ㄱㄴ
   2 8 cm   **3** 4 cm
3-1 3 cm   **3**-2 10 cm
심화 4 **1** 5 cm, 5 cm
   2 40 cm^2 **3** 80 cm^2
4-1 126 cm^2 **4**-2 120 cm^2
심화 5 **1** 65°   **2** 65°
   3 140°
5-1 130°   **5**-2 95°
심화 6 **1**
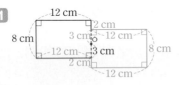
   2 68 cm
6-1 88 cm   **6**-2 48 cm

심화 1 **1** 각각의 대응변의 길이가 서로 같습니다.
   2 (변 ㄱㄹ)=(변 ㄱㅂ)+(변 ㅂㄹ)
          =8+17=25 (cm)
   3 직사각형 ㄱㄴㄷㄹ은 가로가 25 cm, 세로가 15 cm
   입니다.
   (직사각형 ㄱㄴㄷㄹ의 넓이)
   =25×15=375 (cm^2)

1-1 삼각형 ㄴㅁㅂ과 삼각형 ㄹㄷㅂ은 서로 합동이므로
   각각의 대응변의 길이가 서로 같습니다.
   (변 ㄹㄷ)=(변 ㄴㅁ)=8 cm,
   (변 ㅂㄷ)=(변 ㅂㅁ)=6 cm이므로
   (변 ㄴㄷ)=10+6=16 (cm)입니다.
   ➡ (직사각형 ㄱㄴㄷㄹ의 넓이)
      =16×8=128 (cm^2)

참고
   삼각형 ㄴㅁㄹ과 삼각형 ㄹㄷㄴ은 서로 합동이고 삼각형 ㄴㅂㄹ
   은 서로 겹쳐진 부분이므로 남은 부분인 삼각형 ㄴㅁㅂ과 삼
   각형 ㄹㄷㅂ은 서로 합동입니다.

1-2 삼각형 ㄱㄴㅁ과 삼각형 ㄷㅁㅂ은 서로 합동이므로
   각각의 대응변의 길이가 서로 같습니다.
   (변 ㄱㄴ)=(변 ㄷㅂ)=24 cm,
   (변 ㄴㅁ)=(변 ㅂㅁ)=10 cm이므로
   (변 ㄴㄷ)=10+26=36 (cm)입니다.
   ➡ (삼각형 ㄱㄴㄷ의 넓이)
      =36×24÷2=432 (cm^2)

심화 2 **1** 점대칭도형이 되는 세 자리 수를 만들면 101,
   111, 181, 808, 818, 888입니다.
   2 101, 111, 181, 808, 818, 888 중에서 808보다
   큰 수는 818, 888입니다.

2-1 점대칭도형이 되는 네 자리 수는 1001, 1111, 1691,
   1961, 6009, 6119, 6699, 6969, 9006, 9116,
   9696, 9966입니다. 이 중 6009보다 작은 수는 천의
   자리 숫자가 1인 네 자리 수입니다.
   ➡ 1001, 1111, 1691, 1961: 4개

2-2 점대칭도형이 되는 네 자리 수는 6009, 6699, 6889,
   6969, 8008, 8698, 8888, 8968, 9006, 9696,
   9886, 9966입니다. 이 중 8008보다 작은 수는 천의
   자리 숫자가 6인 네 자리 수입니다.
   ➡ 6009, 6699, 6889, 6969

심화 3 **1** 점 ㅈ을 중심으로 180° 돌렸을 때 완전히 겹치
   는 변을 찾습니다.
   2 점대칭도형에서 각각의 대응변의 길이가 서로 같
   으므로 주어진 점대칭도형은 6 cm, 3 cm, 5 cm
   인 변이 각각 2개씩입니다.
   따라서 나머지 변 ㄴㄷ과 변 ㅂㅅ의 길이의 합은
   36−(6×2+3×2+5×2)=8 (cm)입니다.
   3 변 ㄴㄷ과 변 ㅂㅅ은 대응변으로 길이가 서로 같으
   므로 (변 ㄴㄷ)=8÷2=4 (cm)입니다.

3-1 선대칭도형에서 각각의 대응변의 길이가 서로 같으므로
   (변 ㄱㄴ)=(변 ㄱㅂ)=8 cm,
   (변 ㄷㄹ)=(변 ㅁㄹ)=4 cm입니다.
   따라서 (변 ㄴㄷ)+(변 ㅂㅁ)
   =30−(8×2+4×2)=6 (cm)이고,
   (변 ㄴㄷ)=(변 ㅂㅁ)이므로
   (변 ㅂㅁ)=6÷2=3 (cm)입니다.

3-2 도형은 선대칭도형이면서 점대칭도형이므로 각각의
대응변의 길이가 서로 같습니다.
(변 ㄱㅊ)=(변 ㄴㄷ)=(변 ㅂㅁ)=(변 ㅅㅇ)=3 cm
(변 ㄷㄹ)=(변 ㅁㄹ)=(변 ㅇㅈ)=(변 ㅊㅈ)=5 cm
따라서 (변 ㄱㄴ)+(변 ㅅㅂ)=52−(3×4+5×4)
　　　　　　　　　　　　　　=20 (cm)이고,
(변 ㄱㄴ)=(변 ㅅㅂ)이므로
(변 ㄱㄴ)=20÷2=10 (cm)입니다.

심화 4 **1** 대칭축은 대응점끼리 이은 선분을 둘로 똑같이
나누므로 (선분 ㄴㅁ)=(선분 ㄹㅁ)=10÷2=5 (cm)
입니다.
2 대응점끼리 이은 선분은 대칭축과 수직으로 만나므
로 삼각형 ㄱㄴㄷ에서 선분 ㄴㅁ은 높이, 선분 ㄱㄷ은
밑변입니다.
➡ (삼각형 ㄱㄴㄷ의 넓이)=16×5÷2
　　　　　　　　　　　　=40 (cm²)
3 사각형 ㄱㄴㄷㄹ의 넓이는 삼각형 ㄱㄴㄷ의 넓이
의 2배이므로 40×2=80 (cm²)입니다.

4-1 대칭축은 대응점끼리 이은 선분을 둘로 똑같이 나누
고 대응점끼리 이은 선분과 수직으로 만나므로
(선분 ㄱㅁ)=(선분 ㄷㅁ)=14÷2=7 (cm),
(각 ㄱㅁㄴ)=90°입니다.
➡ (삼각형 ㄱㄴㄷ의 넓이)=18×7÷2
　　　　　　　　　　　　=63 (cm²)
따라서 사각형 ㄱㄴㄷㄹ의 넓이는 삼각형 ㄱㄴㄹ의
넓이의 2배이므로 63×2=126 (cm²)입니다.

4-2 대칭축은 대응점끼리 이은 선분을 둘로 똑같이 나누
고 대응점끼리 이은 선분과 수직으로 만나므로
(선분 ㄴㅁ)=(선분 ㄹㅁ)=20÷2=10 (cm),
(각 ㄱㅁㄴ)=90°입니다.
➡ (삼각형 ㄱㄴㄷ의 넓이)=12×10÷2
　　　　　　　　　　　　=60 (cm²)
따라서 사각형 ㄱㄴㄷㄹ의 넓이는 삼각형 ㄱㄴㄷ의
넓이의 2배이므로 60×2=120 (cm²)입니다.

심화 5 **1** (각 ㄱㄷㄴ)=180°−25°−90°=65°
2 삼각형 ㄱㄴㄷ과 삼각형 ㄹㄴㅁ은 서로 합동이므로
각각의 대응각의 크기가 서로 같습니다.
각 ㄹㅁㄴ의 대응각은 각 ㄱㄷㄴ이므로
(각 ㄹㅁㄴ)=(각 ㄱㄷㄴ)=65°입니다.
3 사각형의 네 각의 크기의 합은 360°이므로
(각 ㄷㅂㅁ)=360°−65°−65°−90°
　　　　　　　　=140°입니다.

5-1 삼각형의 세 각의 크기의 합은 180°이므로
(각 ㅂㄹㄴ)=180°−70°−30°=80°입니다.
삼각형 ㄱㄴㄷ과 삼각형 ㅂㄴㄹ은 서로 합동이므로
각각의 대응각의 크기가 서로 같습니다.
각 ㄱㄷㄴ의 대응각은 각 ㅂㄹㄴ이므로
(각 ㄱㄷㄴ)=(각 ㅂㄹㄴ)=80°입니다.
사각형의 네 각의 크기의 합은 360°이므로
사각형 ㄹㄴㄷㅁ에서
(각 ㄹㅁㄷ)=360°−80°−70°−80°=130°입니다.

5-2 삼각형 ㄱㄴㄷ과 삼각형 ㄹㄷㄴ은 서로 합동이므로
각각의 대응각의 크기가 서로 같습니다.
(각 ㄴㄹㄷ)=(각 ㄷㄱㄴ)=25°,
(각 ㄱㄷㄴ)=(각 ㄹㄴㄷ)=30°
따라서 삼각형 ㄹㄷㄴ에서
(각 ㄹㄷㄴ)=180°−30°−25°=125°이므로
(각 ㅁㄹㄷ)=125°−30°=95°입니다.

심화 6 **2** 점대칭도형의 둘레는 12 cm인 변이 4개, 8 cm
인 변이 2개, 2 cm인 변이 2개입니다.
(점대칭도형의 둘레)
=12×4+8×2+2×2
=48+16+4=68 (cm)

6-1 점대칭도형을 완성하면 다음과 같습니다.

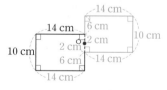

➡ (점대칭도형의 둘레)
　=14×4+10×2+6×2
　=56+20+12=88 (cm)

6-2 점대칭도형을 완성하면 다음과 같습니다.

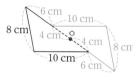

➡ (점대칭도형의 둘레)
　=6×2+8×2+10×2
　=12+16+20=48 (cm)

1 나, 마
2 5가지
3 11 cm
4 65°
5 예

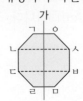

6 ③, ⑤
7 점대칭도형
8 ②
9

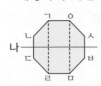

10 예 ❶ 변 ㄱㄷ의 대응변은 변 ㄹㄴ이므로
　　(변 ㄱㄷ)=(변 ㄹㄴ)=13 cm입니다.
　　❷ 따라서 (변 ㄴㄷ)=30−7−13=10 (cm)입
　　니다.　　　　　　　　　　　　　달 10 cm

11

대칭축	직선 가	직선 나
점 ㄷ의 대응점	점 ㅂ	점 ㄴ
변 ㄱㄴ의 대응변	변 ㅇㅅ	변 ㄹㄷ
각 ㅅㅂㅁ의 대응각	각 ㄴㄷㄹ	각 ㅂㅅㅇ

12 20
13 12 cm
14 60
15 32 cm
16 ㅂ
17 58 cm
18 12
19 예 ❶ 합동인 두 도형에서 각각의 대응각의 크기가
　　서로 같으므로 (각 ㄱㄷㄴ)=(각 ㄱㅁㄹ)이
　　고, 사각형 ㄱㄷㅂㄹ에서
　　(각 ㄱㄷㅂ)=(360°−150°−90°)÷2=60°
　　입니다.
　　❷ 따라서 삼각형 ㄱㄴㄷ에서
　　(각 ㄱㄴㄷ)=180°−90°−60°=30°입니다.
　　　　　　　　　　　　　　　　달 30°

20 4쌍
21 24 cm
22 예 　예

23 110°
24 6개, 3개
25 45°

---

1 두 도형을 포개었을 때 완전히 겹치는 것은 나와 마입
니다.

2 합동인 두 도형으로 자를 수 있는 방법
은 모두 5가지입니다.

3 합동인 도형에서 각각의 대응변의 길이가 서로 같으므
로 (변 ㄱㄴ)=(변 ㄹㅂ)=11 cm입니다.

4 합동인 도형에서 각각의 대응각의 크기가 서로 같으므
로 (각 ㅂㄹㅁ)=(각 ㄴㄱㄷ)=65°입니다.

6 직선을 따라 접었을 때 완전히 겹치도록 하는 직선을
모두 찾습니다.

7 한 점을 중심으로 180° 돌렸을 때 처음 도형과 완전히
겹치므로 점대칭도형입니다.

8 점 ㄱ의 대응점은 점 ㄷ이고, 점 ㄴ의 대응점은 점 ㄹ
입니다. 또 변 ㄱㄴ의 길이는 변 ㄷㄹ의 길이와 같고,
각 ㄱㄴㄷ의 대응각은 각 ㄷㄹㄱ입니다.

9 각 점에서 대칭의 중심을 지나는 직선을 긋고 이 직선에
각 점에서 대칭의 중심까지의 길이와 같도록 대응점을
찾아 표시한 후 각 대응점을 차례로 이어 점대칭도형을
완성합니다.

10

채점 기준		
❶ 변 ㄹㄴ의 길이를 이용하여 변 ㄱㄷ의 길이를 구함.	2점	4점
❷ 변 ㄴㄷ의 길이를 구함.	2점	

11 • 대칭축이 직선 가인 경우

대칭축	직선 가
점 ㄷ의 대응점	점 ㅂ
변 ㄱㄴ의 대응변	변 ㅇㅅ
각 ㅅㅂㅁ의 대응각	각 ㄴㄷㄹ

• 대칭축이 직선 나인 경우

대칭축	직선 나
점 ㄷ의 대응점	점 ㄴ
변 ㄱㄴ의 대응변	변 ㄹㄷ
각 ㅅㅂㅁ의 대응각	각 ㅂㅅㅇ

12 (각 ㄱㅁㅇ)=(각 ㄱㄴㅇ)=70°이고 대응점끼리 이은 선분은 대칭축과 수직으로 만나므로
(각 ㄱㅇㅁ)=90°입니다.
→ ☐°=180°−70°−90°=20°

다른 풀이
각각의 대응각의 크기가 서로 같으므로
(각 ㄱㅁㅇ)=(각 ㄱㄴㅇ)=70°이고
(각 ㅁㄱㅇ)=(각 ㄴㄱㅇ)=☐°입니다.
삼각형 ㄱㄴㅁ에서 세 각의 크기의 합은 180°이므로
☐°+☐°+70°+70°=180°, ☐°+☐°=40°, ☐°=20°입니다.

13 대칭축과 수직으로 만나는 선분은 대응점끼리 이은 선분이므로 선분 ㄱㅁ과 선분 ㄴㄹ입니다.
(선분 ㄱㅁ)=2×2=4 (cm),
(선분 ㄴㄹ)=4×2=8 (cm)
→ 4+8=12 (cm)

14 (각 ㄷㄹㄱ)=(각 ㅂㄱㄹ)=90°
→ (각 ㄱㄹㅁ)=(각 ㄹㄱㄴ)
　　　　　=360°−120°−90°−90°=60°

참고
사각형 ㄱㄴㄷㄹ의 네 각의 크기의 합은 360°입니다.

15 완성한 가면은 선대칭도형이고 선대칭도형에서 각각의 대응변의 길이가 서로 같으므로 길이가 7 cm, 4 cm, 5 cm인 변이 각각 2개씩입니다. 따라서 잘라서 만든 가면의 둘레는 (7+4+5)×2=32 (cm)입니다.

16 선대칭도형: ㉠, ㉢, ㉤
점대칭도형: ㉡, ㉤
선대칭도형이면서 점대칭도형: ㉤

17 (선분 ㅂㄷ)=3.5+3.5=7 (cm)이므로
(선분 ㄱㅂ)=(선분 ㄹㄷ)=15−7=8 (cm)입니다.
따라서 점대칭도형의 둘레는
(9+12+8)×2=58 (cm)입니다.

18
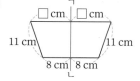

→ (☐+11+8)×2=62,
　☐+11+8=31, ☐=12

19 **채점 기준**

❶ 사각형 ㄱㅁㅂㄷ에서 나머지 두 각의 크기가 같음을 알고 각 ㄱㄷㅂ의 크기를 구함.	2점	4점
❷ 삼각형 ㄱㄴㄷ에서 각 ㄱㄴㄷ의 크기를 구함.	2점	

20
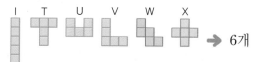
→ 4쌍

21 세 직사각형이 서로 합동이므로 세 직사각형의 세로는 모두 8 cm이고, 가로는 12÷3=4 (cm)입니다.
따라서 빨간색 직사각형의 둘레는
(4+8)×2=24 (cm)입니다.

23 점대칭도형에서 각각의 대응각의 크기가 서로 같으므로
(각 ㅇㄹㄷ)=(각 ㅇㄱㄴ)=35°이고,
선분 ㅇㄷ과 선분 ㅇㄹ이 원의 반지름으로 길이가 같으므로 삼각형 ㅇㄷㄹ은 이등변삼각형입니다.
따라서 (각 ㅇㄹㄷ)=(각 ㅇㄷㄹ)=35°이므로
(각 ㄷㅇㄹ)=180°−35°−35°=110°입니다.

24 선대칭도형:
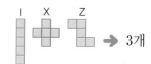 → 6개

점대칭도형:
 → 3개

25

서로 합동인 도형에서 각각의 대응각의 크기가 서로 같으므로
(각 ㄴㄱㄷ)=(각 ㄹㄷㅁ),
(각 ㄱㄷㄴ)=(각 ㄷㅁㄹ)이고,
(각 ㄴㄱㄷ)+(각 ㄱㄷㄴ)=180°−90°=90°이므로
(각 ㄹㄷㅁ)+(각 ㄱㄷㄴ)=90°,
(각 ㄱㄷㅁ)=180°−90°=90°입니다.
삼각형 ㄱㄴㄷ과 삼각형 ㄷㄹㅁ은 서로 합동이므로
(선분 ㄱㄷ)=(선분 ㄷㅁ)입니다.
따라서 삼각형 ㄱㄷㅁ은 각 ㄱㄷㅁ의 크기가 90°인 이등변삼각형이므로
㉠=(180°−90°)÷2=45°입니다.

정답과 해설

4 소수의 곱셈

92~94쪽 **1**^{단계} **기본 유형 연습**

1 $0.56 \times 4 = \dfrac{56}{100} \times 4 = \dfrac{224}{100} = 2.24$

2 건우 / 잘못 말한 부분 결과는 30 정도가 돼.
옳게 고치기 예 결과는 3 정도가 돼.

3 $3.5 \times 3 = \dfrac{35}{10} \times 3 = \dfrac{105}{10} = 10.5$

4 방법 1 예 0.1의 개수로 계산하기
　　　4.7은 0.1이 47개인 수이므로 4.7 × 5는
　　　0.1이 47 × 5 = 235(개)입니다.
　　　따라서 4.7 × 5 = 23.5입니다.

　　방법 2 예 자연수의 곱셈으로 계산하기
　　　　$47 \times 5 = 235$
　　　　　$\Big\downarrow \frac{1}{10}$배　　$\Big\downarrow \frac{1}{10}$배
　　　　$4.7 \times 5 = 23.5$

5 92.72 cm²

6 5.48 × 12 = 65.76, 65.76 g

7 위안 / 예 스웨덴 돈으로는 7.93 × 5이므로 어림하면 약 40크로나이고, 중국 돈으로는 5.8 × 5이므로 어림하면 약 30위안이기 때문입니다.

8 (1) 6.5 (2) 2.87 　　　**9** (○) (　)

10 35.7 kg

11 예 $4 \times 5.7 = 4 \times \dfrac{57}{10} = \dfrac{228}{10} = 22.8$

12 예 $15 \times 16 = 240$
　　　$\Big\downarrow \frac{1}{10}$배　　$\Big\downarrow \frac{1}{10}$배
　　$15 \times 1.6 = 24$

13 40.8, 16.65 　　　**14** >
15 ㉢ 　　　　　　　**16** 229.5 km
17 87.1 g

---

1 0.56을 $\dfrac{56}{100}$으로 나타내 분수의 곱셈으로 계산합니다.

3 3.5를 $\dfrac{35}{10}$로 나타내 분수의 곱셈으로 계산합니다.

4 다른 답
분수의 곱셈으로도 계산할 수 있습니다.
$4.7 \times 5 = \dfrac{47}{10} \times 5 = \dfrac{235}{10} = 23.5$

---

5 (직사각형의 넓이) = (가로) × (세로)
　　　　　　　　　　= 11.59 × 8
　　　　　　　　　　= 92.72 (cm²)

6 연필 한 타는 12자루이므로
　　(연필 한 타의 무게) = 5.48 × 12
　　　　　　　　　　　= 65.76 (g)입니다.

7 우리나라 돈 1000원이 스웨덴 돈으로는 약 8크로나이고, 중국 돈으로는 약 6위안입니다.
따라서 우리나라 돈 5000원은
스웨덴 돈으로는 약 8 × 5 = 40(크로나)이고,
중국 돈으로는 약 6 × 5 = 30(위안)입니다.

> 평가 기준
> 스웨덴 돈과 중국 돈으로 어림하여 단위를 옳게 쓰고, 어림을 이용하여 까닭을 옳게 설명하였으면 정답입니다.

8 (1) $13 \times 5 = 65$
　　　$\Big\downarrow \frac{1}{10}$배　　$\Big\downarrow \frac{1}{10}$배
　　$13 \times 0.5 = 6.5$

　　(2) $41 \times 7 = 287$
　　　$\Big\downarrow \frac{1}{100}$배　　$\Big\downarrow \frac{1}{100}$배
　　$41 \times 0.07 = 2.87$

9 7 × 0.28 = 1.96, 14 × 0.03 = 0.42
→ 1.96 > 0.42

10 (지안이의 몸무게)
　　= (서준이의 몸무게) × 0.85
　　= 42 × 0.85
　　= 35.7 (kg)

11 분모가 10인 분수로 나타낸 후 계산 결과는 소수로 나타냅니다.

12 곱하는 수가 $\dfrac{1}{10}$배가 되면 계산 결과도 $\dfrac{1}{10}$배가 됩니다.

> 참고
> 소수점 아래 마지막 0은 생략하여 나타낼 수 있습니다.
> 15 × 1.6 = 24.0̸ → 24

13 17 × 2.4 = 40.8, 9 × 1.85 = 16.65

14 18 × 1.24 = 22.32
→ 22.32 > 20

15　㉠ $4 \times 2.6 = 10.4$
　　㉡ $6 \times 1.8 = 10.8$
　　㉢ $5 \times 2.3 = 11.5$
　　➡ $11.5 > 10.8 > 10.4$이므로 계산 결과가 가장 큰 것은 ㉢ 11.5입니다.

16　(2.7시간 동안 달리는 거리)
　　＝(한 시간에 달리는 거리)×2.7
　　＝85×2.7
　　＝229.5 (km)

17　(오늘 먹은 호두의 무게)
　　＝(어제 먹은 호두의 무게)×1.34
　　＝65×1.34
　　＝87.1 (g)

95쪽 **1**단계 기본 유형 연습

1-1　87.5
1-2　92.48
1-3　38
2-1　6시간
2-2　6.8 L
2-3　73.5 km

1-1　어떤 수를 □라 하면
　　□÷25＝0.14, □＝0.14×25＝3.5입니다.
　　따라서 바르게 계산하면 3.5×25＝87.5입니다.

1-2　어떤 수를 □라 하면
　　□÷34＝0.08, □＝0.08×34＝2.72입니다.
　　따라서 바르게 계산하면 2.72×34＝92.48입니다.

1-3　어떤 수를 □라 하면
　　□÷5＝1.52, □＝1.52×5＝7.6입니다.
　　따라서 바르게 계산하면 7.6×5＝38입니다.

2-1　30분 ➡ $\dfrac{30}{60}$시간＝$\dfrac{5}{10}$시간＝0.5시간이므로
　　1시간 30분＝1시간＋0.5시간＝1.5시간입니다.
　　(이번 주에 지민이가 책을 읽은 시간)
　　＝(하루에 책을 읽은 시간)×(책을 읽은 날수)
　　＝1.5×4
　　＝6(시간)

2-2　24초 ➡ $\dfrac{24}{60}$분＝$\dfrac{4}{10}$분＝0.4분이므로
　　3분 24초＝3분＋0.4분＝3.4분입니다.
　　(3분 24초 동안 받는 물의 양)
　　＝(1분 동안 받는 물의 양)×(물을 받는 시간)
　　＝2×3.4
　　＝6.8 (L)

2-3　45분 ➡ $\dfrac{45}{60}$시간＝$\dfrac{3}{4}$시간＝$\dfrac{75}{100}$시간＝0.75시간이므로
　　1시간 45분＝1시간＋0.75시간＝1.75시간입니다.
　　(1시간 45분 동안 달리는 거리)
　　＝(1시간 동안 달리는 거리)×(달리는 시간)
　　＝42×1.75
　　＝73.5 (km)

96~98쪽 **2**단계 실력 유형 연습

1　15.5 kg　　　　**2**　수빈
3　4개　　　　　**4**　5개
5　39
6　달, 천왕성 /
　　예 42 kg의 약 0.2배가 8.4 kg이므로 ㉠은 달이고, 42 kg에서 38 kg으로 몸무게가 거의 같으므로 ㉡은 천왕성입니다.
7　13.8 L　　　　**8**　130.56 cm²
9　207억 달러　　**10**　13.28 cm

1　10월의 날수는 31일입니다.
　　➡ $0.5 \times 31 = 15.5$ (kg)

참고
날수가 30일인 달: 4월, 6월, 9월, 11월
날수가 31일인 달: 1월, 3월, 5월, 7월, 8월, 10월, 12월
날수가 28일 또는 29일인 달: 2월

2　• 예은: 4.03×3은 4×3＝12보다 크므로 운동한 거리는 12 km보다 많습니다.
　　• 우진: 2.17×6은 2×6＝12보다 크므로 운동한 거리는 12 km보다 많습니다.
　　• 수빈: 3.89×3은 4×3＝12보다 작으므로 운동한 거리는 12 km보다 적습니다.

3 (한 명이 마실 우유의 양)
$=$(오전)$+$(오후)
$=0.2+0.2=0.4$ (L)
(오늘 필요한 우유의 양)
$=$(한 명이 마실 우유의 양)$\times$(어린이 수)
$=0.4\times16=6.4$ (L)
2 L짜리 우유를 3개 사면 $2\times3=6$ (L),
2 L짜리 우유를 4개 사면 $2\times4=8$ (L)입니다.
따라서 2 L짜리 우유를 적어도 4개 사야 합니다.

4 $0.9\times4=3.6$, $5\times1.7=8.5$
$3.6<\square<8.5$이므로 $\square$ 안에 들어갈 수 있는 자연수는 4, 5, 6, 7, 8로 모두 5개입니다.

5 $14\bigstar2.6=14\times2.6+2.6=36.4+2.6=39$

6 달에서 잰 몸무게는 지구에서 잰 몸무게의 약 0.17배이므로 몸무게가 0.2배보다 더 줄어듭니다.
천왕성에서 잰 몸무게는 지구에서 잰 몸무게의 약 0.92배이므로 몸무게가 거의 같습니다.

> **평가 기준**
> 어림을 이용하여 옳게 설명하였으면 정답입니다.

> **참고**
> 화성에서 잰 몸무게는 지구에서 잰 몸무게의 약 0.38배이므로 몸무게가 반 이하로 줄어듭니다.

7 (1분 동안 받는 물의 양)
$=0.46\times6=2.76$ (L)
(5분 동안 받는 물의 양)
$=2.76\times5=13.8$ (L)

8 색칠한 부분은 가로가 16 cm,
세로가 $12-3.84=8.16$ (cm)인 직사각형이므로
넓이는 $16\times8.16=130.56$ (cm^2)입니다.

9 (2023년 전체 수출액)
$=240\times1.15=276$(억 달러)
(2023년 유럽 수출액)
$=276\times0.75=207$(억 달러)

10 1시간$=60$분이므로 1시간 동안 탄 양초의 길이는
$1.12\times6=6.72$ (cm)입니다.
➡ (1시간 후 양초의 길이)
$=20-6.72=13.28$ (cm)

1 예
$$35 \times 8 = 280$$
$\frac{1}{100}$배 $\quad$ $\frac{1}{10}$배 $\quad$ $\frac{1}{1000}$배
$$0.35 \times 0.8 = 0.28$$

2 $0.43\times0.5=\dfrac{43}{100}\times\dfrac{5}{10}=\dfrac{215}{1000}=0.215$

3 (1) 0.63 (2) 0.0882

4 ㉢ **5** $<$

6 0.76, 5 (또는 7.6, 0.5)

7 0.1386 m^2 **8** ㉠

9 (1) 예 분수의 곱셈으로 계산하기
$$2.6\times3.4=\dfrac{26}{10}\times\dfrac{34}{10}=\dfrac{884}{100}=8.84$$
(2) 예 자연수의 곱셈으로 계산하기
$15\times412=6180$이고 1.5는 15의 $\dfrac{1}{10}$배,
4.12는 412의 $\dfrac{1}{100}$배이므로 1.5×4.12는
6180의 $\dfrac{1}{1000}$배인 6.18입니다.

10 7.35 **11** 19.456

12 8.896 kg **13** 27.3 L

14 7.65 cm^2 **15** 7.3, 0.073

16 1.85 kg, 18.5 kg, 185 kg

17 •———• **18** (1) 4.1 (2) 0.216
•———•

19 민지 **20** 승기, 윤지

1 곱해지는 수가 $\dfrac{1}{100}$배, 곱하는 수가 $\dfrac{1}{10}$배가 되면 계산 결과가 $\dfrac{1}{1000}$배가 됩니다.

2 0.43을 $\dfrac{43}{100}$으로, 0.5를 $\dfrac{5}{10}$로 나타내 분수의 곱셈으로 계산합니다.

3 (1)
```
    7          0.7
  × 9    ➡   × 0.9
 ─────       ──────
   6 3        0.6 3
```
(2)
```
    6 3            0.6 3
  × 1 4    ➡     × 0.1 4
 ───────         ────────
   8 8 2          0.0 8 8 2
```

4 1의 0.5배로 어림하면 $1\times0.5=0.5$이므로
0.94×0.45의 값은 0.5에 가장 가까운 ㉢ 0.423입니다.

5 $54 \times 6 = 324 \rightarrow 0.54 \times 0.6 = 0.324$
$8 \times 41 = 328 \rightarrow 0.8 \times 0.41 = 0.328$
$\rightarrow 0.324 < 0.328$

6 $0.76 \times 0.5 = 0.38$이어야 하는데 3.8이 나왔으므로
0.76×5 또는 7.6×0.5를 계산한 것입니다.

7 (그림의 넓이)$=$(가로)$\times$(세로)
$=0.42 \times 0.33$
$=0.1386 \,(\text{m}^2)$

8 ㉠ 2의 3배인 6보다 작습니다.
㉡ 4의 1.5배인 6보다 큽니다.

9 (1) **다른 답**
자연수의 곱셈으로 계산하기
$26 \times 34 = 884$이고 2.6은 26의 $\frac{1}{10}$배, 3.4는 34의 $\frac{1}{10}$배이
므로 2.6×3.4는 884의 $\frac{1}{100}$배인 8.84입니다.

(2) **다른 답**
분수의 곱셈으로 계산하기
$1.5 \times 4.12 = \frac{15}{10} \times \frac{412}{100} = \frac{6180}{1000} = 6.18$

10 $5.25 \times 1.4 = 7.35$

11 가장 큰 수: 12.8, 가장 작은 수: 1.52
$\rightarrow 12.8 \times 1.52 = 19.456$

12 (철근 3.2 m의 무게)
$=$(철근 1 m의 무게)$\times 3.2$
$=2.78 \times 3.2$
$=8.896 \,(\text{kg})$

13 (항아리에 들어 있는 수정과의 양)
$=15.6 \times 1.75$
$=27.3 \,(\text{L})$

14 (평행사변형의 넓이)$=$(밑변의 길이)$\times$(높이)
$=4.5 \times 1.7$
$=7.65 \,(\text{cm}^2)$

15 자연수에 0.1을 곱하면 곱의 소수점은 왼쪽으로 한 자리, 0.01을 곱하면 곱의 소수점은 왼쪽으로 두 자리 옮겨집니다.

참고
곱하는 소수의 소수점 아래 자리 수가 하나씩 늘어날 때마다 곱의 소수점이 왼쪽으로 한 자리씩 옮겨집니다.

16 (주스 1병의 무게)$=0.185 \times 1 = 0.185 \,(\text{kg})$
(주스 10병의 무게)$=0.185 \times 10 = 1.85 \,(\text{kg})$
(주스 100병의 무게)$=0.185 \times 100 = 18.5 \,(\text{kg})$
(주스 1000병의 무게)$=0.185 \times 1000 = 185 \,(\text{kg})$

17 $64 \times 23 = 1472$에서
$0.64 \times 2.3 = 1.472$, $6.4 \times 2.3 = 14.72$,
$0.064 \times 23 = 1.472$, $640 \times 0.023 = 14.72$입니다.

참고
곱하는 두 수의 소수점 아래 자리 수를 더한 것과 결괏값의 소수점 아래 자리 수가 같습니다.

18 (1) 2.16은 소수 두 자리 수이고 8.856은 소수 세 자리 수이므로 □는 소수 한 자리 수여야 합니다.
$\rightarrow$ □$=4.1$

(2) 곱하는 수가 41에서 410으로 0이 하나 늘었으므로 곱은 88560이 되어야 하는데 88.560이 되었으므로 □는 소수 세 자리 수여야 합니다.
$\rightarrow$ □$=0.216$

19 민지가 키우는 식물의 키를 cm 단위로 나타내면
1 m는 100 cm이므로
0.476 m는 $0.476 \times 100 = 47.6 \,(\text{cm})$입니다.
따라서 $45.6 < 47.6$이므로 민지가 키우는 식물의 키가 더 큽니다.

20 • 승기: 두 소수의 자연수 부분만 곱해도
$8 \times 1 = 8$이므로 계산 결과는 8보다 커야 합니다.
• 윤지: $85 \times 14 = 1190$이므로 8.5와 1.4의 곱은 1190에서 소수점을 왼쪽으로 두 자리 옮기면 11.9입니다.

102쪽 1단계 기본+유형 연습

3-1 4.3×7 / 30.1   **3**-2 6.3×8 / 50.4
3-3 5.9×4 / 23.6
4-1 10   **4**-2 0.01
4-3 ㉠

3-1 곱이 가장 커야 하므로 가장 큰 수와 두 번째로 큰 수를 자연수 부분에 넣고 나머지 수를 소수 부분에 써넣습니다.
$\rightarrow 4.3 \times 7 = 30.1 > 7.3 \times 4 = 29.2$이므로 곱이 가장 큰 곱셈은 4.3×7입니다.

3-2 곱이 가장 커야 하므로 가장 큰 수와 두 번째로 큰 수를 자연수 부분에 넣고 나머지 수를 소수 부분에 써넣습니다. ➡ $6.3 \times 8 = 50.4 > 8.3 \times 6 = 49.8$이므로 곱이 가장 큰 곱셈은 6.3×8입니다.

3-3 곱이 가장 작아야 하므로 가장 작은 수와 두 번째로 작은 수를 자연수 부분에 넣고 나머지 수를 소수 부분에 써넣습니다. ➡ $5.9 \times 4 = 23.6 < 4.9 \times 5 = 24.5$이므로 곱이 가장 작은 곱셈은 5.9×4입니다.

4-1 $2.74 \times \square = 27.4$에서 곱의 소수점이 오른쪽으로 한 자리 옮겨졌으므로 $\square = 10$입니다.

4-2 $1.6 \times \square = 0.016$에서 곱의 소수점이 왼쪽으로 두 자리 옮겨졌으므로 $\square = 0.01$입니다.

4-3 ㉠ $32.4 \times \square = 0.324$에서 곱의 소수점이 왼쪽으로 두 자리 옮겨졌으므로 $\square = 0.01$입니다.
ㄴ $\square \times 28.4 = 2.84$에서 곱의 소수점이 왼쪽으로 한 자리 옮겨졌으므로 $\square = 0.1$입니다.
따라서 $\square$ 안에 알맞은 수가 더 작은 것은 ㉠입니다.

103~105쪽 2단계 실력 유형 연습

1 예 ㉠ / $6 \times 48 = 288$
$\frac{1}{10}$배 $\frac{1}{100}$배 $\frac{1}{1000}$배
$0.6 \times 0.48 = 0.288$

2 예 ㉡ / $7.2 \times 1.25 = \frac{72}{10} \times \frac{125}{100} = \frac{9000}{1000} = 9$

3 ㉢   **4** $1071.68 \, cm^2$

5 0.65 **6** $57.12 \, m^2$

7 $11025 \, cm^2$ **8** $46.25 \, L$

9 $21.645 \, L$

1 다른 답
㉡ / $0.6 \times 0.48 = \frac{6}{10} \times \frac{48}{100} = \frac{288}{1000} = 0.288$
㉢ / $6 \times 48 = 288$인데 0.6에 0.48을 곱하면 0.6보다 작은 값이 나와야 하므로 계산 결과는 0.288입니다.

2 다른 답
㉠ / $72 \times 125 = 9000$
$\frac{1}{10}$배 $\frac{1}{100}$배 $\frac{1}{1000}$배
$7.2 \times 1.25 = 9$
㉢ / $72 \times 125 = 9000$인데 7.2에 1.25를 곱하면 7.2보다 큰 값이 나와야 하므로 계산 결과는 9.000입니다.

---

3 $408 \times 74 = 30192$를 이용하여 곱을 구합니다.
㉠ 곱하는 두 수의 소수점 아래 자리 수의 합이 4이므로 곱은 소수 네 자리 수인 3.0192입니다.
㉡ 곱하는 두 수의 소수점 아래 자리 수의 합이 3이므로 곱은 소수 세 자리 수인 30.192입니다.
㉢ 곱하는 두 수의 소수점 아래 자리 수의 합이 2이므로 곱은 소수 두 자리 수인 301.92입니다.
➡ ㉢ 301.92 > ㉡ 30.192 > ㉠ 3.0192이므로 곱이 가장 큰 것은 ㉢입니다.

4 8절 도화지는 가로가 27.2 cm이고, 세로가 $78.8 - 39.4 = 39.4$ (cm)인 직사각형이므로 넓이는 $27.2 \times 39.4 = 1071.68$ (cm^2)입니다.

5 65×218을 이용한 곱셈이므로 곱하는 두 수의 소수점 아래 자리 수의 합이 같으면 됩니다.
6.5×0.218은 소수점 아래 자리 수의 합이 4이고 2.18은 소수 두 자리 수이므로 $\square$는 소수 두 자리 수이어야 합니다.
따라서 $\square = 0.65$입니다.

6 (새로 만든 밭의 가로)$= 6.8 \times 1.5$
$= 10.2$ (m)
(새로 만든 밭의 세로)$= 3.5 \times 1.6$
$= 5.6$ (m)
(새로 만든 밭의 넓이)
$=$ (새로 만든 밭의 가로)$\times$(새로 만든 밭의 세로)
$= 10.2 \times 5.6$
$= 57.12$ (m^2)

7 (타일 한 장의 넓이)
$= 10.5 \times 10.5 = 110.25$ (cm^2)
➡ (욕실에 타일을 붙인 부분의 넓이)
$= 110.25 \times 100 = 11025$ (cm^2)

8 (1분 동안 받을 수 있는 물의 양)
$= 4.2 - 0.5 = 3.7$ (L)
12분 30초 $= 12\frac{30}{60}$분 $= 12\frac{5}{10}$분 $= 12.5$분
➡ (12.5분 동안 받을 수 있는 물의 양)
$= 3.7 \times 12.5 = 46.25$ (L)

9 (재용이네 집에서 할아버지 댁까지의 거리)
$= 92.5 \times 2.6 = 240.5$ (km)
➡ (필요한 휘발유의 양)
$= 0.09 \times 240.5 = 21.645$ (L)

106~111쪽

3단계 심화 유형 연습

심화 1	❶ 35 cm	❷ 20.5 cm	❸ 297.25 cm²
1-1 495.36 cm²		**1**-2 102.48 cm²	
심화 2	❶ 0.81 m	❷ 4.5 m	❸ 0.45 m
2-1 24.6 cm		**2**-2 2.4 cm	
심화 3	❶ 12.3 kg	❷ 9250 g	❸ 무
3-1 냉장고		**3**-2 탁구공	
심화 4	❶ 3.6 m	❷ 2.592 m	
4-1 1.69 m		**4**-2 1.712 m	
심화 5	❶ 52 m²	❷ 0.48	❸ 24.96 m²
5-1 13.44 m²		**5**-2 47.52 m²	
심화 6	❶ 1.25분	❷ 2.75 km	❸ 2.57 km
6-1 4.34 km		**6**-2 0.43 km	

심화 1 ❶ (가로)+(세로)=(둘레)÷2
$$=70÷2=35 \text{ (cm)}$$
❷ (세로)=35−14.5=20.5 (cm)
❸ (종이의 넓이)=14.5×20.5=297.25 (cm²)

1-1 (가로)+(세로)=90÷2=45 (cm)이므로
(가로)=45−19.2=25.8 (cm)입니다.
따라서 액자의 넓이는 25.8×19.2=495.36 (cm²)
입니다.

1-2 (도형 ㄱㄴㄷㄹ의 가로와 세로의 길이의 합)
$$=58÷2=29 \text{ (cm)}$$
도형 ㄱㄴㄷㄹ의 세로는 정사각형의 한 변의 길이와
같으므로 8.4 cm입니다.
(도형 ㄱㄴㄷㄹ의 가로)=29−8.4=20.6 (cm)이고,
(선분 ㅁㄹ)=20.6−8.4=12.2 (cm)입니다.
따라서 직사각형 ㅁㅂㄷㄹ의 넓이는
12.2×8.4=102.48 (cm²)입니다.

심화 2 ❶ (겹쳐진 부분의 길이의 합)
$$=0.09×9=0.81 \text{ (m)}$$
❷ (색 테이프 10장의 길이의 합)
$$=3.69+0.81=4.5 \text{ (m)}$$
❸ 색 테이프 한 장의 길이를 □ m라 하면
□×10=4.5이므로 □=0.45입니다.

2-1 (겹쳐진 부분의 길이의 합)
$$=1.5×9=13.5 \text{ (cm)}$$
(색 테이프 10장의 길이의 합)
$$=232.5+13.5=246 \text{ (cm)}$$
색 테이프 한 장의 길이를 □ cm라 하면
□×10=246이므로 □=24.6입니다.

2-2 (색 테이프 11장의 길이의 합)
$$=13.6×11=149.6 \text{ (cm)}$$
(겹쳐진 부분의 길이의 합)
$$=149.6−125.6=24 \text{ (cm)}$$
□ cm씩 겹쳐서 붙였을 때 겹쳐진 부분은 10군데이
므로 □×10=24에서 □=2.4입니다.

심화 3 ❶ 1.23×10=12.3 (kg)
❷ 92.5×100=9250 (g)
❸ 1000 g=1 kg이므로 상자에 담은 피망의 무게는
9250 g=9.25 kg입니다.
따라서 12.3>9.25이므로 무를 담은 상자가 더
무겁습니다.

3-1 (에어컨 100대의 무게)=10.5×100=1050 (kg)
(냉장고 10대의 무게)=0.15×10=1.5 (t)
1000 kg=1 t이므로 트럭에 실은 에어컨의 무게는
1050 kg=1.05 t입니다.
따라서 1.05<1.5이므로 냉장고를 실은 트럭이 더 무
겁습니다.

3-2 (농구공 50개의 무게)=0.75×50=37.5 (kg)
(탁구공 2000개의 무게)=2.7×2000=5400 (g)
$$→ 5.4 \text{ kg}$$
따라서 37.5>5.4이므로 탁구공이 들어 있는 상자가
더 가볍습니다.

심화 4 ❶ (첫 번째 튀어 오른 공의 높이)
$$=5×0.72=3.6 \text{ (m)}$$
❷ (㉠의 높이)=(두 번째 튀어 오른 공의 높이)
$$=3.6×0.72=2.592 \text{ (m)}$$

4-1 (첫 번째 튀어 오른 공의 높이)=4×0.65=2.6 (m)
(㉠의 높이)=(두 번째 튀어 오른 공의 높이)
$$=2.6×0.65=1.69 \text{ (m)}$$

4-2 (첫 번째 튀어 오른 공의 높이)
$$=(2+0.3)×0.8=2.3×0.8=1.84 \text{ (m)}$$
(㉠의 높이)=(두 번째 튀어 오른 공의 높이)
$$=(1.84+0.3)×0.8$$
$$=2.14×0.8=1.712 \text{ (m)}$$

정답과 해설

심화 5 **1** (밭 전체의 넓이)$=8 \times 6.5 = 52 \ (\text{m}^2)$
2 무를 심은 부분은 밭 전체의
$(1-0.4) \times 0.8 = 0.6 \times 0.8 = 0.48$입니다.
3 (무를 심은 밭의 넓이)
$= 52 \times 0.48 = 24.96 \ (\text{m}^2)$

5-1 (꽃밭의 넓이)$=5 \times 6.4 = 32 \ (\text{m}^2)$
코스모스를 심은 부분은 꽃밭 전체의
$(1-0.3) \times 0.6 = 0.7 \times 0.6 = 0.42$입니다.
(코스모스를 심은 꽃밭의 넓이)
$= 32 \times 0.42 = 13.44 \ (\text{m}^2)$

5-2 (공원의 넓이)$=24 \times 16.5 = 396 \ (\text{m}^2)$
(쉼터의 넓이)$=396 \times 0.2 = 79.2 \ (\text{m}^2)$
놀이터를 만든 부분은 공원 전체의
$(1-0.2) \times 0.4 = 0.8 \times 0.4 = 0.32$입니다.
(놀이터의 넓이)$=396 \times 0.32 = 126.72 \ (\text{m}^2)$
➡ (쉼터와 놀이터의 넓이의 차)
$= 126.72 - 79.2 = 47.52 \ (\text{m}^2)$

심화 6 **1** 1분 15초$=1\frac{15}{60}$분$=1\frac{1}{4}$분$=1\frac{25}{100}$분
$=1.25$분
2 $2.2 \times 1.25 = 2.75 \ (\text{km})$
3 (터널의 길이)
$=$(기차가 달린 거리)$-$(기차의 길이)
$=2.75-0.18$
$=2.57 \ (\text{km})$

6-1 2분 36초$=2\frac{36}{60}$분$=2\frac{6}{10}$분$=2.6$분
(기차가 터널을 완전히 통과하는 데 달린 거리)
$=1.8 \times 2.6 = 4.68 \ (\text{km})$
➡ (터널의 길이)
$=$(기차가 달린 거리)$-$(기차의 길이)
$=4.68-0.34$
$=4.34 \ (\text{km})$

6-2 (버스의 길이)$=10 \ \text{m}=0.01 \ \text{km}$
다리를 완전히 건너려면 $4.5+0.01=4.51 \ (\text{km})$를
달려야 합니다.
3분 24초$=3\frac{24}{60}$분$=3\frac{4}{10}$분$=3.4$분
(버스가 달린 거리)$=1.2 \times 3.4 = 4.08 \ (\text{km})$
➡ (더 달려야 할 거리)$=4.51-4.08=0.43 \ (\text{km})$

---

1 2   **2** 16.2

3 (선 연결)   **4** ㉡

5 ㉢

6 8

7 3.6 L

8 $0.9 \times 0.57 = 0.513$, 0.513 kg

9 10.14   **10** 사과

11 >   **12** 지안

13 7.7 km   **14** 2.21 km

15 7950원   **16** 148.5 cm

17 0.624 kg   **18** 3.584 m

19 예 **1** 1시간은 60분이므로 1시간 동안 받은 물의
양은 $0.07 \times 60 = 4.2 \ (\text{L})$입니다.
2 따라서 3.4시간 동안 받은 물의 양은
$4.2 \times 3.4 = 14.28 \ (\text{L})$입니다.
답 14.28 L

20 1.26

21 2.6×3.8(또는 3.8×2.6) / 9.88

22 예 **1** (사다리꼴의 넓이)$=(3.2+5.3) \times 4 \div 2$
$=8.5 \times 4 \div 2 = 17 \ (\text{m}^2)$
2 (마름모의 넓이)$=2.5 \times 4 \div 2 = 5 \ (\text{m}^2)$
3 (색칠한 부분의 넓이)$=17-5=12 \ (\text{m}^2)$
답 $12 \ \text{m}^2$

23 3.318 km   **24** 1.35 kg   **25** 501.93 m²

3 36×5.9의 곱은 소수 한 자리 수입니다. ➡ 212.4
0.036×59의 곱은 소수 세 자리 수입니다. ➡ 2.124
36×0.59의 곱은 소수 두 자리 수입니다. ➡ 21.24

4 ㉠ 3.24×3은 $3 \times 3 = 9$보다 큽니다.
㉡ 8에 1보다 작은 수를 곱하면 8보다 작습니다.
㉢ 4.12×2.08은 $4 \times 2 = 8$보다 큽니다.

5 ㉠ $1.25 \times \boxed{10} = 12.5$ ㉡ $74 \times \boxed{0.001} = 0.074$
㉢ $30.6 \times \boxed{100} = 3060$

참고
• (소수)×1, 10, 100, 1000에서 곱하는 수의 0이 하나씩 늘
어날 때마다 곱의 소수점이 오른쪽으로 한 자리씩 옮겨
집니다.
• (자연수)×1, 0.1, 0.01, 0.001에서 곱하는 소수의 소수점
아래 자리 수가 하나씩 늘어날 때마다 곱의 소수점이 왼
쪽으로 한 자리씩 옮겨집니다.

6 $3.28 \times 2.7 = 8.856$ ➡ $8.856 > \square$
따라서 $\square$ 안에 들어갈 수 있는 가장 큰 자연수는 8입니다.

7 지민이가 8일 동안 마신 토마토 주스의 양은
$0.45 \times 8 = 3.6$ (L)입니다.

8 (딸기의 양) $= 0.9 \times 0.57 = 0.513$ (kg)

9 $\square \div 39 = 0.26$ ➡ $\square = 0.26 \times 39 = 10.14$

10 사과 1개의 값은 $6 \times 300 = 1800$(원)보다 싸고,
배 1개의 값은 $4 \times 500 = 2000$(원)보다 비쌉니다.
따라서 2000원으로 살 수 있는 과일은 사과입니다.

11 $4.16 \times 7 = 29.12$, $9.27 \times 3 = 27.81$
➡ $29.12 > 27.81$

12 지안: $0.8 \times 0.5 = 0.4$ (g)
민재: $1.2 \times 0.3 = 0.36$ (g)
➡ $0.4 > 0.36$이므로 사용한 털실의 무게가 더 무거운 사람은 지안입니다.

13 나무를 36그루 심었으므로
(나무 사이의 간격 수) $= 36 - 1 = 35$(군데)입니다.
➡ (나무를 심은 도로의 길이)
$= $ (나무 사이의 간격) $\times$ (나무 사이의 간격 수)
$= 0.22 \times 35 = 7.7$ (km)

14 소리는 1초에 0.34 km를 가므로 6.5초 후에는
$0.34 \times 6.5 = 2.21$ (km)를 갑니다.
따라서 천둥소리를 들은 곳은 번개가 친 곳에서
2.21 km 떨어져 있습니다.

15 인도 돈 500루피로 환전하려면 우리나라 돈은
$15.9 \times 500 = 7950$(원)이 필요합니다.

16 $176 \times 0.7 = 123.2$이므로
(서아의 키) $= 123.2 + 25.3 = 148.5$ (cm)입니다.

17 (떡갈비에 들어 있는 고기의 무게)
$= 1.2 \times 0.8 = 0.96$ (kg)
(떡갈비에 들어 있는 소고기의 무게)
$= 0.96 \times 0.65 = 0.624$ (kg)

18 모빌을 만든 부분은 철사 전체의
$(1 - 0.6) \times 0.7 = 0.4 \times 0.7 = 0.28$입니다.
(모빌을 만드는 데 사용한 철사의 길이)
$= 12.8 \times 0.28 = 3.584$ (m)

19

채점 기준		
❶ 1시간 동안 받은 물의 양을 구함.	2점	4점
❷ 3.4시간 동안 받은 물의 양을 구함.	2점	

다른 답
0.4시간은 $60 \times 0.4 = 24$(분)이므로
3.4시간은 $60 \times 3 + 24 = 204$(분)입니다.
따라서 3.4시간 동안 받은 물의 양은 $0.07 \times 204 = 14.28$ (L)입니다.

20 어떤 수를 $\square$라 하면
$\square \div 6 = 0.35$, $\square = 0.35 \times 6 = 2.1$입니다.
따라서 바르게 계산하면 $2.1 \times 0.6 = 1.26$입니다.

21 곱이 가장 작으려면 자연수 부분에 가장 작은 수와 두 번째로 작은 수를 써야 합니다.
➡ $2.6 \times 3.8 = 9.88$, $2.8 \times 3.6 = 10.08$
따라서 곱이 가장 작은 곱셈은 2.6×3.8입니다.

22

채점 기준		
❶ 사다리꼴의 넓이를 구함.	2점	4점
❷ 마름모의 넓이를 구함.	1점	
❸ 색칠한 부분의 넓이를 구함.	1점	

23 3분 42초 $= 3\frac{42}{60}$분 $= 3\frac{7}{10}$분 $= 3.7$분
(트럭이 터널을 완전히 통과하는 데 달린 거리)
$= 0.9 \times 3.7 = 3.33$ (km)
(트럭의 길이) $= 12$ m $= 0.012$ km
➡ (터널의 길이)
$= $ (트럭이 달린 거리) $-$ (트럭의 길이)
$= 3.33 - 0.012$
$= 3.318$ (km)

24 $\left(처음\ 주스의\ \frac{1}{4}의\ 무게\right) = 3.15 - 2.7 = 0.45$ (kg)
(처음 주스의 무게) $= 0.45 \times 4 = 1.8$ (kg)
➡ (빈 병의 무게)
$= $ (주스가 가득 들어 있는 병의 무게)
$- $ (처음 주스의 무게)
$= 3.15 - 1.8 = 1.35$ (kg)

25 산책로를 제외한 나머지 부분을 합하면 오른쪽과 같은 직사각형이 됩니다.
(산책로의 폭) $= 150$ cm $= 1.5$ m
(가로) $= 32.7 - 1.5 - 1.5 = 29.7$ (m)
(세로) $= 18.4 - 1.5 = 16.9$ (m)
➡ (잔디를 심은 부분의 넓이)
$= 29.7 \times 16.9 = 501.93$ (m²)

5 직육면체

1단계 기본 유형 연습

1 가, 라

2

3 (1) (2) 3개

4 6, 12, 8

5 서아

6 가, 바

7 나, 마

8 3

9 ×, ○

10 ①, ⑤

11 3, 3, 1

12 36 cm

13 ㉡

14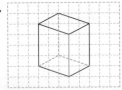

15 4개

16 3쌍

17 면 ㄴㅂㅅㄷ

18 면 ㄱㄴㄷㄹ, 면 ㄴㅂㅅㄷ, 면 ㅁㅂㅅㅇ, 면 ㄱㅁㅇㄹ

19 ㉡ / ⑩ 한 면과 수직으로 만나는 면은 4개입니다.

20 ㉣

21 9, 3

22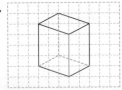

23 3개, 3개

24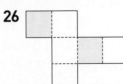

⑩ 보이는 모서리는 실선, 보이지 않는 모서리는 점선으로 그립니다.

25 48 cm

26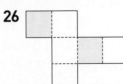

27 면 가, 면 다, 면 라, 면 바

28 (위에서부터) ㅇ, ㅁ / ㅅ, ㅂ

29 면 마(또는 면 ㅌㅅㅇㅈ)

30 선분 ㅈㅊ

31 가, ⑩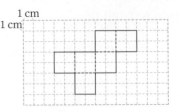

32 면 다

33 면 가, 면 다, 면 마, 면 바

34 (왼쪽부터) 4, 2, 3

35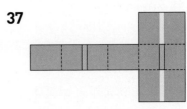

36 ⑩

37

---

1 직사각형 6개로 둘러싸인 도형은 가, 라입니다.

참고

나: 사다리꼴 2개, 직사각형 4개로 둘러싸인 도형입니다.
다: 오각형 2개, 직사각형 5개로 둘러싸인 도형입니다.

2 ㉠ 꼭짓점: 모서리와 모서리가 만나는 점
㉡ 면: 선분으로 둘러싸인 부분
㉢ 모서리: 면과 면이 만나는 선분

3 (1) 직육면체에서 보이는 꼭짓점을 모두 찾아 표시합니다.
(2) 보이는 면에 표시하면 모두 3개입니다.

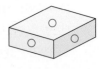

4 보이는 것과 보이지 않는 것을 모두 세어 봅니다.

5 직사각형이 아닌 면이 있으므로 직육면체가 아닙니다.

6 정사각형 6개로 둘러싸인 도형은 가, 바입니다.

7 직사각형 6개로 둘러싸인 도형이 아닌 것은 나, 마입니다.

> **주의**
> 정사각형 6개로 둘러싸인 정육면체는 직육면체라고 말할 수 있습니다.

8 정육면체는 모서리의 길이가 모두 같습니다.

9 정사각형은 직사각형이라고 말할 수 있으므로 정육면체는 직사각형 6개로 둘러싸인 도형이라고 말할 수 있습니다.
따라서 정육면체는 직육면체라고 말할 수 있습니다.

10 ② 면의 모양은 정사각형으로 모두 같습니다.
③ 12개의 모서리의 길이가 모두 같습니다.
④ 꼭짓점은 모두 8개입니다.

12 정육면체는 모서리의 길이가 모두 같으므로 모두 3 cm입니다. 모서리의 수는 12개이므로
(모든 모서리의 길이의 합)=3×12=36 (cm)입니다.

13 색칠한 면과 마주 보는 면에 색칠한 것을 찾습니다.

14 색칠한 면과 서로 마주 보는 면을 찾습니다.

15 직육면체에서 만나는 두 면은 서로 수직이며 한 면과 만나는 면은 4개입니다.

17 면 ㄱㅁㅇㄹ과 평행한 면은 마주 보는 면 ㄴㅂㅅㄷ입니다.

18 면 ㄴㅂㅁㄱ과 만나는 면 4개를 찾습니다.

19 **평가 기준**
> 직육면체의 성질을 잘못 설명한 것의 기호를 쓰고, 잘못 설명한 것을 옳게 고쳤으면 정답입니다.

20 보이는 모서리는 실선으로, 보이지 않는 모서리는 점선으로 그린 것은 ㉣입니다.

21 직육면체에서 보이는 모서리는 9개, 보이지 않는 모서리는 3개입니다.

22 직육면체의 겨냥도를 그릴 때 보이는 모서리는 실선, 보이지 않는 모서리는 점선으로 그립니다.

23 보이는 면은 실선으로만 둘러싸인 면으로 3개이고, 보이지 않는 면은 실선과 점선으로 둘러싸인 면으로 3개입니다.

24 **평가 기준**
> 겨냥도에 빠진 부분을 그려 넣고, 겨냥도를 그리는 방법을 옳게 설명했으면 정답입니다.

25 보이는 모서리는 6 cm가 6개, 4 cm가 3개입니다.
➡ 6×6+4×3=36+12=48 (cm)

26 전개도를 접었을 때 마주 보는 면을 찾습니다.

27 전개도를 접었을 때 만나는 면은 모두 수직입니다.

28 전개도를 접었을 때 만나는 점끼리 같은 기호를 써넣습니다.

29 화살표로 이은 면끼리 서로 마주 봅니다.

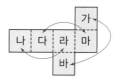

30

➡ 화살표로 이은 점끼리 만나므로 선분 ㄱㅎ과 겹치는 선분은 선분 ㅈㅊ입니다.

31 가는 전개도를 접었을 때 겹치는 면이 있어 전개도가 될 수 없습니다. 정육면체의 전개도가 되려면 겹쳐진 한 면이 겹치지 않도록 옮깁니다.

32 만들어지는 직육면체에서 면 바와 마주 보는 면을 찾습니다.

33 만들어지는 직육면체에서 면 나와 만나는 면을 모두 찾습니다.

34 전개도를 접었을 때 겨냥도의 모양과 일치하도록 선분의 길이를 써넣습니다.

35 전개도를 접었을 때 마주 보는 면이 3쌍이고 마주 보는 면의 모양과 크기가 같아야 하며 겹치는 선분의 길이가 같도록 점선을 그려 넣습니다.

36 마주 보는 3쌍의 면의 모양과 크기가 같고 서로 겹치는 면이 없으며 겹치는 선분의 길이가 같게 그립니다.

37 전개도를 접었을 때 상자의 윗부분, 아랫부분에 끈이 지나간 자리가 없습니다. 윗부분, 아랫부분을 연결할 수 있도록 두 면에 끈이 지나간 자리를 그립니다.

126~127쪽 ① 단계 기본 ➕ 유형 연습

1-1 14개   **1**-2 20개
1-3 18개   **1**-4 2
2-1 예 (1 cm, 1 cm 모눈 도형)
2-2 예 (1 cm, 1 cm 모눈 도형)
2-3 예 (1 cm, 1 cm 모눈 도형)
3-1 9   **3**-2 8
3-3 6 cm   **3**-4 28 cm
4-1 (위에서부터) 4, 2   **4**-2 ㉡

1-1 직육면체에서
(면의 수)+(꼭짓점의 수)=6+8=14(개)입니다.

1-2 직육면체에서
(꼭짓점의 수)+(모서리의 수)=8+12=20(개)입니다.

1-3 직육면체에서
(면의 수)+(모서리의 수)=6+12=18(개)입니다.

1-4 (모서리의 수)=(면의 수)+(꼭짓점의 수)−□에서
12=6+8−□, 12=14−□, □=2입니다.

2-1 색칠한 면과 평행한 면의 모양은 가로가 4 cm, 세로가 5 cm인 직사각형입니다.

2-2 색칠한 면과 평행한 면의 모양은 가로가 3 cm, 세로가 2 cm인 직사각형입니다.

2-3 색칠한 면과 평행한 면의 모양은 한 변의 길이가 4 cm인 정사각형입니다.

3-1 정육면체의 모서리는 모두 12개이고 모든 모서리의 길이가 같으므로 한 모서리의 길이는
108÷12=9 (cm)입니다.

3-2 (한 모서리의 길이)=96÷12=8 (cm)

3-3 (한 모서리의 길이)=72÷12=6 (cm)

3-4 (한 모서리의 길이)=84÷12=7 (cm)
➡ (한 면의 둘레)=7×4=28 (cm)

4-1 전개도를 접었을 때 각 모서리의 길이가 3 cm, 2 cm, 4 cm로 이루어진 직육면체입니다.

4-2 전개도에서 길이가 6 cm인 모서리는 없습니다. 각 모서리의 길이가 5 cm, 2 cm, 3 cm이므로 전개도로 접은 직육면체는 ㉡입니다.

128~133쪽 ② 단계 실력 유형 연습

1 ( )
(○)
(○)   **2** 43 cm

3 ④   **4** ㉣

5 예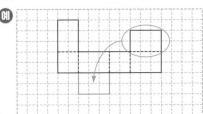

6 예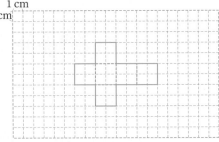

7 20 cm

8 (위에서부터) ㄱ, ㄴ / ㅂ, ㅅ / ㅇ, ㅅ

9 10   **10** 12 cm

11 ㉢

12 면 ㄴㅂㅁㄱ, 면 ㄷㅅㅇㄹ

13 4 cm

14 다, 바

15 63 cm

16 7

17 104 cm

18 선분 ㅅㅇ

19

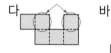

20 26 cm

---

1 ・ⓒ은 모서리와 모서리가 만나는 점으로 꼭짓점입니다.
・ⓒ은 모서리이고 모두 12개입니다.
・ⓐ은 면이고 직육면체는 직사각형 6개로 둘러싸인 도형이므로 면의 모양은 직사각형입니다.

2 점선으로 나타내야 하는 모서리는 보이지 않는 모서리
입니다. 보이지 않는 모서리는 길이가 24 cm, 11 cm,
8 cm인 모서리가 각각 1개씩입니다.
➡ 24＋11＋8＝43 (cm)

3 면 ㄱㅁㅇㄹ과 수직인 면은 마주 보는 면인
면 ㄴㅂㅅㄷ을 제외한 나머지 4개의 면입니다.

4 직육면체와 정육면체는 면, 꼭짓점, 모서리의 수는 같
지만 면의 모양은 직육면체는 직사각형, 정육면체는
정사각형으로 각각 다릅니다.

5 전개도를 접었을 때 위쪽에 그려진 두 면이 서로 겹치
므로 두 면 중 한 면을 겹치지 않는 곳으로 옮깁니다.

6 정육면체는 6개의 면의 모양과 크기가 모두 같습니다.

7 면 ㄷㅅㅇㄹ과 평행한 면은 면 ㄴㅂㅁㄱ입니다.
따라서 면 ㄴㅂㅁㄱ의 네 모서리의 길이의 합은
3＋7＋3＋7＝20 (cm)입니다.

9 직육면체의 면의 수는 6개, 모서리의 수는 12개, 꼭짓
점의 수는 8개이므로 ⓐ＝6, ⓒ＝12, ⓒ＝8입니다.
➡ ⓐ＋ⓒ－ⓒ＝6＋12－8＝10

10 (선분 ㄴㄷ)＝(선분 ㄱㅎ)＝(선분 ㅍㅎ)＝4 cm
(선분 ㄷㄹ)＝(선분 ㅁㄹ)＝8 cm
➡ (선분 ㄴㄹ)＝(선분 ㄴㄷ)＋(선분 ㄷㄹ)
＝4＋8＝12 (cm)

11 전개도를 접었을 때 서로 마주 보는 면이 3쌍이 되는
위치를 찾습니다.

12 면 ㄱㄴㄷㄹ과 수직인 면은 면 ㄴㅂㅁㄱ, 면 ㄴㅂㅅㄷ,
면 ㄷㅅㅇㄹ, 면 ㄱㅁㅇㄹ입니다.
면 ㄴㅂㅅㄷ과 수직인 면은 면 ㄱㄴㄷㄹ, 면 ㄴㅂㅁㄱ,
면 ㄷㅅㅇㄹ, 면 ㅁㅂㅅㅇ입니다.
따라서 두 면에 모두 수직인 면은
면 ㄴㅂㅁㄱ, 면 ㄷㅅㅇㄹ입니다.

13 정육면체는 모서리의 길이가 모두 같고 보이는 모서리
의 수는 9개입니다.
따라서 한 모서리의 길이는 36÷9＝4 (cm)입니다.

14 전개도를 접었을 때 다음 두 면이 겹치므로 정육면체의
전개도가 아닙니다.

15 보이는 모서리는 모두 9개이고, 이 중에서 8 cm가 3개,
6 cm가 3개, 7 cm가 3개이므로 보이는 모서리의 길
이의 합은
8×3＋6×3＋7×3＝24＋18＋21＝63 (cm)입니다.

16 직육면체는 한 꼭짓점에서 3개의 면이 만나므로
ⓐ＝3입니다.
직육면체에서 한 면과 수직인 면은 4개이므로
ⓒ＝4입니다.
➡ ⓐ＋ⓒ＝3＋4＝7

17 전개도를 접어서 만든 직육면체는 길이가 13 cm,
5 cm, 8 cm인 모서리가 각각 4개씩입니다.
따라서 전개도를 접어서 만든 직육면체의 모든 모서리
의 길이의 합은 13×4＋5×4＋8×4＝104 (cm)입
니다.

18 전개도를 접었을 때 만나는 점과 겹치는 선분을 생각해
봅니다.

19 마주 보는 면의 눈의 수의 합이 7이므로
⚀과 ⚅, ⚁와 ⚄, ⚂과 ⚃가 마주 보게 그려
넣습니다.

20 색칠한 면과 수직인 면은 [4 cm / 8 cm]인 면 2개와
[4 cm / 5 cm]인 면 2개입니다.
따라서 종이의 세로가 4 cm일 때 가로는 적어도
8＋5＋8＋5＝26 (cm)이어야 합니다.

정답과 해설

134~139쪽 3단계 심화 유형 연습

심화 1 1 ㉠, ㉣ 2 ㉡, ㉢
1-1 ㉠, ㉣　　　　　　1-2 ㉠, ㉢

심화 2 1 선분 ㅇㅅ 2 4 cm
2-1 4 cm　　　　　　2-2 9 cm

심화 3 1 4개, 4개, 4개 2 8
3-1 6　　　　　　3-2 12

심화 4 1 2군데, 2군데, 4군데 2 246 cm
4-1 215 cm　　　　　　4-2 77 cm

심화 5 1 재, 위, 복 2 다
5-1 라　　　　　　5-2

심화 6 1 ～ 2

6-1

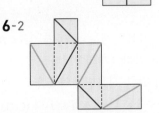

6-2

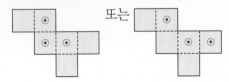

심화 1 2 무늬가 있는 3개의 면이 한 꼭짓점에서 만나고 있으므로 무늬를 ㉡ 또는 ㉢에 그릴 수 있습니다.

또는

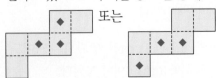

1-1 무늬가 그려진 면과 평행한 면인 ㉡, ㉢에는 무늬를 그릴 수 없고, 무늬가 있는 3개의 면이 한 꼭짓점에서 만나고 있으므로 무늬를 ㉠ 또는 ㉣에 그릴 수 있습니다.

또는

심화 2 1 전개도를 접었을 때 선분 ㄴㄷ과 겹치는 선분은 선분 ㅇㅅ입니다.
2 선분 ㅈㅇ의 길이가 7 cm이므로 선분 ㅇㅅ의 길이는 11－7＝4 (cm)입니다.
선분 ㄴㄷ의 길이는 선분 ㅇㅅ의 길이와 같으므로 4 cm입니다.

2-1 선분 ㄹㅁ은 선분 ㅂㅈ, 선분 ㅍㅌ과 길이가 같습니다.
선분 ㅌㅋ은 선분 ㄱㅎ과 길이가 같으므로 9 cm이고, 선분 ㅍㅌ의 길이는 13－9＝4 (cm)입니다.
따라서 선분 ㄹㅁ의 길이는 선분 ㅍㅌ의 길이와 같으므로 4 cm입니다.

2-2 (선분 ㅎㅍ)＝(선분 ㅁㅂ)＝(선분 ㅁㄹ)＝8 cm
(선분 ㄱㅎ)＝13－8＝5 (cm)
(선분 ㅊㅈ)＝(선분 ㅋㅌ)＝(선분 ㅍㅌ)＝(선분 ㄱㅎ)
＝5 cm
따라서 (선분 ㄱㄴ)＝(선분 ㅈㅇ)＝14－5＝9 (cm)입니다.

심화 3 1 직육면체에서 길이가 같은 모서리는 각각 4개씩 있습니다.
2 5 cm인 모서리가 4개, 4 cm인 모서리가 4개, □cm인 모서리가 4개 있으므로
5×4＋4×4＋□×4＝68입니다.
➡ 20＋16＋□×4＝68, □×4＝32, □＝8

3-1 직육면체에서 길이가 같은 모서리가 각각 4개씩 있으므로 7×4＋□×4＋10×4＝92입니다.
➡ 28＋□×4＋40＝92, □×4＝24, □＝6

3-2 (정육면체의 모든 모서리의 길이의 합)
＝8×12＝96 (cm)
직육면체의 모든 모서리의 길이의 합도 96 cm이고 길이가 같은 모서리가 각각 4개씩 있으므로
□×4＋7×4＋5×4＝96입니다.
➡ □×4＋28＋20＝96, □×4＝48, □＝12

심화 4 1 끈을 두른 부분은 길이가 40 cm인 부분이 2군데, 24 cm인 부분이 2군데, 17 cm인 부분이 4군데입니다.
2 매듭으로 사용한 끈의 길이가 50 cm이므로 상자를 묶는 데 사용한 끈은 모두
40×2＋24×2＋17×4＋50
＝80＋48＋68＋50＝246 (cm)입니다.

정답과 해설

4-1 끈을 두른 부분은 길이가 25 cm인 부분이 2군데, 30 cm인 부분이 2군데, 15 cm인 부분이 4군데입니다.
매듭으로 사용한 끈의 길이가 45 cm이므로 상자를 묶는 데 사용한 끈은 모두
$25 \times 2 + 30 \times 2 + 15 \times 4 + 45$
$= 50 + 60 + 60 + 45 = 215$ (cm)입니다.

4-2 끈을 두른 부분은 길이가 33 cm인 부분이 2군데, 26 cm인 부분이 2군데, 20 cm인 부분이 4군데입니다.
매듭으로 사용한 끈의 길이가 25 cm이므로 상자를 묶는 데 사용한 끈은 모두
$33 \times 2 + 26 \times 2 + 20 \times 4 + 25$
$= 66 + 52 + 80 + 25 = 223$ (cm)입니다.
따라서 남은 끈은 $300 - 223 = 77$ (cm)입니다.

심화 5 ② 가: 천 과 재 는 서로 수직인 면입니다.
나: 화 와 복 은 서로 수직인 면입니다.
라: 위 와 전 은 서로 수직인 면입니다.
따라서 알맞은 정육면체는 다입니다.

5-1 서로 평행한 면은 A 와 E , B 와 D , C 와 F 입니다.
가: A 와 E 는 서로 수직인 면입니다.
나: C 와 F 는 서로 수직인 면입니다.
다: B 와 D 는 서로 수직인 면입니다.
따라서 알맞은 정육면체는 라입니다.

5-2 ★ 과 수직인 면은 ♥, ◆, ▲, ■ 이므로 평행한 면은 ◉ 입니다.
■ 과 수직인 면은 ▲, ★, ◉, ◆ 이므로 평행한 면은 ♥ 입니다.
따라서 ▲ 과 평행한 면은 나머지 ◆ 입니다.

심화 6 ① 전개도를 접었을 때 겹치는 선분을 찾아 수직인 면에 테이프가 붙여진 자리를 그려 넣습니다.
② 면 가와 평행한 면에 면 가와 같게 테이프가 붙여진 자리를 그려 넣습니다.

6-1 면 가와 수직인 면 중 작은 면에는 선 1개, 큰 면에는 선 2개를 긋습니다.

6-2 한 꼭짓점에서 만나는 세 면의 꼭짓점들을 이어 테이프가 붙여진 자리를 그려 넣습니다.

140~143쪽 **Test** 단원 실력 평가

1 (왼쪽부터) 모서리, 꼭짓점, 면

2

3 ①, ④

4 (왼쪽부터) 12, 7

5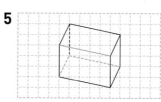

6 면 ㄷㄹㄱㄴ, 면 ㄹㅇㅅㄷ, 면 ㄷㅅㅂㄴ

7 예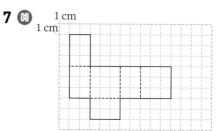
1 cm
1 cm

8 ㄹ

9 19 cm

10 예 ① 정육면체의 모서리는 12개이고 모두 길이가 같습니다.
② 따라서 한 모서리의 길이가 6 cm인 큐브의 모든 모서리의 길이의 합은 $6 \times 12 = 72$ (cm)입니다.
답 72 cm

11 면 바

12 26 cm

13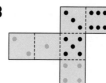

14 40 cm

15 면 ㄴㅂㅅㄷ, 면 ㄱㅁㅇㄹ

16 (위에서부터) ㅇ, ㅁ / ㅂ, ㅁ / ㄴ, ㄱ

17 7 cm

18 예
1 cm
1 cm

19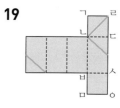

20 3, 4

21 예 ① (직육면체의 모든 모서리의 길이의 합)
$= 8 \times 4 + 3 \times 4 + 4 \times 4 = 60$ (cm)
② (정육면체의 한 모서리의 길이)
$= 60 \div 12 = 5$ (cm)
답 5 cm

22 64 cm

23 26 cm

24 5

25 4가지

정답과 해설

1 면: 선분으로 둘러싸인 부분
모서리: 면과 면이 만나는 선분
꼭짓점: 모서리와 모서리가 만나는 점

2 색칠한 면과 마주 보는 면을 찾아 색칠합니다.

3 ② 정사각형 6개로 둘러싸여 있습니다.
③ 모서리는 모두 12개입니다.
⑤ 꼭짓점은 모두 8개입니다.

5 보이는 모서리는 실선으로, 보이지 않는 모서리는 점선으로 그립니다.

6 한 꼭짓점에서 만나는 면은 3개입니다.
➡ 꼭짓점 ㄷ에서 만나는 면은 면 ㄷㄹㄱㄴ, 면 ㄹㅇㅅㄷ, 면 ㄷㅅㅂㄴ입니다.

8 ㉣ 전개도를 접었을 때 겹치는 면이 있습니다.

9 보이지 않는 모서리는 9 cm가 1개, 5 cm가 2개입니다.
➡ $9 + 5 \times 2 = 19$ (cm)

10
채점 기준		
❶ 정육면체의 모서리의 개수와 길이가 같음을 앎.	2점	4점
❷ 큐브의 모든 모서리의 길이의 합을 구함.	2점	

11 서로 평행한 면을 찾으면 면 다와 면 마, 면 라와 면 나, 면 가와 면 바입니다.

12 색칠한 면과 평행한 면은 면 ㄱㄴㅂㅁ이고, 직육면체에서 평행한 두 면은 서로 합동이므로 면 ㄱㄴㅂㅁ의 네 모서리의 길이의 합은 색칠한 면의 네 모서리의 길이의 합과 같습니다.
➡ $8 + 5 + 8 + 5 = 26$ (cm)

13 전개도를 접었을 때 평행한 면의 눈의 수의 합이 7이 되도록 주사위의 눈을 그려 넣습니다.

14 (선분 ㄱㅎ)=(선분 ㅋㅊ)=(선분 ㅁㅂ)=12 cm
(선분 ㅎㅋ)=(선분 ㅊㅈ)=(선분 ㅍㅌ)=8 cm
(선분 ㄱㅈ)=(선분 ㄱㅎ)+(선분 ㅎㅋ)+(선분 ㅋㅊ)
　　　　　　+(선분 ㅊㅈ)
　　　　　=12+8+12+8=40 (cm)

15 면 ㄱㄴㄷㄹ, 면 ㄷㅅㅇㄹ과 모두 만나는 면을 찾으면 면 ㄴㅂㅅㄷ, 면 ㄱㅁㅇㄹ입니다.

16 전개도를 접었을 때 서로 만나는 점을 찾아 기호를 쓰고, 면 ㄱㄴㄷㄹ과 평행한 면을 찾아 알맞게 기호를 써 넣습니다.

17 정육면체는 모서리의 길이가 모두 같고 보이는 모서리의 수는 9개입니다.
따라서 한 모서리의 길이는 $63 \div 9 = 7$ (cm)입니다.

18 직육면체의 모양은 오른쪽과 같습니다.
따라서 앞에서 본 모양은 가로가 6 cm, 세로가 4 cm인 직사각형입니다.

19 면 ㄱㄴㄷㄹ에서 꼭짓점 ㄴ과 꼭짓점 ㄹ을 이은 후 면 ㄴㅂㅅㄷ과 면 ㄷㅅㅇㄹ에 선이 이어지게 긋습니다.

20 마주 보는 면은 ⚀과 ⚄, ⚁와 ⚅입니다.
㉠은 ⚀과 ⚁에 모두 수직인 면이므로 ⚂ 또는 ⚃를 그릴 수 있습니다.

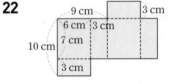

21
채점 기준		
❶ 직육면체의 모든 모서리의 길이의 합을 구함.	2점	4점
❷ 정육면체의 한 모서리의 길이를 구함.	2점	

22
➡ 길이가 6 cm, 3 cm, 7 cm인 모서리가 각각 4개씩 있으므로 모든 모서리의 길이의 합은
$6 \times 4 + 3 \times 4 + 7 \times 4 = 24 + 12 + 28 = 64$ (cm)
입니다.

23 색칠한 면과 수직인 면은 9 cm인 면 2개와 9 cm인 면 2개입니다.
따라서 종이의 세로가 9 cm일 때 가로는 적어도 $6 + 7 + 6 + 7 = 26$ (cm)이어야 합니다.

24 길이가 □ cm, 11 cm, 8 cm인 모서리가 각각 4개씩 있으므로 모든 모서리의 길이의 합은
$\square \times 4 + 11 \times 4 + 8 \times 4 = 96$,
$\square \times 4 + 44 + 32 = 96$, $\square \times 4 = 20$, $\square = 5$입니다.

25
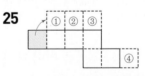

①～④의 위치로 옮길 수 있으므로 모두 4가지입니다.

42

정답과 해설

6 평균과 가능성

148~152쪽 **1단계 기본 유형 연습**

1 예 24번 **2** ㉡ **3** 24번

4 예

(m)				
20				
15				
10				
5				
0				
기록 회	1회	2회	3회	4회

5 14 m **6** 6개

7 예

○				
○			○	
○	○	○	○	
○	○	○	○	○
○	○	○	○	○
○	○	○	○	○
○	○	○	○	○
용찬	승환	예원	지은	세현

/ 5개 **8** 5, 3, 6, 5

9 $(7+5+3+4+6) \div 5 = 5$, 5개

10 예 방법1 평균을 95번으로 예상한 후 (94, 96), (98, 92)로 수를 짝 지어 자료의 값을 고르게 하여 구한 줄넘기 기록의 평균은 95번입니다.
   방법2 $(94+98+92+96) \div 4 = 380 \div 4 = 95$(번)

11 47쪽 **12** 47쪽 **13** (1) 30일 (2) 720번

14 (1) 168점 (2) 258점 (3) 86점

15 (1) 17초 (2) 17초 (3) 16초

16 1반 **17** ㉢ **18** 예 '불가능하다'입니다.

19 예 이번 달이 12월이니까 다음 달은 1월일 것입니다.

20 (위에서부터) 예 예서, 은혁, 승준

21 ㉢ **22** ㉠ **23** ㉡

24 ㉢ **25** 예

26

```
0        1/2        1
|---------|---------|
          ↓
```

27

```
↓
0        1/2        1
|---------|---------|
```

28 반반이다, $\dfrac{1}{2}$

---

1 윗몸 말아 올리기 기록 23, 24, 27, 22, 24를 고르게 하면 24, 24, 24, 24, 24가 되므로 윗몸 말아 올리기 기록을 대표하는 값을 24번이라고 말할 수 있습니다.

2 ㉠, ㉢: 기록 23, 24, 27, 22, 24 중 가장 작은 수나 가장 큰 수만으로는 한 학생당 기록이 몇 번쯤 되는지 알기 어렵습니다.

3 기록을 고르게 하면 24, 24, 24, 24, 24가 되므로 기록의 평균은 24번입니다.

6 민지의 모형에서 2개를 종우에게, 1개를 형우에게 옮기면 네 사람의 모형이 모두 6개씩 됩니다.
   ➡ 모형 수의 평균은 6개입니다.

7 제기차기 기록의 ○의 수가 고르게 되도록 옮기면 제기차기 기록의 평균은 5개입니다.

9 용찬이네 모둠의 기록을 모두 더해 모둠의 사람 수 5로 나누어 평균을 구합니다.
   $(7+5+3+4+6) \div 5 = 25 \div 5 = 5$(개)

10 평균을 예상한 후 자료의 값을 고르게 하여 평균을 구하거나 자료의 값을 모두 더한 다음 자료의 수로 나누어 평균을 구할 수 있습니다.

11 $(45+50+52+47+41) \div 5 = 235 \div 5 = 47$(쪽)

12 월요일부터 토요일까지 읽은 독서량의 평균이 **11**에서 구한 독서량의 평균보다 많으려면 토요일의 독서량은 **11**에서 구한 독서량의 평균인 47쪽보다 많아야 합니다.

13 (1) 6월은 30일까지 있습니다.
   (2) (6월 한 달 동안 한 팔굽혀펴기 횟수)
     = (평균 횟수) × (날수) = $24 \times 30 = 720$(번)

14 (1) (국어 점수와 수학 점수의 합)
     = (평균) × (과목 수) = $84 \times 2 = 168$(점)
   (2) (국어 점수와 수학 점수의 합) + (과학 점수)
     = $168 + 90 = 258$(점)
   (3) $258 \div 3 = 86$(점)

15 (1) $(18+16+15+19) \div 4 = 68 \div 4 = 17$(초)
   (2) 하늘이의 100 m 달리기 기록의 평균은 초롱이의 100 m 달리기 기록의 평균과 같으므로 17초입니다.
   (3) 하늘이의 5회까지의 기록의 합은 $17 \times 5 = 85$(초)이므로 3회 기록은
     $85 - (17+18+16+18) = 16$(초)입니다.

16 (1반의 1인당 읽은 책 수의 평균)
$=192 \div 24 = 8$(권)
(2반의 1인당 읽은 책 수의 평균)
$=154 \div 22 = 7$(권)
➜ 1인당 읽은 책 수가 더 많은 반은 1반입니다.

17 동전을 던지면 그림 면이나 숫자 면이 나오므로 동전 1개를 던져서 그림 면이 나올 가능성은 '반반이다'입니다.

18 $1+2=3$이므로 5가 나올 가능성은 '불가능하다'입니다.

19 평가 기준
일이 일어날 가능성에 맞게 상황을 옳게 썼으면 정답입니다.

21 ㉠ 불가능하다, ㉡ 반반이다, ㉢ 확실하다 중 가능성이 가장 높은 것은 ㉢입니다.

22 ㉠ 불가능하다, ㉡ 반반이다, ㉢ 확실하다 중 가능성이 가장 낮은 것은 ㉠입니다.

23 빨간색과 초록색 횟수는 비슷하고 파란색 횟수는 빨간색 횟수의 2배입니다.
따라서 파란색 부분이 가장 넓고 빨간색과 초록색 부분의 넓이가 비슷한 회전판은 ㉡입니다.

24 빨간색, 파란색, 초록색 횟수가 모두 비슷하므로 빨간색, 파란색, 초록색이 각각 전체의 $\frac{1}{3}$씩인 회전판은 ㉢입니다.

25 화살이 노란색에 멈출 가능성이 가장 높기 때문에 회전판에서 가장 넓은 곳이 노란색이 됩니다. 화살이 보라색과 초록색에 멈출 가능성이 같으므로 넓이가 같은 두 곳에 보라색과 초록색을 각각 색칠합니다.

26 화살이 빨간색에 멈출 가능성은 '반반이다'이므로 수로 표현하면 $\frac{1}{2}$입니다.

27 화살이 파란색에 멈출 가능성은 '불가능하다'이므로 수로 표현하면 0입니다.

28 주사위 눈의 수 1, 2, 3, 4, 5, 6 중 짝수는 2, 4, 6이므로 짝수가 나올 가능성은 '반반이다'입니다.
따라서 수로 표현하면 $\frac{1}{2}$입니다.

153쪽 **1**단계 기본+ 유형 연습

1-1 높습니다.　　　　　**1**-2 민규, 재호
1-3 월요일, 금요일
2-1 반반이다　　　　　**2**-2 1
2-3 0

1-1 (수학 점수의 평균)
$=(89+86+90+92+83) \div 5 = 440 \div 5 = 88$(점)
➜ 은영이는 89점으로 평균인 88점보다 높습니다.

1-2 진하네 모둠의 키의 평균은
$(120+123+118+130+134) \div 5$
$=625 \div 5 = 125$ (cm)입니다.
➜ 키가 평균인 125 cm보다 큰 학생은 민규와 재호입니다.

1-3 실내 최고 온도의 평균은
$(18+20+23+19+15) \div 5 = 95 \div 5 = 19$(℃)입니다.
➜ 실내 최고 온도가 평균인 19℃보다 낮은 요일은 월요일, 금요일입니다.

2-1 흰색 공과 검은색 공의 개수가 똑같이 들어 있으므로 검은색 공을 꺼낼 가능성은 '반반이다'입니다.

2-2 빨간색 공만 있으므로 빨간색 공을 꺼낼 가능성은 '확실하다'입니다.
따라서 수로 표현하면 1입니다.

2-3 전체 3개의 공 중 흰색 공은 한 개도 없으므로 흰색 공을 꺼낼 가능성은 '불가능하다'입니다.
따라서 수로 표현하면 0입니다.

154~157쪽 **2**단계 실력 유형 연습

1 6, 7, 5　　　**2** 2모둠　　　**3** $\frac{1}{2}$

4
```
0 ────────── 1/2 ────────── 1
              ↓
```

5 756000원　　　**6**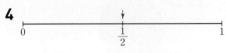

7 예 　　　**8** 90점

9 ㉠　　　**10** 월요일, 금요일
11 20살　　　**12** 36번

1 (평균)=(자료의 값을 모두 더한 수)÷(자료의 수)
  (1모둠의 평균)=48÷8=6(개)
  (2모둠의 평균)=42÷6=7(개)
  (3모둠의 평균)=45÷9=5(개)

2 평균을 비교하면 7>6>5이므로 2모둠이 만든 만두 수의 평균이 가장 많습니다.

3 ☆는 전체 8장의 카드 중 4장이므로 ☆를 뽑을 가능성은 '반반이다'입니다.
  따라서 수로 표현하면 $\frac{1}{2}$입니다.

4 꺼낸 사탕이 포도 맛일 가능성은 '반반이다'이므로 $\frac{1}{2}$로 표현할 수 있습니다.

5 4주는 7×4=28(일)이므로 4주 동안 판 과일 음료는 모두 60×28=1680(병)입니다.
  ➡ (과일 음료를 판 돈)=450×1680=756000(원)

6 전체에서 초록색이 차지하는 부분의 넓이를 살펴봅니다. 초록색 부분이 넓은 순서대로 화살이 초록색에 멈출 가능성이 높습니다.

7 1부터 8까지 8개의 수 중에서 홀수는 1, 3, 5, 7로 4개입니다. 뽑은 카드의 수가 홀수일 가능성은 '반반이다'이므로 수로 표현하면 $\frac{1}{2}$입니다.
  따라서 회전판에서 2칸을 파란색으로 색칠하면 뽑은 카드의 수가 홀수일 가능성과 화살이 파란색에 멈출 가능성이 같습니다.

8 (8월부터 12월까지의 수학 점수의 합)
  =91×5=455(점)
  (12월에 받은 수학 점수)
  =455−(85+96+88+96)=455−365=90(점)
  따라서 미현이가 12월에 받은 수학 점수는 90점입니다.

9
  ← 일이 일어날   일이 일어날 →
  가능성이 낮습니다.   가능성이 높습니다.

~아닐 것 같다	~일 것 같다

  불가능하다   반반이다   확실하다
  ㉢   ㉡   ㉠

  따라서 일이 일어날 가능성이 가장 높은 것은 ㉠입니다.

10 (방문자 수의 평균)
  =(113+90+101+83+128+97)÷6
  =612÷6=102(명)
  방문자 수가 평균보다 많았던 요일은 월요일, 금요일이므로 안전 요원이 배정되어야 하는 요일은 월요일, 금요일입니다.

11 (탁구 동아리 회원의 평균 나이)
  =(14+18+15+13)÷4=15(살)
  회원 한 명이 새로 들어와서 나이의 평균이 15+1=16(살)이 되었으므로 회원 한 명이 새로 들어온 후 5명의 나이의 합은 16×5=80(살), 회원 한 명이 새로 들어오기 전 4명의 나이의 합은 15×4=60(살)입니다.
  따라서 새로 들어온 회원의 나이는 80−60=20(살)입니다.

  다른 풀이
  (탁구 동아리 회원의 평균 나이)
  =(14+18+15+13)÷4=15(살)
  회원 한 명이 새로 들어와서 평균이 한 살 늘었으면 전체 회원 나이의 합은 15+5=20(살) 늘어난 것입니다.
  따라서 새로운 회원의 나이는 20살입니다.

12 (1회부터 3회까지의 줄넘기 기록의 합)
  =28×3=84(번)
  (1회부터 4회까지의 줄넘기 기록의 합)
  =30×4=120(번)
  ➡ (준영이의 4회 줄넘기 기록)
  =120−84=36(번)

158~163쪽 3단계 심화 유형 연습

심화 1 ❶ 2, 4, 6, 8, 10, 12, 14, 16, 18, 20
       ❷ 11
1-1 60   1-2 23

심화 2 ❶ 나 ❷ 192명 ❸ 19명
2-1 60 kg   2-2 6번

심화 3 ❶ 140명 ❷ 6장
3-1 120개   3-2 45대

심화 4 ❶ 180초 ❷ 200초 ❸ 19초
4-1 43 kg   4-2 305타

심화 5 ❶ ㉠ ~아닐 것 같다, ㉡ 확실하다,
       ㉢ ~일 것 같다
       ❷ ㉡, ㉢, ㉠
5-1 ㉢, ㉡, ㉠   5-2 ㉠, ㉣, ㉡, ㉢

심화 6 ❶ ㉠ 1, ㉡ $\frac{1}{2}$ ❷ 1$\frac{1}{2}$
6-1 1   6-2 1

심화 1 **1** 1부터 20까지의 짝수: 2, 4, 6, 8, 10, 12, 14, 16, 18, 20 ➡ 10개

2 (평균)=(2+4+6+8+10+12+14+16+18+20)÷10
=110÷10=11

1-1 50부터 70까지의 홀수: 51, 53, 55, 57, 59, 61, 63, 65, 67, 69 ➡ 10개

(평균)=(51+53+55+57+59+61+63+65+67+69)÷10
=600÷10=60

다른 풀이
평균을 60이라고 예상한 후 양 끝의 수부터 둘씩 짝 지어 보면 (51, 69), (53, 67), (55, 65), (57, 63), (59, 61)이므로 자료의 값을 고르게 하면 60입니다. 따라서 평균은 60입니다.

1-2 15부터 30까지의 짝수: 16, 18, 20, 22, 24, 26, 28, 30 ➡ 8개

(평균)
=(16+18+20+22+24+26+28+30)÷8
=184÷8=23

다른 풀이
평균을 23이라고 예상한 후 양 끝의 수부터 둘씩 짝 지어 보면 (16, 30), (18, 28), (20, 26), (22, 24)이므로 자료의 값을 고르게 하면 23입니다.
따라서 평균은 23입니다.

심화 2 **1** 나 마을의 자전거 이용자 수가 173명으로 가장 적습니다.

2 (평균)=(210+173+180+205)÷4
=768÷4=192(명)

3 나 마을의 자전거 이용자 수는 평균보다 192-173=19(명) 더 적습니다.

2-1 감자 생산량이 가장 적은 마을은 라 마을로 360 kg입니다.
(평균)=(430+390+510+360+410)÷5
=2100÷5=420 (kg)
따라서 라 마을의 감자 생산량은 평균보다 420-360=60 (kg) 더 적습니다.

2-2 (기록의 합)=86×5=430(번)
(민아의 기록)=430-(78+88+82+90)
=430-338=92(번)
➡ 기록이 가장 좋은 학생은 민아로, 민아의 기록은 평균보다 92-86=6(번) 더 많습니다.

심화 3 **1** (5학년 학생 수)
=19+23+18+21+18+22+19
=140(명)

2 학생 한 명당 그려야 하는 타일 수의 평균은 840÷140=6(장)입니다.

3-1 (민서네 학교 전체 반 수)
=5+4+4+5+6+6=30(개)
따라서 한 반당 나누어 주어야 하는 꿀떡 수의 평균은 3600÷30=120(개)입니다.

3-2 (전체 대리점 수)=(평균)×(지역 수)
=24×5=120(개)
(한 대리점당 보내야 하는 청소기 수의 평균)
=5400÷120=45(대)

심화 4 **1** (남학생 10명의 100 m 달리기 기록의 합)
=18×10=180(초)

2 (여학생 10명의 100 m 달리기 기록의 합)
=20×10=200(초)

3 (반 전체 학생들의 100 m 달리기 기록의 평균)
=(180+200)÷(10+10)
=380÷20=19(초)

4-1 (남학생 9명의 몸무게의 합)
=45×9=405 (kg)
(여학생 6명의 몸무게의 합)
=40×6=240 (kg)
(반 전체 학생들의 몸무게의 평균)
=(405+240)÷(9+6)
=645÷15=43 (kg)

4-2 (가 모둠과 나 모둠의 타자 수의 합)
=302×10=3020(타)
(가 모둠의 타자 수의 합)=300×6=1800(타)
(나 모둠 학생 수)=10-6=4(명)
(나 모둠의 타자 수의 합)=3020-1800=1220(타)
➡ (나 모둠의 타자 수의 평균)
=1220÷4=305(타)

심화 5 **1** ㉠ 4의 배수: 4 → ~아닐 것 같다
㉡ 6 이하: 1, 2, 3, 4, 5, 6 → 확실하다
㉢ 12의 약수: 1, 2, 3, 4, 6 → ~일 것 같다

2 일이 일어날 가능성이 높은 순서대로 쓰면 ㉡ '확실하다', ㉢ '~일 것 같다', ㉠ '~아닐 것 같다'입니다.

5-1 ㉠ 25의 약수는 1, 5, 25이고 이 중 수 카드의 수가 없으므로 가능성은 '불가능하다'입니다.

㉡ 2의 배수: 12, 14, 16, 18, 20 → 전체 10장 중 2의 배수가 쓰인 수가 5장이므로 가능성은 '반반이다' 입니다.

㉢ 11부터 20까지의 수는 모두 11 이상 20 이하의 수이므로 가능성은 '확실하다'입니다.

➡ 일이 일어날 가능성이 높은 순서대로 쓰면 ㉢ '확실하다', ㉡ '반반이다', ㉠ '불가능하다'입니다.

5-2 ㉠ 10장 모두 당첨 제비이므로 당첨 제비를 뽑을 가능성은 '확실하다'입니다.

㉡ 전체 5장 중 당첨 제비가 1장이므로 당첨 제비를 뽑을 가능성은 '~아닐 것 같다'입니다.

㉢ 전체 15장 중 당첨 제비가 0장이므로 당첨 제비를 뽑을 가능성은 '불가능하다'입니다.

㉣ 전체 5장 중 당첨 제비가 4장이므로 당첨 제비를 뽑을 가능성은 '~일 것 같다'입니다.

➡ 당첨 제비를 뽑을 가능성이 높은 순서대로 쓰면 ㉠ '확실하다', ㉣ '~일 것 같다', ㉡ '~아닐 것 같다', ㉢ '불가능하다'입니다.

심화6 **1** • 8 이하의 수가 나올 가능성은 '확실하다'입니다. ➡ ㉠=1

• 꺼낸 바둑돌이 흰색일 가능성은 '반반이다'입니다.

➡ ㉡=$\dfrac{1}{2}$

2 ㉠+㉡=1+$\dfrac{1}{2}$=1$\dfrac{1}{2}$

6-1 • 그림 면이 나올 가능성: '반반이다' → ㉠=$\dfrac{1}{2}$

• 정답을 맞혔을 가능성: '반반이다' → ㉡=$\dfrac{1}{2}$

• 당첨 제비가 아닐 가능성: '불가능하다' → ㉢=0

➡ ㉠+㉡+㉢=$\dfrac{1}{2}$+$\dfrac{1}{2}$+0=1

6-2 • 가에서 화살이 빨간색에 멈출 가능성:

'반반이다' → ㉠=$\dfrac{1}{2}$

• 나에서 화살이 파란색에 멈출 가능성:

'반반이다' → ㉡=$\dfrac{1}{2}$

• 다에서 화살이 초록색에 멈출 가능성:

'불가능하다' → ㉢=0

➡ ㉠+㉡-㉢=$\dfrac{1}{2}$+$\dfrac{1}{2}$-0=1

164~167쪽 **Test 단원 실력 평가**

1 52, 49, 4 / 36　　　　**2** 28 m

3 2번　　　　　　　　　**4** 47개

5 ㉢　　　　　　　　　　**6** ㉣

7 반반이다　　　　　　　**8** 23점

9 13개　　　　　　　　　**10** 69 cm

11 0　　　　　　　　　　**12** 1

13 경민　　　　　　　　　**14** 10분

15 예

16 예 **1** (수현이 기록의 평균)
＝(21＋18＋19＋18)÷4＝19(초)

2 (희수 기록의 평균)
＝(19＋21＋23＋17)÷4＝20(초)

3 19<20이므로 수현이 기록의 평균이 더 좋습니다.

답 수현

17 ㉢, ㉠, ㉡　　　　　**18** 1모둠

19 반반이다, $\dfrac{1}{2}$　　**20** 39점

21 세희

22 예 **1** 1시간 50분＝110분, 1시간 15분＝75분
(일주일 동안 공부한 시간의 합)
＝110×3＋75×4＝630(분)

2 (하루에 공부한 시간의 평균)
＝630÷7＝90(분)이므로 1시간 30분입니다.

답 1시간 30분

23 28번　　　　　　　**24** 2개

25 400 kg

---

1 (평균)＝(25＋18＋52＋49)÷4
　　　＝144÷4＝36

2 (26＋30＋29＋23＋32)÷5
　　＝140÷5＝28 (m)

3 28 m보다 낮은 기록은 1회, 4회로 모두 2번입니다.

4 (33＋46＋54＋42＋60＋47)÷6
　　＝282÷6＝47(개)

5 동전 1개를 던지면 숫자 면 또는 그림 면이 나오므로 숫자 면이 나올 가능성은 '반반이다'입니다.

6 주사위 눈의 수 1, 2, 3, 4, 5, 6 중에서 5보다 큰 수는 6뿐이므로 나온 눈의 수가 5보다 클 가능성은 '~아닐 것 같다'입니다.

7 ○× 문제의 정답은 ○ 또는 ×이므로 정답을 맞혔을 가능성은 '반반이다'입니다.

8 (다트 기록의 평균)=$(22+25+21+24) \div 4$
$\qquad\qquad\qquad\quad = 92 \div 4 = 23$(점)

9 (제기차기 기록의 합)=(평균)×(모둠원의 수)
$\qquad\qquad\qquad\qquad\quad = 9 \times 4 = 36$(개)
(민준이의 기록)
$= 36 - (5 + 11 + 7) = 36 - 23 = 13$(개)

10 $(65 + 72 + 69 + 66 + 73) \div 5$
$= 345 \div 5 = 69$ (cm)

11 전체 5장의 카드 중 △는 한 장도 없으므로 △를 뽑을 가능성은 '불가능하다'입니다.
따라서 수로 표현하면 0입니다.

12 주사위 눈의 수 1, 2, 3, 4, 5, 6은 모두 7보다 작은 수입니다.
따라서 7보다 작은 수가 나올 가능성은 '확실하다'이므로 수로 표현하면 1입니다.

13 화살이 초록색에 멈출 가능성이 더 높은 회전판은 초록색 부분이 더 넓은 경민이가 만든 회전판입니다.

14 (독서 시간의 평균)
$= (45 + 50 + 45 + 55 + 35 + 40) \div 6 = 45$(분)
독서 시간이 가장 적은 요일은 금요일로 35분이므로 평균 독서 시간보다 $45 - 35 = 10$(분) 더 적습니다.

15 손에 잡히는 대로 사탕을 꺼낼 때 나올 수 있는 사탕의 수는 1개, 2개, 3개, 4개, 5개, 6개로 6가지이고 이 중 짝수인 경우는 2개, 4개, 6개로 3가지입니다.
따라서 꺼낸 사탕의 수가 짝수일 가능성은 반반이므로 회전판에서 8칸의 반인 4칸을 파란색으로 색칠하면 됩니다.

16

채점 기준		
❶ 수현이 기록의 평균을 구함.	1점	
❷ 희수 기록의 평균을 구함.	1점	4점
❸ 기록의 평균이 더 좋은 사람을 구함.	2점	

17 ㉠ 반반이다 ㉡ 불가능하다 ㉢ 확실하다
➡ 일이 일어날 가능성이 높은 것부터 순서대로 기호를 쓰면 ㉢, ㉠, ㉡입니다.

18 1모둠: $28 \div 4 = 7$(개), 2모둠: $25 \div 5 = 5$(개),
3모둠: $30 \div 5 = 6$(개), 4모둠: $24 \div 6 = 4$(개)
➡ 한 학생당 먹은 딸기 수는 1모둠이 7개로 가장 많습니다.

19 남은 사탕은 사과 맛 5개, 포도 맛 $8 - 3 = 5$(개)이므로 사과 맛 사탕을 꺼낼 가능성은 '반반이다'입니다.
따라서 수로 표현하면 $\dfrac{1}{2}$입니다.

20 (영규네 모둠 점수의 합)=$36 \times 4 = 144$(점)
(소희네 모둠 점수의 합)=$41 \times 6 = 246$(점)
(두 모둠 전체 점수의 평균)
$= (144 + 246) \div (4 + 6) = 39$(점)

21 (준희네 모둠 기록의 합)
$= 171 \times 6 = 1026$ (cm)
(세희의 기록)
$= 1026 - (172 + 166 + 173 + 171 + 170)$
$= 1026 - 852$
$= 174$ (cm)
따라서 기록이 가장 좋은 학생은 세희입니다.

22

채점 기준		
❶ 일주일 동안 공부한 시간의 합을 구함.	2점	
❷ 하루에 공부한 시간의 평균을 구함.	2점	4점

23 $15 + 28 + 24 + 20 + 29 + \square = 116 + \square$ 가 24×6과 같거나 커야 합니다.
$116 + \square = 144$, $\square = 28$이므로 6회 때 적어도 28번을 넘어야 합니다.

24 흰색 바둑돌이 나올 가능성을 수로 표현하면 $\dfrac{1}{2}$이므로 바둑돌을 한 개 꺼낼 때 흰색 바둑돌이 나올 가능성은 '반반이다'입니다.
따라서 바둑돌 4개의 반은 2개이므로 흰색 바둑돌은 2개입니다.

25 (지난해 평균 생산량)
$= (3200 + 3000 + 2200) \div 3 = 2800$ (kg)
(올해 평균 생산량)
$= 2800 - 700 = 2100$ (kg)
(올해 다 마을의 사과 생산량)
$= 2100 \times 3 - (2500 + 2000)$
$= 6300 - 4500 = 1800$ (kg)
따라서 다 마을의 사과 생산량은 지난해보다
$2200 - 1800 = 400$ (kg) 줄었습니다.

수학리더
최상위

상위권 잡는 필독서

22개정 교육과정 반영

수학
리더

최상위
3-2

BOOK 1
최상위 심화서
상위권 개념+상위권 유형 학습
+ 최상위권 유형

리더가 되기 위한
공부 비법

BOOK 2
최상위 자료집
상위권 유형 평가+브레인 스토밍
+ 경시대회 도전 문제

BOOK 3
해법전략
자세한 정답과 해설

천재교육

초등 수학,
상위권은 더 이상 성적이 아닙니다.
자신감 입니다.

초3~6(학기별)

※ 주의
책 모서리에 다칠 수 있으니 주의하시기 바랍니다.
부주의로 인한 사고의 경우 책임지지 않습니다.
8세 미만의 어린이는 부모님의 관리가 필요합니다.

정답은
이안에
있어！